ORGANISATION MILITAIRE

DES CHINOIS

ou

LA CHINE ET SES ARMÉES

SUIVI D'UN APERÇU

SUR L'ADMINISTRATION CIVILE DE LA CHINE.

PAR P. DABRY,

Capitaine d'infanterie, attaché à l'état-major général du corps expéditionnaire
de Chine, Membre de la Société asiatique de Paris.

PARIS

HENRI PLON, IMPRIMEUR-ÉDITEUR,
RUE GARANCIÈRE, 8.

1859

ORGANISATION MILITAIRE

DES CHINOIS

OU

LA CHINE ET SES ARMÉES

SUIVI D'UN APERÇU

SUR L'ADMINISTRATION CIVILE DE LA CHINE.

TYPOGRAPHIE DE HENRI PLON, IMPRIMEUR DE L'EMPEREUR,
RUE GARANCIÈRE, 8, A PARIS.

ORGANISATION MILITAIRE

DES CHINOIS

ou

LA CHINE ET SES ARMÉES

SUIVI D'UN APERÇU

SUR L'ADMINISTRATION CIVILE DE LA CHINE.

PAR P. DABRY,

Capitaine d'infanterie, attaché à l'état-major général du corps expéditionnaire
de Chine, Membre de la Société asiatique de Paris.

PARIS

HENRI PLON, IMPRIMEUR-ÉDITEUR,

RUE GARANCIÈRE, 8.

—

1859

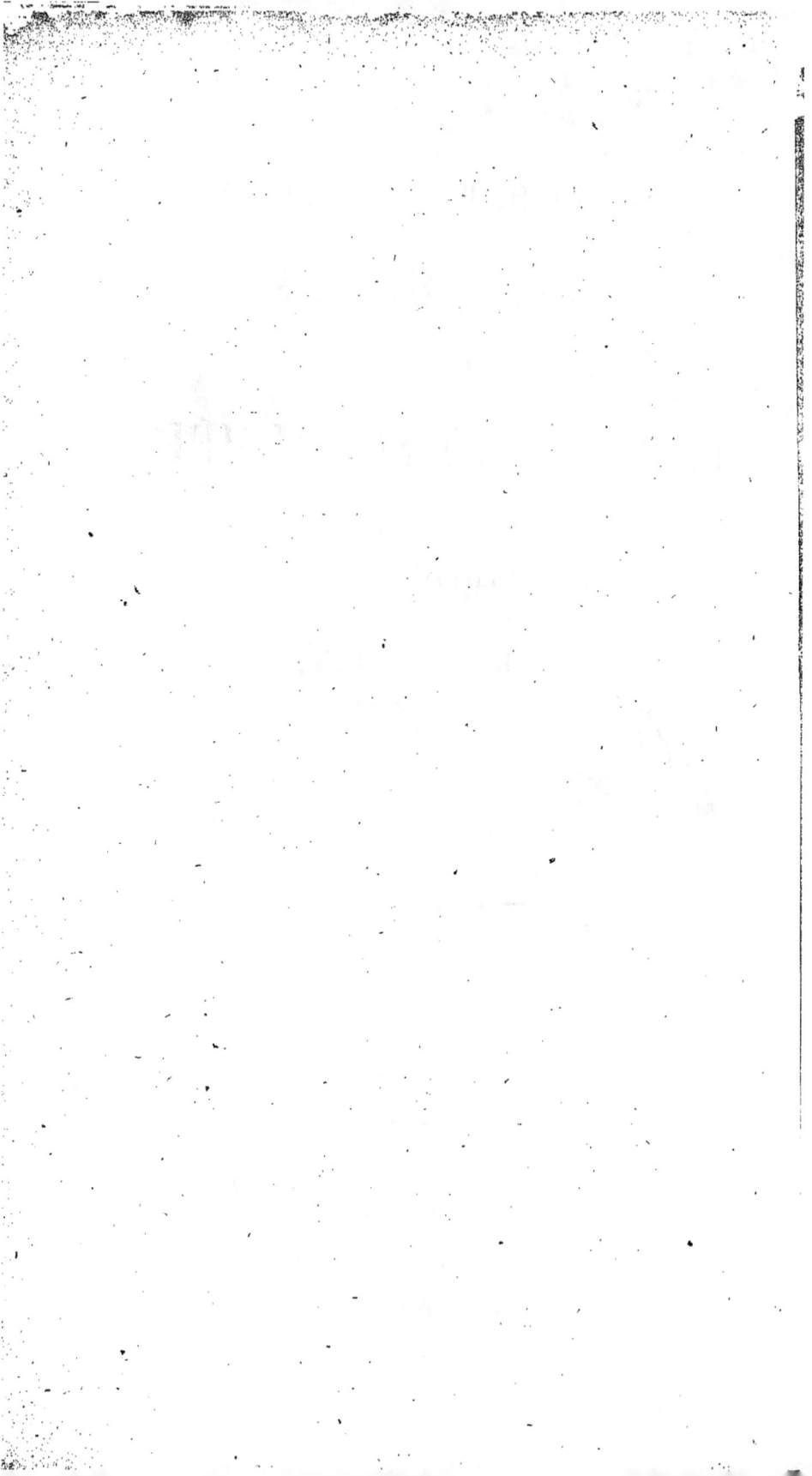

A SON EXCELLENCE

M. LE·COMTE RANDON

MARÉCHAL DE FRANCE

MINISTRE SECRÉTAIRE D'ÉTAT DE LA GUERRE

HOMMAGE RESPECTUEUX

DE SON TRÈS-HUMBLE

ET TRÈS-OBÉISSANT SERVITEUR

P. DABRY.

532

Bad. faun
9 h,
et nerveux

AVANT-PROPOS.

———

Une question de la plus haute importance préoccupe dans ce moment l'opinion publique. Chacun se demande si l'expédition de Chine aura lieu et si le noble sang de la France, qui a coulé sur les rives du Pé-ho, sera vengé. Les uns prétendent que nos intérêts dans ces pays lointains ne sont pas en rapport avec les sacrifices qu'exigerait l'exécution d'un tel projet; d'autres, encore sous l'influence des événements de Ta-kou, disent qu'une guerre avec le Céleste Empire ne peut avoir qu'une issue fâcheuse pour les armées alliées; que les cinq mille lieues qui nous séparent de ces contrées s'opposent à de grands succès, et qu'en cas même de réussite, nous n'obtiendrons jamais que des résultats sans portée et plus nuisibles qu'utiles à la cause de la civilisation. Nous sommes loin de partager ces idées; nous croyons au contraire que cette expédition offre en perspective à notre pays une nouvelle ère de prospérité, et que bien préparée, bien dirigée, elle présente toutes chances de succès.

Il fut un temps, et ce temps n'est pas très-reculé, où nous possédions en Asie les établissements les plus florissants. La France alors était la reine des mers de l'Inde, et l'influence de nos armes et de notre marine était telle que toutes les nations de l'Europe, pour naviguer dans ces parages, arboraient notre pavillon, qui représentait aux peuples de ces contrées une sorte de nationalité collective européenne, comprise sous le nom générique de Francs. Dupleix avait porté si haut la gloire de sa patrie, qu'il pouvait offrir à la couronne de France les plus riches provinces de l'Asie. La France règne ici, écrivait-il; quand elle se montre, on s'incline. Malheureusement l'immense travail de ce grand homme ne fut point apprécié par son souverain, qui, peu soucieux de l'avenir, perdait gaiement son trône au milieu des joies du présent. Dupleix fut rappelé. Les traités de 1754 et de 1763 furent signés, et notre prépondérance dans l'Inde, notre suprématie maritime furent cédées à un autre peuple, qui, à partir de cette époque, grandit en raison directe de la diminution de notre influence. Ce peuple actif, opiniâtre, industrieux et brave, comprit que le sceptre des mers appartiendrait longtemps à la nation qui parviendrait à posséder les plus belles colonies. Dès lors il ne recula devant aucun sacrifice pour se rendre maître de l'Hindoustan, où il trouva tout à la fois une source immense de richesses, de puissance extérieure et de sécurité intérieure.

Pendant ce temps, la France se consolait de la perte des plus beaux fleurons de sa couronne, en se persuadant peu à peu qu'elle n'avait ni les aptitudes commerciales ni le génie maritime. Cette idée une fois ancrée dans l'esprit public, finit par dominer les hommes d'État, et la question coloniale ne fut plus agitée sérieusement. Aussi à peine notre pavillon a-t-il paru dans les mers de la Chine depuis le traité du 24 octobre 1844, pendant que les Hollandais, les Portugais, les Espagnols, les Américains ont sillonné ces mers avec leurs navires marchands. Il est vrai que Java, Macao, les Philippines, les îles Sandwich sont autant d'établissements favorables à la navigation et au commerce de ces différents peuples.

Les Russes sont en Sibérie et sur les rives de l'Amour, les Anglais possèdent l'Inde ; nous sommes les seuls à peu près déshérités de ces riches pays, les seuls qui n'ayons pas un port où puissent se réfugier en temps de guerre les bâtiments de notre station. Que peuvent faire alors nos armateurs de Marseille, de Bordeaux, du Havre, etc., à qui les

colonies étrangères sont fermées par les droits et les
prohibitions, et qui, dans les pays neutres comme
en Chine, rencontrent des comptoirs, des maisons
Jennins dans les mains desquels se trouve le monopole du commerce, et avec qui toute lutte, toute
concurrence est impossible à soutenir? Il faudrait
cependant bien peu de choses à cette France si riche
en côtes, en capitaux, en industrie et en esprit d'i-
nitiative, pour reconquérir dans ces parages le rang
qu'elle y occupait il y a à peine un demi-siècle. Que
la Chine soit ouverte pleine et entière; que quelques
points de ravitaillement et de radoub soient pris sur
la route des Indes; que quelques stations soient
créées où notre pavillon puisse en toutes circonstances être à l'abri des éventualités, et nous verrons immédiatement des milliers de navires se diriger vers ces terres promises.

L'éloignement ne serait plus un obstacle pour l'armateur : tout chez lui est calcul. S'il entrevoit une
opération lucrative, rien ne l'arrête, il marche. Il y a
trois ans nos grandes maisons de commerce connais-
saient à peine le royaume de Siam. Aujourd'hui Bang-
kok reçoit plus de navires que les cinq ports de la
Chine, parce que nos intérêts trouvent dans ce petit
État sécurité et protection. L'armateur, comme nous le
disions, ne recule jamais devant un sacrifice dès qu'il
espère le compenser par des bénéfices. Il est souvent
même stimulé par l'importance de l'entreprise, parce

qu'il sait qu'en affaires la fortune s'élève proportionnellement à l'échelle du commerce. C'est en suivant
ce système que les Américains sont parvenus à avoir
une marine qui ne le cède à aucune autre. De simples particuliers poussés par le désir des richesses
ont fait construire une très-grande quantité de forts
navires, dans le but de transporter leurs marchandises aux quatre extrémités du globe. L'État et le pays
sont devenus ainsi possesseurs d'une véritable force,
où ils peuvent en temps de guerre puiser d'excellents
matelots, de bons bâtiments et des moyens de transport, si utiles à cette époque, où la vapeur et
les nouvelles armes ont changé toute la tactique
navale.

Les matelots ne manqueront jamais en France,
du jour où notre marine marchande pourra leur offrir
des avantages qui leur feront oublier les dangers et
les fatigues de la navigation. Il existe aussi dans les
grandes villes une population qui s'accroît sans cesse
par suite des émigrations continuelles des campagnes
vers les cités, où le paysan sait qu'il trouve réuni
tout ce qui est luxe, richesse et intelligence : or il
arrive souvent que la plupart de ces esprits turbu-
lents et inquiets, après avoir marché de déception en
déception, finissent par se mettre en révolte contre
les lois, parce qu'ils sont furieux de ne pas trouver
une carrière où ils puissent donner essor à leurs capacités et à leur aptitude. Ne serait-ce pas rendre un

immense service à la société que de porter ces ima-
ginations aventureuses vers des régions lointaines
qui leur offriraient la perspective de rencontrer ce
qu'ils rêvent en vain dans leur patrie ?

La Chine est abondamment pourvue de certains
objets qui nous manquent; elle est pauvre de ceux
que nous avons en trop. Ses soies et ses thés nous
sont devenus nécessaires. Supprimer l'un et l'autre
serait créer aux générations présentes des privations
et des souffrances réelles. Nous avons des cités entiè-
res dont l'existence est liée à la production de la première de ces matières, que nos climats semblent
vouloir nous refuser depuis quelques années, et qui
vient presque en excédant dans plusieurs régions de
l'Asie. L'Europe a reçu dans un an, du 1er juillet
1858 au 1er juillet 1859 près de 4,150,000 kilos de
soies de Chine, représentant une valeur de plus de
250,000,000 de francs [1]. Que seraient devenues notre fabrique lyonnaise et les milliers de familles qu'elle
alimente, sans cette précieuse ressource qui a pu réparer les désastres de l'oïdium? Une population immense vit de l'industrie séricicole. Ce serait donc une
grande calamité, si la matière qui forme la base de

---

[1] Les soies gréges qui nous arrivent de la Chine, presque toutes par
l'intermédiaire des Anglais, sont très-appréciées par nos fabriques.
Elles sont un peu moins fines que celles d'Europe, mais elles perdent
6 à 8 pour cent de moins dans les préparations qu'exige la fabrication. On en fait de très-belles étoffes.

cette industrie venait à nous manquer. Plus il y aura
de soies en France, plus il y aura de luxe dans la
classe riche; et partant plus il y aura de travail et de
bien-être dans les classes pauvres. Considérées déjà
à ce point de vue, nos relations avec la Chine ne sont
plus seulement utiles mais nécessaires.

Outre les soies et les thés, cette contrée peut fournir à la consommation européenne mille autres productions dont notre alimentation et nos arts ont déjà
su apprécier la bonté et la valeur. En échange, nous
pouvons donner au peuple chinois : 1° des céréales,
dont il a besoin pour prévenir et combattre les fami-
nes ; 2° les produits de nos manufactures et de notre
industrie, qu'il acceptera volontiers dès qu'il sera
délivré du système d'oppression gouvernementale
qui pèse sur lui depuis trente-cinq siècles. Son caractère, ses mœurs, ses usages, sont encore dans une
sorte de somnolence que les bienfaits de notre civilisation feront bien vite disparaître. Les masses,
quelle que soit leur torpeur morale, se réveillent
aussitôt qu'elles entrevoient dans la liberté une diminution de peines et un avenir qui leur donne l'espoir de satisfaire leurs goûts et leurs passions; et
moins elles ont été heureuses, plus elles ont soif de
jouissances. Dans le Céleste Empire, les habitants ne
peuvent avoir ni individualité ni personnalité; la loi
règle, précise et fixe les moindres gestes et actions.
A peine l'enfant a-t-il paru dans la vie, qu'il est sou-

mis au système automatique qui doit faire de lui un
être dissimulé, compassé, obéissant, patient et vin-
dicatif. L'Empereur lui-même, le souverain absolu de
ces quatre cents millions d'hommes, dont le trône est
entouré de plus de prestige que celui d'aucun monarque de l'Occident, est le premier esclave de cet
ordre de choses, et toute son existence se passe à
observer des rites et des cérémonies. On comprend
donc que les mœurs et les usages d'un tel peuple diffèrent essentiellement des nôtres, mais ses instincts,
ses désirs sont les mêmes : nous pouvons en juger
facilement par les Chinois qui viennent au milieu de
nous, comme des enfants perdus de cette grande famille. Nous n'avons jamais vu l'amour du luxe et du
bien-être poussé aussi loin que chez quelques coolies
que nous avons connus en Amérique. Que de fois
aussi n'avons-nous pas entendu ces paroles sortir de
la bouche d'un Chinois fort intelligent, et qui était
encore en France il y a peu de temps : « Combien
ton pays est riche, me disait-il, et plus heureux que
le nôtre ! Vous êtes libres (tchou-tsée), maîtres de
vous-mêmes ; vous travaillez moins et vous obtenez
beaucoup plus que nous. Vous êtes à l'abri des di-
settes, et vous pouvez vous procurer mille petites
jouissances qui nous sont inconnues. » Il visitait fré-
quemment nos usines, nos grandes fabriques, nos manufactures, admirant nos découvertes scientifiques et
cherchant à les apprendre, dans le but de les com-
muniquer à son pays. Nos missionnaires eux-mêmes

sont tellement convaincus de l'influence de notre civilisation sur les masses chinoises, qu'ils s'initient
presque tous, maintenant, avant de prendre leur bâton
de voyage, à la connaissance de quelques-unes de nos
sciences pratiques, afin de pouvoir, par des bienfaits
réels, disposer les âmes des populations à recevoir la
morale sublime du Christ. Ces courageux apôtres
de la foi travaillent ainsi pour leur Dieu et pour leur
France.

D'après ce que nous venons de dire, il est incontes-
table que l'ouverture de la Chine serait une source
de richesses et de prospérités pour notre commerce,
notre industrie et notre marine. Examinons maintenant quelles seraient les difficultés de cette entreprise.

Toute œuvre qui a pour but l'humanité et la civilisation est facile à accomplir. La Chine n'est pas
heureuse ; ses habitants se débattent depuis plusieurs
siècles contre un fléau terrible qui souvent les frappe
cruellement. Le sol, épuisé par trop de culture,
refuse de leur donner la nourriture qui leur est nécessaire. La famine est sans cesse à leur porte, et
leurs bras deviennent de jour en jour moins forts
pour la repousser. Que deviendra cette malheureuse
population qui augmente chaque jour, et dont la misère est une cause d'accroissement, si elle ne va pas

chercher ailleurs les premières conditions d'existence ?

Lorsqu'une ruche est pleine, un essaim s'en échappe pour former une nouvelle famille. Les abeilles, dans leur intelligent instinct, ne s'entassent point dans leur ruche; elles quittent le lieu qui les a vues naître, et vont chercher autre part le soleil, les fleurs et la liberté.

Les émigrations sont souvent utiles, quelquefois nécessaires. Croit-on que ce peuple qui, refoulé sur lui-même, lutte corps à corps avec les nécessités de la vie, qui travaille plus que tout autre et dont la terre est arrosée de ses sueurs, ne préférera pas aller remuer un autre sol moins ingrat, et pourvoir à sa subsistance par d'autres aliments que des rats, des chiens, des ânes et autres animaux plus repoussants? Déjà, depuis quelques années, tous ceux qui habitent les côtes et qui ont pu jouir de leur liberté, ont suivi la route que leur traçaient les hirondelles.

Sur toute la surface du globe il y a maintenant des Chinois. En Californie, à Java, dans nos Indes occidentales, aux Philippines, à Siam, les émigrants arrivent par milliers. Ce mouvement indique le malaise et la souffrance qui pèsent sur cette immense population. Ne serait-ce donc pas un véritable bien-

fait pour elle que de faire tomber la barrière [1] derrière laquelle s'est retranché son gouvernement des-
potique, qui l'oblige à mourir de faim dans un espace
limité ? Ce ne serait plus alors par milliers, mais par
millions qu'ils viendraient nous offrir leurs bras, dont
nous avons besoin pour défricher les terres vierges
qui couvrent une partie de la surface de l'Afrique et
de l'Amérique. Ils sont forts, intelligents et labo-
rieux. La génération présente conserverait ses rites
et ses usages; mais leurs petits-enfants se conforme-
raient à nos mœurs et à nos coutumes. Ceux qui resteraient dans leur pays, délivrés du fardeau de misère qui les écrase aujourd'hui, changeraient de
manière d'être et de vivre, et rechercheraient ce
luxe pour lequel tous les Orientaux sont si passion-
nés. Ils fouilleraient alors leurs mines d'or et d'argent; ils accepteraient volontiers tous les produits de
notre civilisation; ils nous donneraient en échange

---

[1] Si, dans des postes principaux établis sur les frontières, dans les
passages importants à garder ou des places de conséquence sises dans
l'intérieur, il se trouve des conspirateurs qui cherchent à porter chez
les nations étrangères les productions et les inventions du pays, ou des
espions qui s'y introduisent du dehors pour instruire leur gouvernement des affaires de l'Empire, ces conspirateurs et ces espions, quand on
les aura découverts, seront conduits par-devant les tribunaux de l'État
et là interrogés sévèrement; et aussitôt qu'ils auront été convaincus des
crimes ci-dessus, comme d'avoir machiné les moyens de sortir eux-
mêmes ou d'en faire sortir d'autres de l'Empire, ainsi que d'y avoir
introduit des étrangers, ils seront tous condamnés à être emprisonnés
le temps ordinaire et à être décapités, sans distinction entre les principaux coupables et les complices des délits reconnus.

(TA-THSING-LIU-LY, *Code pénal de la dynastie actuelle.*)

leurs productions, et les richesses de la terre seraient ainsi réparties entre tous les hommes.

L'empire chinois s'agite et se remue; la moitié des provinces est ravagée par des partis de rebelles et de pillards. « Il m'est impossible, nous écrivait dernièrement un Chinois, de me rendre de Canton à Sse-tcheou-fou; dans le Kouei-tcheou, les voleurs, les rebelles sont partout; les routes en sont infestées, toutes les communications sont interrompues. » Il en est de même dans tout l'Empire. Le gouvernement est miné; le prestige du Hoang-ty tombe de jour en jour, et la soumission filiale n'est bientôt plus qu'un vain mot, signes manifestes de la décadence complète de cet empire.

Le moment est donc venu pour l'Europe ou de renverser cette dynastie Ta-tsing qui s'est aliéné l'affection de ses sujets par le despotisme et la rapacité de ses mandarins, ou de la forcer à respecter les droits des peuples et des gens. Quelques combats nous conduiront sous les murs de Pé-king; alors, ou l'empereur Hien-fong demandera à capituler, ou il s'ouvrira le ventre avec un tao-tsée (couteau), ou il se retirera dans la Tartarie. Dans la première hypothèse, qui est la plus probable, il devra accepter les conditions suivantes : 1° liberté religieuse et commerciale dans l'Empire; 2° autorisation aux étrangers de circuler et de séjourner dans toute la Chine;

3° abrogation des lois et règlements relatifs à l'émigration. Comme garanties, nous pourrons exiger : 1° la résidence permanente de nos ambassades à Péking; 2° la cession de deux ou trois ports sur la côte ou dans l'intérieur des terres [1], dans lesquels nos vaisseaux de haut bord trouveront un abri sûr qui leur permettra de protéger les intérêts de nos nationaux et de surveiller l'exécution du traité. Du reste, le jour où nos aigles auront paru devant les portes de la capitale, l'Empereur respectera la teneur des conventions, parce qu'il aura besoin de notre appui pour conserver son trône, qui ne sera plus soutenu par le prestige du passé ! Il recevra alors avec reconnaissance l'assistance que nous voudrons bien lui donner pour l'aider à détruire ces bandes de rebelles qui rappellent les brigandages de notre terrible jacquerie de triste mémoire. Il est possible, en outre, qu'instruit par le malheur, il nous demande des instructeurs pour organiser son armée à l'européenne.

Ces dispositions auraient pour effet immédiat de neutraliser certaines influences que le gouvernement chinois subit déjà à regret, et de le dégager des préoccupations que lui causent les envahissements menaçants de la Russie, qui poursuit activement son vaste plan de domination. Maintenant, admettons que

---

[1] Sur les bords du Yang-tse-kiang.

par une de ces fatalités qui poussent souvent les souverains à leur perte, l'empereur Hien-fong nous abandonne sa capitale; où sera le danger? Ne trouverons-nous pas un descendant des Ming ou d'une autre dynastie qui sera heureux de remonter sur le trône de ses pères, et dont l'avénement sera salué avec enthousiasme par la majorité de la nation? Les prétendants aux couronnes ne manquent nulle part.

La Chine regorge d'or et d'argent, ses mines lui en fournissent; elle en a, en outre, reçu de tous les points du globe; elle a absorbé nos écus de France, les vieilles piastres espagnoles et une partie des dollars du Mexique. Nous retrouverons donc chez elle, dans certains lieux de la Tartarie bien connus, notre numéraire, qui payera facilement les frais de la guerre.

Quant au plan de campagne et d'opérations, des hommes d'une compétence et d'un mérite incontestables l'ont étudié et le déclarent non-seulement possible, mais facile à exécuter. On comprend aisément qu'il ne puisse être divulgué; mais il importe au public de savoir qu'il est conçu de manière à coûter peu de sang à la France.

Les événements qui se passent en Orient depuis quelques années, les émigrations plus fréquentes des races asiatiques, la tendance de l'Europe vers ces régions lointaines, indiquent que le moment du réveil de ces peuples est arrivé, et, quoi que nous pensions, quoi que nous fassions, les décrets de la Providence s'accompliront.

17 octobre 1859.

P. DABRY.

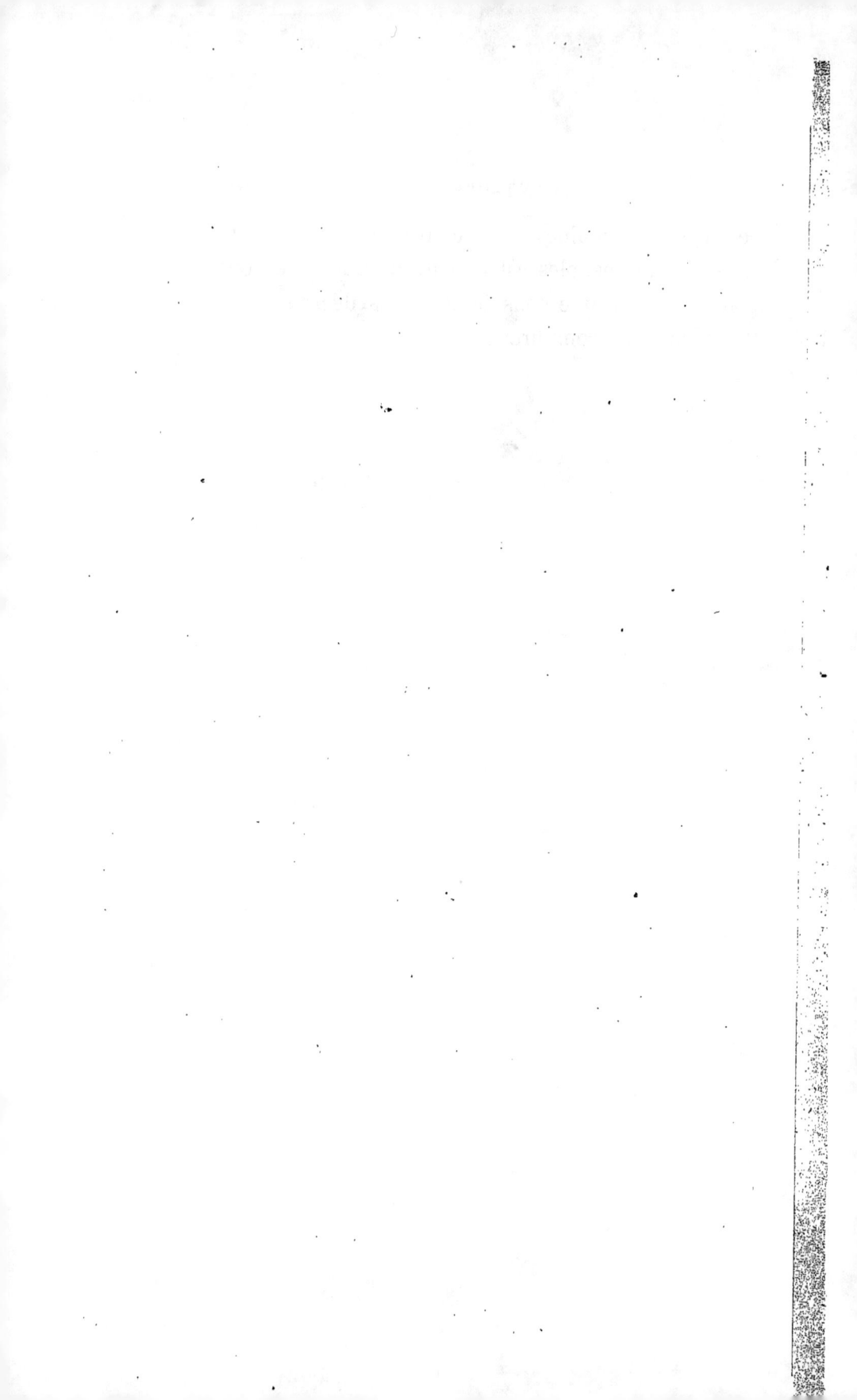

PRÉFACE.

___

Une expédition se prépare, dit-on, contre la Chine. En présence de cette éventualité, nous avons pensé que quelques détails sur la force et la disposition des troupes que les armées alliées pourront être appelées à combattre seraient bien accueillis de ceux qui vont être chargés de porter à Péking le drapeau de la civilisation. — Tel est le but d'utilité qui nous a guidé dans la publication de cet ouvrage. Ce n'est point un travail d'imagination, ce n'est que le résumé de laborieuses recherches. Aussi avons-nous eu soin de citer le nom de chaque auteur auquel nous avons emprunté des matériaux. — Mais il en est un à qui nous devons une mention spéciale, pour le remercier des précieux documents qu'il nous a fournis, c'est M. le capitaine Wade, aujourd'hui

premier secrétaire de légation, qui a publié il y a
deux ans, dans une Revue anglaise, trois articles
fort intéressants sur l'armée chinoise, et contenant,
comme nous avons pu nous en assurer, des détails
puisés à la source même de la vérité.

DABRY.

17 octobre 1859.

ORGANISATION MILITAIRE

DES CHINOIS.

————•••◦◦◦◦◦◉◦◦◦◦◦•••————

INTRODUCTION.

————

Il y aura bientôt dix-sept ans qu'un ambassadeur
de France arrivait à Canton et y concluait, avec un
haut commissaire délégué par l'empereur de Chine,
le fameux traité qui fut regardé alors comme un acte
d'une politique habile et d'une diplomatie profonde.

Nous avions tous espoir que le pavillon national
allait pouvoir se montrer en toute sécurité dans ces
parages lointains, que notre commerce y trouverait
un débouché avantageux pour le trop-plein de nos
manufactures, et que nous recevrions en échange
ces productions merveilleuses de l'Orient que la
nature nous a presque refusées et que nos contrées
ne semblent nous donner qu'à regret.

A peine quelques années étaient-elles écoulées,
que la réalité venait nous prouver combien ces espé-

1.

rances étaient chimériques. Nous n'avions pas fait la part du caractère du peuple chinois, et nous avions oublié que nous aurions à lutter contre un concurrent possesseur de comptoirs puissamment riches établis depuis longtemps dans cette partie du monde. Les tracasseries des mandarins, les vexations du gouvernement chinois, la rivalité des Anglais, telles furent les causes qui laissèrent à l'état de lettre morte le traité de M. de Lagrenée.

Aussi bien peu de nos bâtiments avaient visité ces ports, lorsque le meurtre horrible de M. Chapdelaine vint nous rappeler que nous avions des droits à défendre et des intérêts à protéger sur cette terre encore barbare.

Le gouvernement de l'Empereur, jaloux de tout ce qui touche à notre honneur et à notre prospérité, ne voulut point laisser impunie une violation aussi flagrante du droit des gens, et il décida qu'il était temps de renverser cette barrière derrière laquelle s'étaient retranchés quatre cents millions d'habitants, agissant et vivant comme si seuls ils remplissaient l'univers.

Une expédition fut arrêtée de concert avec les Anglais. La prise de Canton, le bombardement des forts du Pe-ho, l'occupation de Tien-tsing, tels furent les premiers faits de cette nouvelle croisade. Il n'en fallut pas davantage pour frapper de terreur la dynastie *Ta-tsing,* déjà minée par les haines nationales que lui ont suscitées la rapacité et

le despotisme des mandarins, et battue en brèche
par un parti puissant maître d'une portion du territoire. L'empereur *Hien-fong*, ou plutôt les Tartares
qui gouvernent en son nom comprirent combien le
danger était imminent et combien il était urgent
d'arrêter la marche victorieuse des alliés. Un traité
fut offert, et avec des avantages tels que l'Europe
en resta stupéfaite. Jamais triomphe plus éclatant
n'avait été obtenu. Une poignée d'hommes et quelques coups de canon avaient suffi pour saper l'édifice
social du plus vieil empire du monde et amener son
souverain à rompre brusquement avec tout un passé
de traditions et à nous ouvrir presque volontairement
les portes de ses États. Mais pendant que chacun se
plaisait à regarder cet acte comme l'un des plus
grands des temps modernes, les missionnaires qui
avaient longtemps habité ces pays inconnus dou-
taient, et les Chinois qu'ils avaient amenés en France
riaient de notre crédulité et de notre confiance. Les
dernières nouvelles que nous avons reçues sont
venues malheureusement justifier ces appréhensions!
— Maintenant, que les événements de *Ta-kou* aient
été préparés ou non par la volonté impériale, il n'en
est pas moins vrai que le noble sang de la France a
été répandu par des mains sacriléges et qu'il crie
vengeance. Une réparation va sans doute nous être
offerte. Serons-nous encore cette fois dupes de l'as-
tuce et de la duplicité chinoise? Non, tant que nos
aigles n'auront pas flotté sur les remparts de Péking,

entourées de tout le prestige qui convient à notre nation; tant que nous n'aurons pas pris des garanties qui nous mettent à l'abri de toute éventualité, la cause de la civilisation ne sera pas gagnée et nos intérêts seront constamment en péril. Il y a un an, les escadres combinées de France et d'Angleterre, avec leurs troupes de débarquement, auraient pu obtenir ce résultat; aujourd'hui, un corps d'armée parfaitement dirigé est devenu nécessaire, et si nous attendons quelques années, il nous faudra l'aide de Dieu pour vaincre les difficultés sans nombre qui nous seront opposées. Que la construction des batteries de Ta-kou soit sans cesse devant nos yeux, et n'oublions pas que nous sommes quatre nations marchant au même but avec des intérêts rivaux.

La Chine possède un territoire d'une étendue immense, et qui n'est entouré que de nations errantes ou à demi barbares. Elle est prodigieusement peuplée, et sa population augmente chaque jour, parce que les grandes épidémies sont rares, que le mariage est en honneur, que le nombre des enfants est une richesse, et que les guerres extérieures ou intérieures sont peu fréquentes et ne produisent jamais beaucoup de ravages.

Ces 400 millions d'hommes renfermés ainsi dans un espace limité, loin de toutes ressources étrangères, doivent se suffire à eux-mêmes. — Malheur à eux s'ils ne forcent pas le sol à leur livrer de quoi satisfaire à leurs besoins! Mais toutes ces terres plus ou moins fertiles sont épuisées par trente-cinq siècles de moissons, et sans la sollicitude éclairée du gouvernement, ce pays aurait sans cesse en perspective les horreurs de la famine. Cette question de vitalité a été l'objet constant des préoccupations des hommes d'État de la Chine. Ils ont mis l'agriculture en grand honneur, ils ont développé l'industrie, cette autre mère nourricière; mais par un esprit de haute sagesse, ils ont arrêté le luxe, fermé les mines d'or et d'argent, et fait tous leurs efforts pour que les relations commerciales avec les étrangers ne prissent pas d'extension. La dynastie Ta-tsing est la première qui ait consenti à déroger un peu au système politique adopté jusqu'alors; c'est elle qui nous a accordé le plus de concessions, et elle n'a jamais osé nous les retirer, de peur de condamner ses actes depuis près de deux siècles, et de donner ainsi à ce peuple auquel elle s'est imposée une arme terrible.

Le commerce, suivant les Chinois, ne peut être profitable à l'empire qu'autant qu'en cédant des choses superflues il peut en acquérir de nécessaires ou d'utiles.

Le commerce avec les étrangers tend, disent-ils, à diminuer la quantité usuelle de soie, de thé ou de porcelaine, et à occasionner l'augmentation du prix de ces objets dans toutes les provinces; d'un autre côté, il ne leur rapporte en échange que de l'argent dont ils ne veulent pas, ou des objets de faste et de curiosité dont ils cherchent à éviter les effets pernicieux, parce qu'ils nuisent à la simplicité des mœurs et mènent au luxe, ce fléau qui, d'après les philosophes de ce pays, corrompt l'innocence, augmente les besoins, conduit à l'oppression du peuple et fait sentir davantage à ce dernier le lourd fardeau de la misère. Kouan-tsée disait, il y a deux mille ans : « Le » luxe, qui est l'abondance du superflu chez certains » citoyens, suppose le manque du nécessaire chez » beaucoup d'autres ; plus les riches mettent de che-» vaux à leur voiture, plus il y a de gens qui vont à » pied ; plus leurs maisons sont vastes et magnifi-» ques, plus celles des pauvres sont petites et miséra-» bles ; plus leur table est couverte de mets, plus il » y a de gens qui sont réduits uniquement à leur riz ; » ce que les hommes en société peuvent faire de » mieux, à force d'industrie, de travail, d'économie » et de sagesse, dans un royaume très-peuplé, c'est » d'avoir tous le nécessaire et de procurer l'agréable » à quelques-uns. » Il ajoutait un peu plus loin : « Quand il y a dans un État un homme qui ne tra-» vaille point, il y en a un qui n'a pas de pain ; » quand il y a une famille oisive, il y en a une qui » n'a pas de vêtements. »

On comprendra donc maintenant pourquoi la Chine n'a eu jusqu'à ce jour aucun intérêt à commercer avec nous, puisque, au lieu de grains, de bois ou de bestiaux, nous n'avons cherché à lui fournir que des objets dont elle se soucie peu et des substances, comme l'opium, que l'État ne peut pas, malgré toute la profondeur de ses vues, laisser pénétrer au milieu des masses, sous peine d'être frappé par la justice divine. Cependant il y a deux peuples pour lesquels le gouvernement chinois a toujours montré une préférence bien marquée : ce sont les Tartares et les Russes, qui peuvent leur vendre des pelleteries dont les provinces du nord ont besoin. — Les immenses avantages qu'a obtenus cette dernière nation depuis un an prouvent la vérité de cette assertion.

Si nous parvenons à briser par la force de nos armes les éléments qui, jusqu'à ce jour, ont formé la base de l'administration de cet empire et partant sa prospérité, pourrons-nous prévenir les terribles éventualités qui peuvent résulter de ce bouleversement social ? — L'Europe et l'Amérique possèdent d'immenses ressources alimentaires, dont elles peuvent fournir l'excédant aux contrées de l'Asie qui en sont dépourvues; il suffit pour cela que les distances soient abrégées. La Russie, qui est intéressée plus que toute autre nation à cette haute question, vient déjà de nous prouver qu'elle l'a parfaitement comprise, par les priviléges qu'elle a concédés aux colons de la Tartarie et de la Sibérie. Si, d'un autre côté, nous réussissons à nous ouvrir un passage à travers cette Égypte sur laquelle tant de regards sont portés dans ce moment, l'Orient ne sera-t-il pas alors lié à l'Occident, et pourra-t-on encore dire que les échanges seront impossibles entre ces deux parties du monde ?

La Chine, dégagée de cette terrible préoccupation qui pèse sur elle depuis tant de siècles, recevra alors avec reconnaissance les bienfaits de notre civilisation; ses hommes d'État modifieront ses institutions dans un sens plus favorable à nos intérêts; ils permettront à une portion de cette immense population de quitter ce sol fatigué par trop de culture, et de porter leurs bras et leurs connaissances agricoles dans certaines parties de l'ancien et du nouveau monde qu'ils peupleront et enrichiront; ils ne mettront plus de frein au luxe du peuple; ils l'encourageront, au contraire, à profiter de notre industrie et de l'application si féconde de nos arts et de nos découvertes; ils ouvriront leurs nombreuses et vastes mines presque encore vierges. — Et ils nous donneront en échange non plus de nos capitaux, qui resteront alors au milieu de nous, mais des produits de nos manufactures, leurs thés, leurs soies, etc., dont l'usage est devenu une nécessité pour les peuples de l'Occident.

Ne voit-on pas là en perspective une source de richesses et de prospérités nationales? Le meilleur moyen d'arriver à ce but, pendant que nos armes vont nous ouvrir la voie, est de nous initier aux mœurs et aux usages de ce peuple qui a toujours marché isolé, et qui est cependant digne d'un examen sérieux.

La nation chinoise a été peu étudiée jusqu'à ce jour. Quelques récits, quelques impressions de voyage de nos courageux missionnaires, quelques traductions puisées par nos savants dans le chaos des livres chinois, voilà tout ce que nous savons de l'organisation de cet empire, qui, à plus d'un titre, mérite d'être appréciée. La question religieuse est la seule qui soit bien connue, et encore !... Convaincus que la manifestation la plus sûre pour montrer la civilisation d'un peuple et sa place dans l'histoire de l'humanité était celle de sa philosophie, cette pensée génératrice qui donne la forme concrète à la civilisation, nos sinologues nous ont fait connaître par des travaux consciencieux le caractère distinctif des différentes écoles de la Chine : — ils nous ont appris que dans ce pays la liberté de penser, au point de vue religieux, était pleine et entière, et que le culte seul, imposé par l'État et indépendant de la religion, était obligatoire pour toutes les classes des citoyens. Nos jeunes prêtres catholiques ont achevé leur œuvre, et nous savons aujourd'hui combien la morale du Christ est infiniment au-dessus de celle de Bouddha, de Confucius, etc.

Mais si nous connaissons la forme des principes religieux de la Chine, nous sommes loin d'avoir des notions exactes sur son administration et son organisation civile et militaire. L'histoire de ce gouvernement, qui se rattache à celle du peuple, la description des différents rouages de l'administration de ces quatre cents millions d'hommes, méritent dans ce moment de fixer l'attention.

Nous essayerons d'en donner une légère esquisse,

en empruntant nos documents aux différents ouvrages chinois qui traitent de ces matières. Nous commencerons par l'organisation de l'armée, cette base de la dynastie actuelle.

CHAPITRE PREMIER.

CAUSES DE LA FAIBLESSE DE L'EMPIRE CHINOIS.

On est quelquefois porté à se demander s'il existe réellement en Chine des corps militaires constituant ce que nous appelons en Europe une armée. Il n'est pas permis d'en douter en voyant les nombreuses dénominations, le rang, la solde et les fonctions respectives des chefs et des soldats inscrits dans le *Ta-tsin hoei-tien*, code de la dynastie régnante; le *Tchong-tchou-tching-kao*, ou enquête faite en 1825 sur l'armée; le *Hou-pou-tse-li*, code du ministère des finances de 1831, et enfin dans le *Tsio-tchi-tsuen-lan*, espèce d'annuaire civil et militaire qui paraît chaque année. D'où provient donc l'infériorité de ces troupes, qui, lorsqu'elles sont livrées à elles-mêmes, rappelle celle des Indiens luttant contre les conqué-rants de l'Amérique?

Nous croyons l'avoir trouvée dans deux causes principales, d'où découlent tous les défauts du sys-tème militaire chinois, et qui sont : 1º la position géographique de cet empire; 2º la politique de son gouvernement.

Qu'on observe ses frontières et les peuples limi-

throphes, en commençant par la province de Yun-
nan et remontant ensuite vers le nord par le Kouei-
tcheou, le Sse-tchoüen et le Chen-si jusqu'à la grande
muraille, on ne découvrira que des déserts et des
montagnes affreuses, la plupart peuplées d'habitants
à moitié sauvages. Au nord s'étend la Tartarie, soumise depuis longtemps, et dont la population très-
peu agricole fait sa principale nourriture de la chair
de ses troupeaux. A l'est, la Chine est bornée par
les mers du Japon, royaume peu fertile, qui produit
à peine assez pour suffire à ses besoins; enfin au sud,
les côtes sont baignées par l'Océan et sont éloignées
de toute terre étrangère.

On voit que la nature a pourvu elle-même à la
défense de cet immense empire. Il n'a pas dans son
voisinage de rival dangereux dont il ait à redouter
les invasions, et, d'un autre côté, il est préservé de
tout désir d'agression qui aurait pu être provoqué
par un objet digne de fixer son attention. Cette
double considération a fait que, ne craignant pas
l'envahissement de leur territoire et n'ayant aucun
intérêt à s'agrandir, comme les autres peuples de la
terre, ses hommes d'État ont adopté une forme de
principes religieux et politiques favorables au développement de l'agriculture, de l'industrie et du commerce intérieur, mais tout à fait opposés aux progrès
de l'art militaire.

Les Lacédémoniens ont dû leur gloire à l'amour
de la liberté, les Romains leur puissance à celui de

la patrie; les Chinois sont redevables de ce qu'ils sont à leur respect sans bornes pour leur empereur, à leur estime pour les gens de lettres, à leur obéissance aux mandarins, à leur vénération pour l'antiquité, à leur attachement aux anciens usages et à leurs grandes idées sur la piété filiale. Ils ont toujours regardé la guerre comme la plus funeste des calamités publiques, comme un fléau terrible du ciel irrité, comme la honte et l'opprobre de l'humanité. « Un souverain qui sait régner avec sagesse et justice ne doit jamais être réduit à la nécessité fatale d'exposer et de sacrifier la vie d'une partie de ses sujets dont l'agriculture a besoin, pour assurer la tranquillité et la sécurité des autres. » L'armée, suivant eux, est nécessaire pour la protection des lois et la défense du pays; mais elle ne doit pas être trop forte ni trop puissante, parce que ceux qui portent les armes sont sans cesse exposés à s'écarter du sentier qui conduit à la vertu, que les guerriers négligent souvent les cérémonies et s'écartent des usages établis, se plaisant dans l'agitation et le tumulte, qu'ils poussent à l'oppression du peuple et peuvent amener des perturbations qui bouleversent les empires.

C'est en conséquence de ces principes que les gens de guerre les plus distingués n'ont jamais eu en Chine qu'un crédit limité et des titres purement honorifiques, et que l'autorité a toujours appartenu aux mandarins lettrés.

« Les lettres, disait Song-tai-tsou, premier empereur et fondateur de la dynastie des Song, sont le
fondement de tout; elles apprennent à chacun à bien
vivre suivant son état, aux souverains à bien gouverner, aux magistrats à observer les lois, aux citoyens à être dociles envers ceux qui sont préposés
pour leur commander et les instruire, aux gens de
guerre à bien combattre. Aussi je veux que ceux qui
désormais embrasseront la profession des armes aient
au moins étudié quelque temps, et je vous déclare
que, même dans les emplois purement militaires, je
donnerai toujours la préférence à celui qui sera lettré
sur un concurrent qui ne le sera pas. »

Ces paroles prouvent clairement de quelle faveur
les lettrés jouissent en Chine; presque tous les honneurs publics leur sont réservés; ils ont même la direction supérieure des affaires militaires.

Les avantages exclusifs accordés à cette classe de
privilégiés ont pour résultat de mettre en concurrence les intelligences de l'empire et de fournir ainsi
des fonctionnaires plus instruits et plus capables;
mais en même temps ils ont déprécié le noble métier
des armes. Il n'y a que ceux qui ont de la force, de
l'adresse et peu d'aptitude pour les lettres qui travaillent dans le but d'obtenir un rang dans la carrière
des mandarinats militaires.

Lorsqu'en 1644 les Tartares Mantchoux s'emparèrent du trône, ils comprirent de suite quel parti ils
pourraient tirer de ces dispositions. Ils se soumirent

aux lois, aux usages de la nation conquise; ils se contentèrent de proscrire certains abus amenés par le temps, qui détériore lorsqu'il n'améliore pas. Ils laissèrent aux lettrés leurs droits, leurs distinctions et leur considération, tout en réprimant leur orgueil et en encourageant leurs travaux; mais, par une politique extrêmement adroite, sans rien changer au gouvernement, ils en prirent la direction en se donnant la moitié des hauts emplois, qu'ils eurent soin de doubler dans les ministères, les tribunaux, etc. De plus, ils se réservèrent le métier des armes, qu'ils mirent au-dessus de l'administration de la justice, se firent tous nobles et soldats, affranchirent des impôts les terres qu'ils prirent pour eux, érigèrent en dignités militaires des chefs de hordes, et formèrent une sorte d'aristocratie au milieu des Chinois en restant classés sous leurs propres bannières; ils eurent en même temps l'adresse d'adopter pour Tartares, en leur en accordant tous les avantages, les soldats chinois (*han-kiun*) qui avaient abandonné la cause des Ming pour se joindre à eux.

Ce n'est pas tout. Comme ils n'étaient pas assez nombreux pour occuper toutes les garnisons de l'empire, ils conservèrent pour eux la capitale, où ils formèrent une garde prétorienne autour de leur empereur, s'emparèrent des postes qui défendaient les principaux passages des provinces adjacentes, laissant aux troupes chinoises le soin de veiller à la sécurité des autres parties du territoire.

Toutes les forces de terre et de mer de l'empire se trouvent ainsi partagées en deux grandes divisions, qui sont : 1° les troupes des huit bannières, composées des Tartares Mantchoux, des Mongols et des Han-kiun; 2° les troupes du drapeau vert (*lou-yng*), qui, à l'exception de quelques officiers supérieurs, sont entièrement formées de Chinois. En dehors de ces deux armées se trouve dans chaque district une force instituée pour veiller à la sûreté générale, maintenir l'obéissance, conserver l'ordre et la paix. Cette force armée, qui s'appelle *hou-ouci-kiun* ou garde municipale, est placée sous l'autorité du tchihien. En temps de guerre, les districts fournissent encore des *y-yong* ou volontaires; ceux-ci, qui forment les corps de *y-kiun,* espèce de landsturm, sont des jeunes gens, et surtout de jeunes villageois qui prennent les armes spontanément ou lors de l'appel fait en vertu d'une proclamation impériale; ce sont eux que nous retrouvons dans ce moment aux environs de Canton, et qui sont désignés par les journaux sous le nom de *braves,* à cause d'un signe ou plutôt de deux caractères chinois qu'ils portent sur leur vêtement.

Les troupes des huit bannières et les lou-yng présentent un effectif de 900,000 hommes, non compris les militaires feudataires de l'empire répandus dans les deux Mongolies et le Thibet. Ce nombre de soldats n'a rien d'exagéré, quand on songe à l'immense étendue de l'empire et à son extrême population; mais ce qui a lieu d'étonner, c'est qu'une telle armée soit impuissante à repousser une invasion ou à étouffer une rébellion un peu sérieuse. Il est vrai qu'il manque à cette masse d'hommes l'élément principal qui mène au progrès, l'émulation. Les Chinois, comme nous l'avons déjà dit, abrutis par leurs livres de morale, par leurs rites absurdes, n'ont aucune de ces qualités que possède le soldat européen. Le despotisme de leurs lois a éteint dans les cœurs l'amour de la patrie, ce noble sentiment qui enfante des prodiges. Esclaves passifs du gouvernement, ils obéissent sans murmurer et marchent parce que le glaive et le bâton sont toujours suspendus sur leurs têtes. Quel élan et quel enthousiasme peut produire un tel système?

Quant aux chefs qui les dirigent, incapables, cupides, avides de bien-être et de luxe, toujours tremblants devant le vaste système d'espionnage qui couvre la Chine comme un réseau, astucieux et dissimulés, sans égard pour les droits des gens, ils font sonner bien haut les mots de probité, d'honneur et de courage, et n'ont aucune de ces vertus qui caractérisent le héros.

Les Tartares auraient dû conserver au moins l'antique valeur qui les distinguait dans leur patrie; mais après avoir conquis la Chine, ils se sont laissé vaincre par les mœurs de ses habitants; amollis à leur contact, ils ont perdu cette noble fierté de caractère et cette mâle indépendance qui les avaient

2.

toujours fait triompher. Il n'y a plus aujourd'hui que les troupes originaires du pays des Mantchoux et de celui des Dakhour Solon, près des rives de l'Amour, qui par leur discipline sévère et leur bravoure méritent le nom de soldats. Accoutumés à une vie oisive et tranquille, les soldats chinois manquent de la vigueur nécessaire pour tendre un arc un peu fort; ils sont bien pourvus de quelques mauvais fusils, mais leur poudre est de qualité inférieure et leurs projectiles sont mal faits; en outre, ils sont rarement exercés aux manœuvres et au tir.

Les officiers, quoique nommés après des examens, ne connaissent ni tactique ni stratégie; ils n'ont point l'expérience des camps et des champs de bataille; ils ne peuvent donc devenir ni grands capitaines ni bons généraux. Outsen, un des auteurs militaires dont ils doivent connaître par cœur les ouvrages, dit dans un passage de ses Mémoires : « Un guerrier sans aucun talent dans son art est un » homme mort; un guerrier sans expérience est un » homme vaincu. »

Il est encore une autre raison qui s'est opposée jusqu'à ce jour au développement de l'art militaire chez les Chinois, et qui a contribué énormément à les tenir dans cet état déplorable de stagnation où ils demeurent depuis tant de siècles. Les soldats sont presque tous mariés, et l'État leur permet de cultiver des terres pour subvenir plus facilement à leur subsistance et à celle de leur famille. Presque tous ont un champ qui leur a été donné par le gouvernement, soit que celui-ci l'ait distrait des propriétés incultes appartenant aux princes et aux grands qui avaient voulu rester fidèles à la cause des Ming; soit qu'il l'ait détaché temporairement des domaines de la couronne. Le travail de la terre rentre dans les attributions des gens de guerre, et il est encouragé autant que possible.

Nous lisons dans les dix préceptes adressés aux militaires par Yong-tching, troisième empereur de la dynastie régnante : « Les soins et les travaux que » la terre exige regardent tout le monde; tout le » monde doit par conséquent s'y employer de toutes » ses forces, puisqu'il n'est personne qui ne profite de » ce qu'elle produit. Gens de guerre, gardez-vous » bien en particulier de vous négliger sur cet article; » ouvrez le sein de la terre, préparez-la, ensemen- » cez-la, cultivez-la, recueillez ce qu'elle vous offre, » mais que tout soit fait en son temps. Si chaque » année vous êtes exacts à lui donner à propos tous » les soins qu'elle demande, chaque année vous » aurez aussi par son moyen de grands sujets de » satisfaction et de joie; non-seulement elle vous » fournira le nécessaire, mais encore elle vous met- » tra en état de nourrir vos parents, d'entretenir » votre famille et de passer agréablement la vie au » milieu de l'aisance et des commodités souvent pré- » férables à de plus riches trésors. Dans les mauvai- » ses années la pauvreté et la disette n'auront aucun

» accès chez vous, parce que vous aurez mis en ré-
» serve le surplus des années abondantes et fertiles.
» Grands de l'empire, magistrats, vous tous avec
» qui je partage le soin de gouverner en détail les
» peuples, instruisez tous mes sujets de mes inten-
» tions, faites en sorte que les terres soient bien cul-
» tivées, et veillez à ce qu'il n'y en ait aucune qui
» reste en friche.

» Officiers, ayez les mêmes attentions à l'égard
» des troupes que vous commandez; qu'aucune fa-
» mille, qu'aucune personne n'échappe à votre vigi-
» lance; il est de votre honneur, il est de votre inté-
» rêt que tout le monde fasse son devoir. Faites
» vous-mêmes le vôtre. »

Aussi lorsque la terre et les fruits ont besoin de
culture, à moins d'un cas pressant, évite-t-on d'occuper le soldat aux exercices militaires. Ces considérations ont conduit à le laisser très-longtemps dans
la même garnison ou dans le même poste.

CHAPITRE DEUXIÈME.

DIVISION DE L'ARMÉE CHINOISE. — ARMÉE DES BANNIÈRES.

Nous venons d'analyser les principales causes de la faiblesse de l'empire chinois; nous avons essayé de démontrer que ces causes étaient inhérentes à sa position géographique, à sa constitution gouvernementale; il en est d'autres, moins importantes il est vrai, mais qui se rattachent aux mœurs des habitants et aux détails si complexes de son administration militaire.

L'armée chinoise, comme nous l'avons dit plus haut, est partagée en deux grandes divisions qui sont : 1° les troupes des bannières; 2° les troupes de l'étendard vert.

Les premières sont rangées sous huit bannières ou drapeaux [1] et sont formées des *Mantchoux*, fondateurs de la dynastie actuelle; des *Mongols*, entrés en Chine avec les Mantchoux à l'époque de la conquête, et des *Han-kiun*, Chinois qui se réunirent aux vainqueurs sous l'empereur Chun-tché.

---

[1] En chinois *khi*, et en mantchou *gousa*.

Les bannières sont distinguées par leur couleur :

La première est jaune.

La deuxième, jaune à bordure rouge.

La troisième, blanche.

La quatrième, blanche à bordure rouge.

La cinquième, rouge.

La sixième, rouge à bordure blanche.

La septième, bleue.

La huitième, bleue à bordure rouge.

Les trois premières, comprenant tous les Mantchoux et quelques Mongols, sont dites supérieures, et les cinq autres inférieures.

Avant 1644, ces bannières étaient au nombre de quatre et ne présentaient qu'un effectif de 30,000 hommes, réparties dans Péking suivant le système mystique par lequel le jaune représente le centre ; le rouge, le sud ; le blanc, l'ouest ; et le bleu (au lieu du noir, couleur de mauvais augure), le nord.

Lorsque les Ta-tsing (très-purs) montèrent sur le trône, ils doublèrent les bannières, portèrent cette armée à près de 250,000 hommes et la distribuèrent dans la capitale, dans les environs, dans onze provinces de l'empire, dans le Turkestan et dans la Mantchourie. Ils décrétèrent que les troupes des bannières occuperaient dorénavant les divers quartiers du King-tching, ou ville impériale, dans l'ordre suivant : les bannières jaunes dans la partie septentrionale de l'est à l'ouest ; les bannières rouges dans la partie occidentale qu'elles n'occupent pas en entier, la partie septentrionale en étant affectée à la bannière jaune et la bannière bleu uni occupant la partie limitrophe du palais impérial. Cette même bannière bleue tourne ensuite au midi de ce palais, et son quartier s'étend parallèlement au mur méridional jusqu'au mur oriental; la bannière bleu uni est à l'est et la bannière bleue à bordure rouge est à l'ouest. La bannière blanche a son quartier dans le milieu de la partie orientale du King-tching, entre la bannière bleu uni et la bannière jaune à bordure.

Les première, troisième, quatrième, septième, forment ainsi l'aile gauche, et les autres l'aile droite.

Toutes les troupes des bannières sont sous la surintendance générale de 24 *tou-tong* métropolitains, dont la juridiction a un caractère tout à la fois civil et militaire. Elles sont divisées en compagnies de 150 hommes chacune sous les ordres d'un *tso-ling*, chargé de leur administration. Cet officier inscrit sur des contrôles tous les militaires touchant une solde et des rations[1]; les naissances lui sont annon-

---

[1] Tous les Tartares sont obligés de faire enregistrer les enfants qui leur naissent soit de leur épouse légitime, soit de leurs concubines. Les cacher est un crime punissable. Le tso-ling sous la juridiction de qui se trouve le coupable, et tous ses proches, sont obligés de le dénoncer et sont regardés comme complices s'il peut être prouvé qu'il y a eu connivence ou négligence de leur part. — Ordre est donné aux officiers publics de dénoncer tout Tartare qui, pour quelque cause que ce puisse être, fait le commerce, exerce quelque métier ou reste à la campagne. Tous les Tartares qui n'ont point d'enfants ont droit d'adopter un

cées dans le mois où elles ont lieu ; les décès lui sont communiqués immédiatement. Tous les trois ans il fait parvenir ces états à son tou-tong et au ministère des finances. Il est sous les ordres directs des *tsan-ling* et des *fou-tsan-ling*. Aucun acte d'adoption ne peut être validé, si le *tso-ling* ne donne au demandeur un écrit conforme à la loi; il en est de même lorsqu'un fils adoptif désire rentrer dans sa famille par suite de l'arrivée d'un héritier plus direct.

Le *tso-ling* doit être avisé par les parties contractantes de tous les projets de mariage, des achats d'esclaves, des ventes de maisons ou terres, des hypothèques et des contrats de réméré. Aucune transaction ne peut avoir lieu sans l'apposition de son sceau. Il est informé du départ de tout militaire des bannières qui quitte le quartier général, et lorsque celui-ci réside dans la *ville impériale,* il doit prévenir son *tou-tong* de cette absence.

Il avertit aussi tous les candidats des bannières qui ont des examens d'armes ou de lettres à subir, et

---

fils de leur frère, cousin germain, ou tout autre parent à défaut de ceux-là, mais avec l'agrément du chef de leur famille et de leurs officiers. S'ils n'ont pas de parent qu'ils puissent adopter, ce qui arrive souvent à ceux qui sont envoyés loin de la capitale, ou de l'endroit où ils étaient d'abord, ils peuvent adopter un Tartare de leur bannière, mais jamais de Chinois. Le fils adoptif reconnu légalement jouit de tous les priviléges d'un fils légitime dans sa parenté, dans sa bannière et dans l'État. La famille dont il est sorti ne lui est plus rien ; il appartient totalement à celle dans laquelle il est entré. Dans les promotions et héritages militaires, le fils aîné de l'épouse légitime est toujours préféré chez les Tartares, à moins d'incapacité reconnue ou de crime.

il est responsable de leur présence sur le terrain et dans la salle où a lieu le concours. Tous les trois ans une grande revue est passée, dans la métropole, de toutes les troupes des bannières; chaque *tso-ling* dresse alors une liste de ses *sous-ordres,* qu'il avertit de se tenir prêts. Il doit veiller à ce que l'armement et l'équipement des soldats de sa compagnie soient tenus en bon état; en cas de perte ou de détérioration de ces objets, il est punissable d'amende. Pour les fautes plus graves il est passible de bannissement ou d'emprisonnement. Il est aidé dans son service administratif par les *ling-tsoui* ou écrivains. Il ne s'occupe pas des détails des exercices et des manœuvres; des officiers subalternes (*kiao*) en sont particulièrement chargés.

Chaque compagnie fournit, pour le service de place ou pour les manœuvres, un nombre d'hommes déterminé qui, suivant leur nation et leur aptitude, sont organisés en *yng* ou corps, commandés par des officiers attachés à chacun d'eux pendant un certain temps [1]. En campagne, l'administration de ces corps est dévolue aux *tso-ling, tsan-ling* et *fou-tsan-ling,* correspondant par l'intermédiaire de leur *tou-tong* ou *fou-tou-tong* avec les chefs de direction des ministè-

---

[1] Dans les manœuvres et en campagne les troupes chinoises sont formées ordinairement en bataillons de huit compagnies, comprenant chacune quatre pelotons de cinq files de cinq hommes. Chaque file a un porte-drapeau ou guide en tête. Un corps d'armée est composé le plus souvent de huit bataillons.

res. Ils sont chargés de tout ce qui a rapport à la fourniture des vivres, fonds, matériel, etc. Il leur est très-difficile de faire des détournements à leur profit; ils doivent s'attendre à chaque instant à être inspectés et contrôlés par les censeurs visiteurs, officiers désignés *ad hoc*.

On voit déjà quelle différence existe entre ces corps et les nôtres, qui sont composés d'éléments homogènes, s'administrant eux-mêmes, et constituant des spécialités très-bien organisées pour approfondir l'étude de chaque arme. L'art militaire nous a appris à ne rien négliger de tout ce qui se rattache aux principes de la guerre. Nous avons compris que les prérogatives accordées à telle ou telle arme étaient extrêmement nuisibles à l'intérêt commun, et que toutes étaient nécessaires pour préparer ou compléter la victoire. Les Chinois, ignorant les progrès de nos découvertes et les savantes applications de notre tactique, continuent à marcher dans la voie qu'ils ont suivie depuis tant de siècles et qui leur a réussi jusqu'à ce jour. Pour eux, le tir de l'arc, soit à cheval, soit à pied, est le principal but auquel doit tendre tout militaire. « Lancer une flèche avec dextérité, disait l'empereur Yong-tching en 1728, a été de tout temps un art chéri des Mantchoux : ce n'est que par cette voie qu'on pouvait anciennement se faire un grand nom parmi nous, qu'on pouvait même être mis au nombre des hommes. Quoiqu'on ne pense pas tout à fait de même aujourd'hui, ce-

pendant un Mantchou qui tirerait mal une flèche
serait sans cesse exposé aux reproches et aux châtiments de ses chefs; il serait sujet aux railleries de
ceux qui le fréquentent; il serait la honte de sa
famille et une espèce d'opprobre pour la nation.
Dans une nuit profonde, lorsque le tambour vous
annonce les différentes veilles, faites de sérieuses
réflexions sur un sujet si important. Que chacun de
vous prenne la résolution de faire désormais tous
ses efforts pour réussir dans un art d'où son honneur particulier et le bien de l'État dépendent.

« De tous les exercices que vous ferez, tant en
public qu'en particulier, ne soyez jamais contents
que vous n'atteigniez le milieu du but; ne soyez pas
satisfaits si, étant à la chasse, vous ne percez pas
chaque fois la bête que vous aurez tirée. C'est par
cette habileté qu'on mesurera le degré d'estime qu'on
doit avoir pour vous. On ne vous donnera des emplois militaires qu'à proportion de votre capacité et
de votre adresse. Les soldats deviendront officiers,
les officiers seront élevés dans les grades, et tous
vous jouirez d'une réputation qui ne sera pas moins
glorieuse pour vos ancêtres que pour vos descendants. Vous n'ignorez pas quel est le chemin qui
doit vous conduire à la félicité, aux honneurs; vous
savez de même quelle est la voie qui mène aux
infamies et aux misères; suivez l'un sans relâche, et
écartez-vous de l'autre avec toute l'attention dont
vous êtes capables. »

Le tir du fusil et du canon ne joue donc qu'un rôle accessoire dans l'art militaire des Chinois; il en est résulté que les connaissances exigées pour les officiers se réduisent à fort peu de chose, et qu'ils peuvent ainsi être répartis indistinctement dans tous les corps. Deux conditions sont nécessaires pour être nommé officier : il faut ou avoir un rang héréditaire ou un titre de bachelier, de licencié ou de docteur.

Tous les emplois militaires sont partagés en quatre grandes divisions, qui sont : 1° les *kien-jin,* dans lesquels on peut cumuler deux fonctions et en toucher les deux soldes; ainsi le *lou-pou-chi-lang,* vice-président d'un des six ministères, peut être en même temps *fou-tou-tong* des bannières; 2° les *hie-jin,* dans lesquels l'impétrant peut réunir plusieurs bénéfices, dont un seul lui est payé; 3° les *pai-jin,* qui sont temporaires et représentés par les missions particulières confiées aux officiers, comme les inspections, etc.; 4° les *chi-jin* ou emplois dévolus à ceux qui ont obtenu des rangs militaires par suite d'un concours.

Tous les trois ans, à une époque fixée, les *hio-tai* ou mandarins lettrés examinateurs se rendent dans les chefs-lieux des provinces pour interroger les candidats militaires sur les notions qu'ils ont acquises en littérature et sur les six *king* militaires, contenant la stratégie, la tactique, les exercices et les évolutions des troupes chinoises. Ces six ouvrages sont :

Sun-tse-ping-fa [1] (Règles de l'instruction, par Sun-tse), *Ou-tse-ping-fa* [2], *Sema-ping-fa* [3], *Loü-tao* [4], *Leao-tsée* [5], *Wen-ta-in* [6] (Demandes et réponses). La force du corps et l'adresse dans les exercices sont des parties essentielles du programme [7]. Les candidats doivent subir trois examens, dont un seulement chaque année. Après le premier, ils peuvent être nommés

[1] Sun-tse, général d'armée dans le royaume de Ou faisant partie du Tche-kiang (vivait avant Jésus-Christ).

[2] Ou-tse, général d'armée dans le royaume de Ouei (425 ans avant Jésus-Christ).

[3] Sema-jang-kin, général d'armée sous les Tcheou.

[4] Par Ling-vang (112 ans avant J.-C., au commencement de la dynastie des Tcheou).

[5] Par Yu-tao-tsée (avant Jésus-Christ).

[6] Par Tai-tsong, empereur de la dynastie des Tang (627 ans avant Jésus-Christ).

[7] Le champ clos où a lieu l'examen est ordinairement de forme circulaire. Trois cibles de différentes grandeurs sont placées à 80 mètres l'une de l'autre. Elles sont peintes en vert et portent trois marques blanches, distribuées à égale distance; celle du milieu contient un petit cercle rouge dont le centre est le but que doit atteindre le tireur. Les épreuves commencent d'abord pour les cavaliers. Chacun d'eux lance trois flèches et trois balles, après avoir donné à son cheval l'allure la plus rapide. Les coups sont notés, enregistrés, et le résultat du tir remis au *hio-tai*. Toutes les fois que le cercle rouge est touché, une bannière est agitée et le tambour bat. Les candidats sont ensuite examinés sur le maniement de la lance et du sabre. Des mannequins servent à juger de la force et de la direction des coups. C'est dans ce dernier exercice qu'ils montrent leur adresse à manier un cheval. Tantôt ils sautent d'un cheval sur l'autre, ou bien en croupe derrière un autre cavalier; tantôt ils jettent un objet à terre et le ramassent au galop, ou bien encore se tiennent penchés en avant, couchés en arrière, renversés d'un côté ou la face tournée vers la croupe du cheval.

Les épreuves à pied consistent à tirer six flèches et à lancer six balles à des distances dont la plus éloignée ne dépasse pas 500 mètres, à manier le sabre et le bouclier, à bander des arcs de différentes forces et à soulever des poids à une certaine hauteur.

sieou-tsai ou bacheliers ; le deuxième leur donne le titre de *kin-jin* ou licenciés, et enfin, lorsqu'ils ont passé le troisième à Péking, ils deviennent *tsin-tsée* ou docteurs.

Le nombre des *sieou-tsai* et des *kin-jin* est limité pour chaque province ainsi :

	Sieou-tsai.	*Kin-jin.*
Han-kiun (Tchi-li).	80	40
Foug-tien-fou (Mantchourie). .	50	3
Tchi-li.	232	111
Chan-si.	1,533	40
Chan-tong.	1,624	46
Ho-nan.	1,640	47
Kiang-si.	909	63
Ngan-hoei.	849	63
Tche-kiang.	1,204	50
Fou-kien.	1,038	50
Kouang-tong.	1,166	44
Kouang-si.	890	30
Sse-tchuen.	1,457	45
Hou-pe.	993	25
Hou-nan.	1,038	24
Chen-si.	1,071	50
Kan-sou.	849	50
Yun-nan.	1,171	42
Kouei-tcheou.	729	23

Ces grades donnent droit à un rang militaire [1], et ceux qui en sont revêtus concourent pour les charges et emplois avec ceux qui ont un rang héréditaire [2], depuis le *ngan-ki-oey* jusqu'au *kong* ou premier degré de la noblesse nationale; avec les *yn-seng* ou fils d'officier, à qui un rang a été accordé dans une occasion mémorable du vivant de leur père; enfin avec les *nan-yn-seng* ou fils d'un officier au service de

---

[1] Les rangs ont pour marques distinctives des boutons ou plutôt des globules de différentes substances et de diverses couleurs portés au sommet du bonnet officiel.

Signe caractéristique.

1er rang 1re classe.			Pierre précieuse rouge.
1er	—	2e	— Globe de corail.
1re	—	2e	— Pierre précieuse inférieure rouge, ou corail ciselé en forme de fleur.
2e	—	2e	— Mêmes insignes, mais de moindres dimensions.
3e	—	1re	— Pierre précieuse sphérique bleue.
3e	—	2e	— Mêmes insignes, mais de moindres dimensions.
4e	—	1re	— Petite pierre précieuse bleue, ou petit globule en verre de même couleur.
4e	—	2e	— Mêmes insignes, mais de moindres dimensions.
5e	—	1re	— Globule de cristal bleu ou de verre.
5e	—	2e	— Mêmes insignes, mais de moindres dimensions.
6e	—	1re	— Globule en pierre précieuse blanche.
6e	—	2e	— Mêmes insignes.
7e	—	1re	— Globule d'or ou doré.
7e	—	2e	— Mêmes insignes.
8e	—	1re	— Mêmes insignes.
8e	—	2e	— Mêmes insignes.
9e	—	1re	— Mêmes insignes.
9e	—	2e	— Mêmes insignes.

[2] Il y a cinq espèces de titres héréditaires : les premiers sont accordés au mérite éminent (*tcheou-yong*); les deuxièmes sont concédés pour encourager les actes de fidélité et de dévouement au souverain (*tsiang-tchong*); les troisièmes sont donnés comme marques de faveur (*thai-gan*)

l'État. Si le père était du 1er, du 2e, du 3e ou du 4e rang, le fils peut être *yn-seng* des 4e, 5e ou 7e rangs.

Nous dirons plus loin quel est le mode de nomination et quelles sont les règles d'avancement dans chaque corps.

Les employés civils des bannières peuvent être appelés à continuer leur service dans les manda-

---

allant atteindre des relations de parenté extérieure, comme les parents d'une impératrice étrangère; les quatrièmes (*kia-yong*) sont conférés pour rehausser encore la gloire des hommes d'une haute sainteté ou d'un savoir transcendant; enfin, les cinquièmes sont accordés pour inspirer le respect dans le but de servir à l'élévation et à la prospérité de l'État (*po-kho*). Des insignes particuliers placés sur les vêtements d'apparat sont affectés aux titres de cette noblesse, qui se subdivisent en 27 degrés différents :

1° Kong, 3 degrés;

2° Heou, 4 degrés;

3° Pe, 4 degrés;

4° Tsen, 4 degrés;

5° Nan, 4 degrés;

6° King-tcho-tou-wei, 4 degrés;

7° Ki-tou-ouei, 2 degrés;

8° Yun-ki-wei, 1 degré;

9° Ngan-ki-ouei, 1 degré.

Les mandarins revêtus d'un titre héréditaire, et qui sont révoqués ou destitués de leurs fonctions pour cause de crimes ou de délits, conservent leur noblesse, et ils en transmettent les insignes à leurs descendants; mais s'ils se sont rendus coupables de crime de rébellion, alors ils entraînent leurs descendants dans leur dégradation. La noblesse de ceux qui n'ont pas de descendants finit avec eux. Toute collation de titre a lieu par un édit spécial de l'Empereur, délivré par le bureau des titres. Le livre jaune ou registre impérial contient tous les titres. Les yen-fong-sse, chefs du bureau des titres, sont aussi chargés de conférer la magistrature et les titres héréditaires aux mandarins aborigènes qui commandent aux *miao-tsée* et aux *lo-lo*. Ce bureau dépend du ministère des offices. (PAUTHIER, *Univers*, Chine moderne, p. 161).

rinats militaires. Ainsi les censeurs de circuits, les vice-présidents de ministère, les intendants et les préfets, peuvent passer *fou-tsan-ling, tso-ling* ou gardiens des portes, et les *yuen-ouai-lang*, sous-secrétaires des ministères; les sous-préfets et les magistrats des districts peuvent être nommés officiers subalternes des *pou-kiun-yng* (gendarmerie), ou sous-officiers du poste d'alarme, etc., etc.

On voit d'après ce système que les officiers n'appartiennent, pour ainsi dire, à aucun corps spécial, et que, suivant leur rang et les besoins du service, ils sont désignés pour remplir les vacances qui se présentent.

Tableau synoptique de la disposition et de la force des troupes des bannières (1825) [1].

PROVINCES.	Grandes DIVISIONS.	NOMBRE D'OFFICIERS DES 9 RANGS TOUCHANT UNE SOLDE.									SOUS-OFFICIERS et SOLDATS.	ÉLÈVES.	OUVRIERS.
		1er rang	2e rang	3e rang	4e rang	5e rang	6e rang	7e rang	8e rang	9e rang			
Tchi-li { Tsin-kiun-yng	1	12	12	616	28	272	261	»	»	»	1,766	»	»
Tsien-fong-yng	1	»	2	10	40	14	106	»	16	12	1,764	»	»
Hou-kiun-yng	1	»	8	138	23	15	1,045	»	»	»	14,075	»	»
Mao-ki-yng	1	24	48	280	1,350	124	1,514	»	»	»	36,342	26,598	2,497
Kien-joui-yng	1	1	»	12	47	1	405	8	40	»	3,098	830	»
Ho-ki-yng	2	1	»	21	16	32	224	»	»	»	6,164	1,650	»
Pou-kiem-yng	1	1	2	4	39	360	414	25	»	»	23,012	»	»
Yuen-ming-yuen	1	»	»	24	19	35	141	»	131	»	4,122	1,986	»
King-ki	6	2	3	32	132	98	416	»	»	»	17,048	569	24
Ling-tsin	1	»	»	6	12	220	21	»	»	»	998	»	5
Chan-si	3	1	1	7	69	28	77	»	»	»	8,600	680	4
Chan-tong	1	»	1	5	16	20	20	»	»	»	2,430	100	16
Ho-nan	1	»	»	1	40	10	10	»	»	»	900	»	20
Kiang-sou	2	1	»	12	56	56	56	»	»	»	4,986	1,360	104
Tche-kiang	2	1	1	15	32	28	48	»	»	»	3,572	228	144
Fou-kien	1	1	4	9	16	40	22	»	»	»	2,293	160	40
Kouang-tong	1	1	2	9	16	34	38	»	»	»	3,724	1,511	30
Ssé-tchuen	1	1	1	5	24	24	24	»	»	»	2,288	288	96
Hou-pe	1	1	2	10	56	56	56	»	»	»	4,780	1,680	168
Chen-si	1	1	2	8	40	40	40	»	»	»	5,600	868	120
Kan-sou oriental	2	1	2	7	39	41	39	»	»	»	4,980	895	117
— occidental	4	1	2	42	44	44	44	»	»	»	5,572	448	88
Turkestan	1	1	»	16	100	56	108	»	»	»	13,576	504	128
Provinces de la Mantchourie	3	4	12	46	354	239	379	»	»	»	42,216	1,136	1,658
— Mausolées	1	»	»	3	6	48	»	»	»	»	550	»	»
	41	56	102	1,308	2,524	1,905	4,808	33	187	12	214,416	41,861	5,323

[1] The Army of the Chinese Empire, by T. F. Wade. — TOTAL.... 271,885. —

Tsin-kiun-yng.

Le premier corps, que nous sommes autorisé à regarder comme tel, est la garde impériale, *tsin-kiun-yng* (soldats attachés à la personne du souverain), sous la surintendance du *chi-ouei-tchou*.

Son organisation est la suivante :

6 Tong-ling (capitaines, généraux, ministres du palais) . . . . 1 *a*[1].

6 Nui-ta-tchin (ministres du palais). . . 1 *b*.

12 San-tie-ta-tchin (ministres adjoints du palais) . . . . 2 *b*.

24 Pan-ling (commandants). . . . . . . 3 *a*.

24 Fou-pan-ling. . . . . 3 *a*.

9 Chi-tchang (du kin impérial). . . . . 3 *a*.

60 Chi-tchang . . . . 3 *a*.

9 Teou-chi-ouei (gardes du kin impérial, 1re classe). . . . . 3 *a*.

18 Eul-tang-chi-ouei . . . . 4 *a*.

63 San-tang-chi-ouei . . . . 5 *a*.

60 Teou-tang-chi-ouei (Mantchoux). . . 3 *a*.

150 Eul-tang-chi-ouei (Mongols ou Chinois). 3 *a*.

90 Lin-lang-chi-ouei (4e classe, sse-tong, plume bleue) . . . . 5 *a*.

10 Teou-tang-chi-ouei. . . . . 3 *a*.

---

[1] Les lettres *a* et *b* désignent les classes des rangs.

10 Eul-tang-chi-ouei (Chinois) . . . . . . 4 *a.*

98 San-tang-chi-ouei (Chinois) . . . . . 5 *a.*

128 Lin - lang - chi - ouei (plume bleue ,
     4° classe, Chinois) . . . . 6 *a.*

77 Tsin-kiun-kiao . . . . 6 *a.*

77 Ouei-tsin-kiun-kiao . . . . 6 *a.*

527 Tsin-kiun-ping (Mantchoux).   Aile gauche.

826   —   —   Aile droite.

162   —   (Mongols).   Aile gauche.

241   —   —   Aile droite.

Il y a aussi un secrétariat civil sous la direction des *pan-ling* et un bureau des rapports dépendant du *chi-ouei-tchou.*

Le devoir de la garde impériale est de garder la personne et les appartements du souverain. Quand l'empereur est à *Péking,* les vingt-quatre portes de la ville interdites sont confiées aux *tsin-kiun-yng,* et lorsqu'il se rend à *Yuen-ming-yuen,* château de plaisance aux environs de la capitale, son escorte est formée par les officiers et soldats de la garde. Il est très-difficile d'être admis dans ce corps. Les *chi-ouei* ou gentilshommes de la garde doivent tous être nobles, et la plupart d'entre eux sont parents ou alliés à la famille impériale. Ce sont eux qui sont chargés du service de l'intérieur du palais. Les *tsin-kiun-ping* sont choisis parmi les fils des Mantchoux et Mongols des trois bannières supérieures et qui remplissent dans ces fonctions une espèce de stage avant de passer leurs examens. Y sont admis aussi quelques Chinois qui ont mérité cette distinction par un acte de courage ou de dévouement. Mais les plus grandes précautions sont prises pour ne recevoir dans les rangs de la garde que des hommes sûrs et éprouvés.

Nous trouvons dans le *Ta-tsing-liu-ly* [1] (Lois fondamentales du Code pénal de la dynastie actuelle) un article qui se rapporte à ce sujet : « Dans tous les cas où des personnes qui vivaient dans l'étendue de la juridiction de la ville impériale auront été condamnées à mort par sentence, leurs familles, et tous ceux qui auront habité sous le même toit que ces personnes criminelles, quitteront aussitôt leur demeure et résideront à l'avenir sous une autre juridiction.

» Toutes les personnes susdites, tous les autres parents des personnes condamnées à mort et exécutées, ainsi que toutes celles qui auront subi quelque peine en vertu des lois, seront déclarées incapables de posséder jamais d'emploi près la personne de Sa Majesté l'Empereur, comme de servir dans la garde des palais impériaux ou de la ville interdite (Tsou-kin-tching), et aux portes de la ville de Péking.

» Tous ceux qui occuperont de tels emplois, ayant caché les causes qui les rendaient incapables de les

---

[1] Cet ouvrage a été traduit par Georges-Thomas Staunton, et mis en français par Charles-Félix Renouard de Sainte-Croix.

exercer, seront condamnés à la prison pendant le temps prescrit et à être décapités.

» Tout officier du gouvernement qui ne prendra point le soin nécessaire pour s'assurer que la personne qui veut être employée comme il a été dit plus haut est libre des incapacités dont parle cette loi, ou qui, les connaissant, n'en admettra pas moins au service cette personne, tout indigne qu'elle en sera, en considération des présents ou des promesses qu'il en aura reçus, sera sujet à la dernière peine énoncée.

» Néanmoins, si quelque parent d'un criminel qui a subi une peine capitale, ou une personne à qui l'on aura infligé une moindre peine par suite d'une sentence ordonnée par la loi, sont choisis dans une déclaration impériale et expresse pour remplir une des places à responsabilité mentionnées ci-dessus, après que l'officier supérieur du département dans lequel sera l'emploi dont il s'agira aura fait à Sa Majesté un rapport convenable pour l'instruire du jugement et de la punition subis par les impétrants ou par leurs parents, selon que le cas y écherra, cette loi ne sera point exécutée. »

La garde journalière du palais comprend : 1 tong-ling, 2 san-tie-ta-tchin, 40 chi-ouei dans l'intérieur et 3 chi-tchang avec 120 tsin-kiun-ping à l'extérieur; 1 pan-ling, 2 tsin-kiun-kiao, 2 ouei-tsin-kiun-kiao et 26 hommes concourent avec les autres divisions pour la garde des 123 postes établis dans la ville interdite (King-tching) et dans la ville extérieure (Ouai-tching). Les principales consignes de ces postes sont données par le *Ta-tsing-liu-ly* :

« Toute personne qui, sans permission, entrera dans la ville interdite ou dans les jardins de l'Empereur, recevra cent coups de bâton [1].

» Toute personne qui entrera dans les palais impériaux sans permission sera punie de soixante coups de bâton et d'une année de bannissement [2].

» Toute personne qui entrera sans permission dans les appartements occupés dans le moment par l'Empereur, ou dans le lieu où Sa Majesté prend ses repas habituels, sera mise en prison pendant le temps usité et subira la mort par strangulation.

[1] Ce bâton est un bambou de cinq pieds de longueur, droit, poli, sans branches, ayant un de ses bouts de 5 centimètres de grosseur et l'autre bout de 3 centimètres. On emploie le petit bout pour les punitions qui ne dépassent pas cinquante coups ; on se sert du gros bout dans les autres cas jusqu'à cent coups. — Le bâton est remplacé par le fouet pour les Tartares.

[2] Cette peine infamante est très-fréquemment appliquée en matière criminelle. Elle consiste, dans le cas du bannissement à vie, à être transporté dans une province étrangère (ouai-sin), et à demeurer dans une ville que le juge a fixée. — Renfermé dans une maison publique nommée (Kouan-tien), le criminel y est employé à des travaux dont le produit lui appartient. Toutefois, s'il présente une caution solvable de bonne conduite, il obtient, après un certain temps, l'autorisation de sortir, d'exercer un état, de fonder un établissement ; mais, placé pendant toute sa vie sous la surveillance du chef du district, il est tenu de se présenter le premier jour de chaque mois devant ce magistrat et de répondre à l'appel de son nom, appel qui est toujours fait par le greffier du hing-fang (bureau de la justice).

La surveillance n'a pas d'autre effet ; car le criminel banni à perpétuité dans une ville, non-seulement peut y contracter un mariage, épouser une femme du pays, il peut même acquérir pour ses enfants le domicile politique, après dix années de résidence seulement. Ainsi, les enfants ne sont pas responsables de ses fautes.

- » Ceux qui approcheront des portes des différents lieux susdits avec l'intention de les passer, mais qui n'y passeront pas, seront sujets à être punis d'un degré de moins que les personnes qui y seront entrées sans permission ; c'est-à-dire de dix coups de moins, ou du bannissement à vie [1].

» Les lois protégent les appartements de l'Impératrice, de l'Impératrice mère et de l'Impératrice grand'mère, comme ceux de l'Empereur.

» Toute personne qui, n'étant pas inscrite sur le registre des entrées dans les appartements susdits, en passera ou tentera d'en passer les portes en prenant un nom autre que le sien, sera punie conformément à la loi.

» Toutes les personnes qui, ayant des emplois dans le palais impérial, y entreront, soit avant d'avoir fait inscrire leurs noms sur les registres tenus à cet effet, soit après avoir fini leur service, ou

---

[1] Les degrés d'une peine diffèrent de dix coups, et la peine de mort est remplacée par le bannissement à vie dans le cas où la peine est diminuée d'un degré. La peine du bannissement est ordinaire ou extraordinaire. Elle se subdivise, en outre, en bannissement temporaire et bannissement perpétuel ou à vie. Dans le premier cas, les condamnés sont envoyés dans un lieu distant au moins de 500 *li* (le *li* vaut 570 mètres) de celui de leur naissance, mais jamais hors de la province où ils sont nés. Les bannis à perpétuité sont envoyés en dehors de la province dans des lieux qui sont fixés suivant la nature du délit. — Les militaires condamnés au bannissement temporaire, à l'expiration de leur peine, sont renvoyés à leur poste. Ceux qui sont condamnés au bannissement perpétuel servent dans le poste militaire le plus près du lieu marqué pour leur ban. — Cependant s'ils sont condamnés au bannissement extraordinaire, ils subissent leur peine d'après les règles ordinaires.

qui en rempliront les devoirs hors de leur tour de service, seront punies de quarante coups dans chacun de ces cas.

» Toute personne qui, n'étant point de la garde du palais impérial, y amènera des soldats, ou y entrera avec des armes tranchantes, sera emprisonnée pendant le temps ordinaire et étranglée.

» Toute personne qui tiendra une conduite semblable à celle dont on vient de parler et qui osera enfreindre lesdits règlements relativement à la ville interdite, sera punie de cent coups de bâton et du bannissement perpétuel sur la frontière de l'empire la plus éloignée de son domicile.

» Ceux des officiers et soldats qui seront de garde à toutes les portes et laisseront commettre quelques-uns des délits ci-dessus ou y conniveront, seront regardés comme aussi coupables que les transgresseurs de la loi, excepté dans les cas capitaux où la peine à infliger à ces officiers et soldats sera réduite d'un degré. Lorsque les mêmes n'auront point empêché par négligence de commettre ces délits, mais n'y auront point concouru, ils subiront à trois degrés de moins la peine ordonnée par la loi pour leurs auteurs; mais en aucun cas on ne pourra leur infliger plus de cent coups [1]. »

Par rapport aux règlements relatés en dernier lieu, il est établi que les soldats de garde pendant le jour

---

[1] Les coups pour les officiers sont remplacés par l'amende, la dégradation et même l'exclusion du service du gouvernement.

seront seuls sujets à être punis et que la peine qu'ils subiront aura un degré de moins que celle qui sera infligée à leur officier, qui dans ce cas est le principal coupable aux yeux de la loi.

« Toute personne qui, après avoir été nommée pour monter la garde aux portes de la ville interdite, ou à celle de tous les palais de l'Empereur, ne se rendra pas à son poste quand son tour en sera venu, recevra quarante coups.

» Toute personne qui, nommée pour monter la garde à d'autres portes du palais impérial que celles ci-dessus désignées, se fera remplacer dans ce devoir, sera sujette ainsi que son remplaçant à être punie de soixante coups de bâton.

» Si ce remplaçant est étranger à la garde impériale, la peine à faire subir au commettant et au substitut sera portée de soixante à cent coups. Quand ce seront des officiers qui manqueront ainsi à leur devoir, la peine qu'on leur infligera sera dans tous les cas plus forte d'un degré que celle des soldats.

» Ceux qui quitteront les postes qu'ils auront pris seront punis d'après cette loi.

» Ceux qui, étant nommés pour monter la garde aux portes de la ville impériale, commettront les délits mentionnés ci-dessus, subiront dans tous les cas une peine moindre d'un degré que celle qui se rapporte à chacun d'eux. Ceux qui seront nommés pour la garde des portes [1] des autres villes, et com-

[1] Les portes de Péking se ressemblent presque toutes; elles sont

mettront les délits ci-dessus, seront sujets à subir la peine que cette loi a établie contre les gardes de la ville impériale, mais à deux degrés de moins.

» Si les officiers inférieurs qui commanderont une garde, commettent un des délits rapportés ou y ont connivé, ils seront sujets à la même peine que leur premier auteur.

cintrées et défendues chacune par une tour, ainsi que par un parapet garni d'embrasures pour des canons. La tour qui est carrée s'élève du cintre, et se trouve surmontée de sept à neuf étages à pans couverts de tuiles bleues. Les fenêtres de ces tours sont en bois peint et représentent la bouche d'un canon de gros calibre, de manière à s'y tromper de loin. Dans l'étage d'en bas, il y a de grandes salles ou corps de garde, dans lesquels se rassemblent les officiers et les soldats qui vont monter la garde. Les portes sont doubles. La voûte de la première est bâtie d'une espèce de pierres de taille. Son élévation est d'environ 10 mètres. La porte extérieure a environ 0^m25 d'épaisseur; elle est renforcée par des liens de fer. Elle conduit à une large place d'armes carrée, qui renferme des baraques de bois à deux étages pour les soldats. C'est sur cette place que se trouvent 1° le poste chargé de la garde de la deuxième porte, 2° le poste de douaniers et de police pour les passe-ports (*piao*). En tournant à gauche, on découvre la deuxième porte ou la porte intérieure, cintrée comme la première, mais sans tour. Après avoir traversé cette deuxième voûte, on aperçoit de chaque côté de la porte des rampes ou talus d'une pente assez douce pour permettre à la cavalerie de monter au haut de la muraille. On a pratiqué ces mêmes talus de loin en loin. Cette muraille a environ 15 mètres de hauteur pour la ville *tartare*, et 10 mètres pour la ville chinoise; elle est bâtie en pierres jusqu'à environ 0^m65 au-dessus de terre, le reste est en briques. Son épaisseur diminue insensiblement depuis le bas jusqu'en haut, où elle s'élargit et finit par atteindre 10 mètres sur la plate-forme. Elle est défendue de distance en distance par des ouvrages extérieurs et des batteries qui, à leur tour, sont protégés par de petits forts. — Mais aucune de ces défenses n'a de garnison, à l'exception de celles qui appartiennent aux portes. Un parapet, percé d'embrasures, règne sur toute la longueur de la muraille à la hauteur de 1 mètre. La muraille est tout à fait perpendiculaire dans quelques endroits, dans d'autres elle observe une légère déclivité depuis le sommet jusqu'à terre.

» Si le délit doit être attribué à leur négligence, et non à leur complicité, la peine qu'on leur fera subir sera réduite de trois degrés : quand cependant les individus qui auront quitté leur poste ne l'auront fait qu'après avoir instruit leur officier supérieur de la raison qui les y a portés, ils seront considérés comme non coupables, et par suite exemptés de toute punition.

» Si une des personnes attachées au service immédiat de l'Empereur ne s'y rend pas au temps marqué, ou si elle cesse son service avant l'époque où il doit finir, elle sera sujette à quarante coups pour un jour d'absence, et cette peine sera augmentée d'un degré jusqu'à cent coups pour chaque trois jours de plus que le premier.

» Si le coupable est un officier civil ou militaire, la peine s'accroîtra pour eux d'un degré ; mais, dans aucun cas, elle ne sera portée à plus de soixante coups et une année de bannissement.

» Tout individu de la suite de l'Empereur qui quittera son poste pendant que Sa Majesté sera en voyage ou visitera les provinces de son empire, sera puni de cents coups et banni à perpétuité, jusqu'à la frontière la plus éloignée de sa demeure habituelle.

» Si le coupable est un officier civil ou militaire du gouvernement, il subira l'emprisonnement durant le temps accoutumé et la mort par strangulation.

» L'officier militaire inférieur de la garde qui connivera ou consentira à cette désertion sera condamné à la même peine, excepté que dans les cas capitaux elle lui sera infligée réduite d'un degré.

» Si la désertion arrive sans qu'il y ait consenti et seulement par sa négligence, la peine qu'il encourra aura trois degrés de moins que dans le cas précédent et n'excédera cent coups en aucun cas.

» Personne ne traversera les routes et les ponts qui sont spécialement réservés à l'Empereur, excepté les officiers civils ou militaires et autres individus à qui il est nécessairement permis de passer sur les côtés de ces chemins, comme tenant au service immédiat de Sa Majesté.

» Toutes les autres personnes qui oseront traverser ces routes ou ces ponts, qu'elles soient officiers civils ou militaires, soldats ou citoyens, seront punies de quatre-vingts coups.

» De même que ceux qui oseront mettre le pied dans les passages du palais et les sentiers des jardins que l'Empereur s'est réservés particulièrement subiront la peine de cent coups, et ceux des serviteurs du palais qui conniveront à ces délits seront punis d'une pareille peine; mais si l'on peut attribuer ce délit à la seule négligence et non au consentement ou à la connivence, ladite peine à infliger sera réduite de trois degrés.

» Quand, dans tous les cas susdits, le délit ne sera commis qu'une fois, on ne le regardera pas comme méritant la punition que cette loi requiert.

» Les ouvriers, messagers, ainsi que tous les individus gagés pour faire quelque travail ou service
dans les palais, trésoreries et autres édifices affectés
privativement à Sa Majesté l'Empereur, se pourvoiront, pour y entrer, d'une permission qui leur sera
personnelle.

» Nul ne tentera de s'introduire dans les lieux
susdits comme remplaçant la personne à qui la permission aura été donnée de s'y présenter, en se servant pour cela de cette permission, sous peine d'être
puni de cent coups, châtiment à infliger aussi à la
personne qui aura prêté sadite permission.

» Les gages qui se trouveront dus à la personne
qui aura confié sa permission à une autre seront confisqués au profit du gouvernement.

» Quand des ouvriers de toute espèce seront employés dans le palais de l'Empereur, soit dans les
appartements intérieurs, soit dans les salles de représentation, l'officier du gouvernement qui aura
inspection sur leurs travaux remettra un état exact
des noms propres et de ceux de famille de chacun
d'eux aux officiers de garde à toutes les portes, ainsi
qu'aux officiers supérieurs de service. Lorsqu'un de
ces ouvriers entrera au palais pour la première fois,
son nom et sa personne seront reconnus à la porte
où il se présentera, et l'on en prendra le signalement.

» Dans le cours de l'heure de chin [1] (entre trois

_____

[1] Les Chinois divisent le jour en douze parties, qui commencent à

et cinq heures de l'après-midi), quand on aura, pour
chacun d'eux séparément, vérifié leur signalement

partir de minuit; ces douze parties sont représentées par douze caractères horaires nommés *tchi* (branches).

Voici leurs noms :

De 11 heures du soir à	1	heure :	Tsée (3e veille).
1	—	à	3 —	Tcheou (4e do).
3	—	à	5 —	Yn (5e do).
5	—	à	7 —	Mao.
7	—	à	9 —	Tchin.
9	—	à	11 —	Ssée.
11	—	à	1 —	Où.
1	—	à	3 —	Han.
3	—	à	5 —	Chin.
5	—	à	7 —	Yeou.
7	—	à	9 —	Sio (1re veille).
9	—	à	11 —	Ke (2e do).

Minuit et toutes les heures paires sont exprimées par les termes tsée,
tcheou, yn, ké, etc., que l'on fait précéder du mot *tching*.

Ainsi : Minuit		tching-tsée.
2 h	(matin)	tching-tcheou.
4 h	do	tching-yn.
6 h	do	
Midi		tching-ou.
2 h		
10 h		tching-ké.

Les heures impaires sont exprimées par les mêmes mots : tsée, tcheou,
yn, etc., précédés du terme *kiao*.

Ainsi : 11 heures du soir	kiao-tsée.
1 heure du matin	kiao-tcheou.
1 heure du soir	kiao-yn.

Kĕ désigne le 1/4 de l'heure.

Ainsi : 6 h 1/4 du matin	tching-mao-ў-kĕ.
7 h 3/4 du soir	kiao-siŏ-san-kĕ.

Le jour est encore divisé en 100 parties et chaque partie en 100 minutes; chaque jour contient ainsi 10,000 minutes. Ils croient qu'il y a

4

d'après le registre tenu à cet effet, ils se rendront pour sortir aux portes par lesquelles ils seront entrés.

» Si, au mépris de ce règlement, quelques-uns desdits ouvriers restaient volontairement dans le palais, ils encourraient la peine de l'emprisonnement pendant le temps usité et la mort par strangulation.

» Si on trouve, après en avoir fait l'appel, qu'au départ des ouvriers tous ne se soient pas présentés pour sortir, d'après la liste qui en contiendra les noms et le nombre, le devoir des inspecteurs des travaux, des officiers et des soldats de garde et de ceux qui seront attachés à toutes les portes, sera alors de faire aussitôt les recherches les plus exactes dans le palais, et il sera donné à Sa Majesté Impériale l'information respectueuse des circonstances de l'événement; tous les officiers et autres qui, sachant un tel fait, le tiendront caché, seront sujets à la même peine que le principal coupable, excepté dans le cas où son délit deviendra capital; dans cette circonstance, la peine à infliger se réduira d'un degré.

---

des heures heureuses ou malheureuses. Minuit est une heure heureuse, parce qu'ils la prennent pour l'heure de la création; suivant eux, la terre fut créée à la deuxième heure, l'homme à la troisième, etc. Un jour est fini, suivant le *Tai-thsing-lu-ly,* quand sa centième partie est complétée. Une journée d'ouvrier ne comprend cependant que l'espace qu'il y a entre le lever et le coucher du soleil. Une année légale est composée de trois cent soixante jours complets, mais l'âge d'un homme est compté suivant le nombre d'années du cycle, écoulées depuis que son nom et sa naissance ont été portés sur le registre public.

» Quand le délit d'un ouvrier aura été commis à l'insu de ceux qui devront veiller à ce qu'il n'arrive pas ou sans leur concours, et qu'ainsi on ne pourra en accuser que leur inattention, la peine qui les concernera diminuera de trois degrés et ne passera jamais cent coups.

» Toutes personnes qui, ayant obtenu un congé ou la démission des emplois qu'elles occupaient dans un palais impérial, cesseront, par cette cause, d'avoir leurs noms enregistrés à toutes les portes, et qui néanmoins y resteront lorsqu'elles seront censées s'en être éloignées, ou celles qui, étant chargées de quelque accusation en conséquence du service de ce palais, y reviendront sans autorisation, seront punies de cent coups, soit que leurs noms aient été rayés sur les registres, soit qu'on les y ait conservés.

» Quand des gardes du palais seront mis en jugement par suite d'accusations portées contre eux, si l'officier commandant ne leur ôte pas leurs armes, il se rendra sujet à la peine ci-dessus.

» Ceux qui seront régulièrement enregistrés comme ayant à remplir des fonctions dans le palais ne pourront, ainsi que tous autres, s'y promener sans cause quand la nuit sera arrivée. S'ils y entraient à cette époque, ils seraient punis de cent coups ; s'ils en sortaient, ils en recevraient quatre-vingts. Lorsqu'ils entreront dans le palais, toujours à la nuit close, sans que leurs noms soient enregistrés suivant la loi, la peine à leur faire subir accroîtra de deux degrés,

4.

et si, de plus, ils ont des armes à la main, ils seront condamnés à l'emprisonnement pendant le temps ordinaire et à perdre la vie par strangulation.

» Quand une personne attachée au service immédiat de Sa Majesté, ou ayant quelque inspection dans son palais, cessera pour un temps ses fonctions, l'officier de la garde extérieure à la porte par laquelle il sortira lui demandera son certificat ou permis d'entrée, et il le gardera après en avoir soigneusement examiné les noms qui y seront portés, les marques particulières et le sceau officiel qui devrait s'y trouver; cet officier s'informera aussi de ladite personne, du lieu où elle va et pourquoi elle sort du palais. La même personne, avant qu'elle sorte, sera visitée par l'officier et les soldats de la garde intérieure, pour s'assurer qu'elle n'emporte rien qui fasse partie de la propriété publique ou qui appartienne à un particulier. Quand elle viendra reprendre son service dans le palais, son certificat ou permis sera encore examiné à la porte extérieure avant que l'officier qui y sera de garde le lui rende. Il sera fait aussi chaque mois un examen des registres ordinaires, pour connaître le nombre des personnes qui seront entrées au palais ou en seront sorties pendant ce mois, et combien de fois cela sera arrivé à chacune d'elles. Si, en visitant une personne, on lui trouve des drogues qui soient de nature à être suspectées, elle sera contrainte à les avaler.

» Si quelqu'un qui sortira du palais prétend se

refuser à être visité suivant l'ordre prescrit, il sera
puni de cent coups et d'un bannissement éloigné et
perpétuel.

» Toute personne qui, sans avoir la permission
formelle de Sa Majesté, portera des armes dans le
lieu où l'Empereur fera sa résidence, subira cent
coups et un bannissement perpétuel dans un lieu
éloigné. Si quelqu'un porte des armes cachées dans
les palais impériaux sans la permission susdite, il
sera mis en prison pendant le temps ordinaire et
étranglé; l'officier de la garde intérieure et celui de
l'extérieure qui auront négligé de visiter cet individu
et l'auront laissé passer subiront la même peine que
lui, excepté la réduction d'un degré dans les cas
capitaux.

» Tous ceux qui seront de garde le jour ou la nuit
porteront toujours leurs armes sur eux, et seront
punis de quarante coups s'ils y manquent. S'ils sont
convaincus de s'être absentés de leur garde en aucun
temps, ils deviendront sujets à cinquante coups, et
lorsqu'ils passeront la nuit ailleurs qu'à leur poste,
la peine montera à soixante coups. Si c'est un officier qui manque ainsi à son devoir, la punition, dans
chaque occasion, accroîtra pour lui d'un degré.

» Si les officiers inférieurs de la garde connivent
à ces délits en les laissant commettre par les soldats
qui se trouveront sous leur autorité, ils seront sujets
à la même peine que leurs subordonnés; mais s'ils
n'ont pas concouru auxdits délits et qu'ils ne soient

attribuables qu'à leur négligence, la peine qu'ils auront méritée diminuera de trois degrés.

» Lorsque l'Empereur sortira de son palais, les soldats et le peuple auront soin de se retirer à l'approche de Sa Majesté : sont naturellement et nommément exceptées de cet ordre les personnes composant sa suite, les officiers et soldats de sa garde dans le moment, et les serviteurs attachés immédiatement à sa personne. Tous ceux qui, nonobstant cet ordre, forceront les lignes que la garde impériale aura formées, seront condamnés à subir la mort par strangulation; mais un tel délit étant du nombre de ceux qu'on nomme mélangés, la peine qu'il attirera aux personnes qui l'auront commis pourra être commuée en cinq années de bannissement.

» Quand Sa Majesté fera de longs voyages et quand le cortége qui l'accompagnera arrivera inopinément dans un lieu, il suffira que ceux qui n'auront pu se retirer à temps se prosternent humblement sur le côté de la route où ils se trouveront, jusqu'à ce que la suite soit passée.

» Aucun des officiers civils ou militaires du gouvernement qui ne sera point de la suite de Sa Majesté n'entrera dans les lignes de la garde sans avoir été appelé par elle ou sans une autre cause suffisante, sous peine de recevoir cent coups.

» Tout officier ou soldat de la garde qui accompagnera l'Empereur et qui laissera volontairement passer les lignes à quelqu'un qui n'aura point de titre pour cela, subira la même peine que la personne qui aura enfreint la loi ; mais si le délit n'a été commis que par l'inattention de cet officier ou soldat, la peine diminuera de trois degrés à leur égard.

» Il sera permis à toute personne qui aura une plainte ou injustice à présenter à Sa Majesté, de se prosterner en signe de son désir ; mais elle le fera toujours hors des lignes.

» Si quelqu'un forçait les lignes tout à coup pour présenter à Sa Majesté une pétition en plainte d'injustice qui se trouverait ensuite porter à faux, cette personne serait condamnée à la strangulation ; mais son délit étant rangé parmi ceux qu'on appelle mélangés, la peine qu'il lui aurait fait encourir serait commuée en celle d'un bannissement pour cinq ans. Si la plainte de ladite personne était trouvée juste, on lui pardonnerait d'avoir forcé la ligne.

» Lorsqu'un soldat ou autre personne du peuple, habitant près des lieux par lesquels l'Empereur passera, ne renfermera pas les bestiaux, et que quelques-uns d'entre eux, par la négligence des gardes, viendront à en traverser les lignes, lesdits gardes ainsi en faute recevront quatre-vingts coups ; et si, par accident, un de ces animaux se jette sur la voiture impériale, la peine à infliger aux gardes pour n'avoir pas prévenu cet accident sera portée à cent coups.

» Les lois qui concernent les personnes passant les portes de la ville interdite à Péking regarderont aussi

celles qui passeront les portes des premières et secondes barrières conduisant aux palais impériaux,
et les délits de cette dernière espèce, commis lorsqu'on n'aura point obtenu la permission d'entrer par
ces portes, seront punis comme ceux de la première,
c'est-à-dire de cent coups. Le passage par les portes
intérieures nommées Ya-chang-men, sera sujet aux
mêmes restrictions que le passage par les portes du
palais impérial, et en conséquence toute personne
qui entrera sans autorisation par lesdites portes intérieures sera puni de soixante coups et d'une année
d'emprisonnement.

» Les soldats qui jouent ou s'enivrent dans le
palais, dorment en faction, sonnent mal une veille
ou commettent quelque irrégularité de cette sorte,
recoivent un nombre de coups proportionné à leur
faute. »

Tous les hommes de garde, à l'exception de ceux
qui sont en faction, s'assemblent tous les matins
avant le jour en dehors de la porte *Tai-ho*[1], s'asseyent
et reçoivent le thé de la libéralité de la couronne.
Les jours de jeûne et les jours anniversaires de la
mort d'un grand homme reconnu comme tel par le
Ly-pou, cette largesse ne leur est pas accordée. Lorsqu'il y a une naissance impériale, et dans les occa-

---

[1] Tai-ho-men, porte de la souveraine concorde. Cette porte a neuf
entre-colonnements. L'escalier de devant, de même que l'escalier de
derrière, offrent trois sorties dans le portail du milieu ; les deux portails
latéraux n'ont à leur escalier qu'une sortie chacun.

sions solennelles, comme, par exemple, les 1ᵉʳ et 15 de l'an, ils viennent s'asseoir deux fois à la porte ci-dessus.

Les nominations aux commandements dans la garde sont faites par Sa Majesté sur la motion du bureau de la garde (chi-ouei-tchou), qui présente une liste de militaires éligibles lorsqu'une vacance a lieu. Les tong-ling ou capitaines généraux peuvent être choisis parmi les *nui-ta-tchin* ou les *san-tie-ta-tchin*, les capitaines généraux des autres corps, ou les tsiang-kiun, commandants des troupes des bannières dans les garnisons de l'empire. Les nui-ta-tchin sont pris parmi les généraux des *tsien-fong-yng*, des *hou-ki-yng*, ou parmi les *san-tie-ta-tchin*. Un noble des trois premiers des cinq ordres de la noblesse nationale ou des huit ordres de la noblesse impériale [1], ou un chi-ouei de

---

[1] Les lois, édits, décrets promulgués au nom de l'Empereur sont obligatoires pour tous, à l'exception des membres de la famille impériale, qui sont très-nombreux, et qui sont placés sous la dépendance exclusive d'un conseil particulier nommé Tsong-jin-fou; à l'exception aussi des personnes composant sept autres classes de privilégiés non héréditaires, et que la loi place en dehors du commun des individus pour lesquels elle n'a plus qu'un même niveau. Ces sept dernières classes de citoyens sont ceux qui ont été placés ainsi au-dessus de la loi commune: 1° par le privilége de longs services dans de hautes fonctions publiques; 2° par le privilége de grandes actions honorables et utiles au pays; 3° par le privilége d'une sagesse non commune qui s'est rendue profitable à la société; 4° par le privilége de grands talents manifestés dans l'état militaire ou dans l'administration civile; 5° par le privilége du zèle et de l'assiduité apportés dans l'accomplissement des devoirs publics; 6° par le privilége du rang occupé dans l'État, et enfin 7° par le privilége d'être né d'un père qui s'est distingué par une haute sagesse ou qui a rendu des services éminents à l'État.

Ce dernier privilége ne s'étend qu'à la deuxième et rarement à la troi-

1re classe (teou-tong-chi-ouei), peuvent être nommés san-tie-ta-tchin. Tous les autres officiers, jusqu'aux gardes de 3° classe, reçoivent leur avancement dans le corps, et suivant l'ordre hiérarchique que nous avons donné plus haut. Les san-tang-chi-ouei, gardes de 3° classe, peuvent être choisis parmi les gardes

sième génération. Ces sept classes de privilégiés réunies à la première, qui comprend les membres de la famille impériale, composent ce que l'on nomme en chinois *pa-i*, les huit règles ou priviléges. La première de ces classes privilégiées qui comprend tous les membres et les parents à tous les degrés de la famille impériale, forme une nombreuse tribu gouvernée par un conseil ou ministère spécial composé d'un président proche parent de l'Empereur, et ayant le titre de roi ou de prince du sang, deux vice-présidents, ces derniers revêtus du titre tartare de bey; et de deux assesseurs occupant quelques-unes des plus hautes fonctions de l'État, et appartenant tous à la parenté de l'Empereur. Cette parenté est divisée en deux grandes classes : la première, nommé Tsong-chi (maison impériale), parenté la plus proche et en ligne droite du fondateur de la dynastie; la deuxième, nommé Kioro ou Gioro, membres de la tribu d'Or, surnom de la famille régnante, composée des branches collatérales, descendants des oncles et des frères de ce même fondateur, et parenté la plus éloignée. La famille actuellement régnante étant d'origine tartare, la plupart des titres conférés aux membres qui la composent sont Mantchoux. En voici l'énumération :

Ho-chi-tchun-wang. To-lo-kiun-wang.	} Rois.
To-lo-pei-le. Ko-chan-pei-tseu.	} Beys ou princes.
Fong-ngan-tchu-koué-kong. Fong-ngan-fou-koué-kong. Pou-si-pa-feu-tchin-koué-kong. Pou-si-pa-feu-fou-koué-kong.	} Ducs et comtes.
Tchin-koué-tsiang-kiun. Fou-koué — d° — Fong-koué — d° — Fong-ngan — d° —	} Généraux.

(Pautuier, *Chine moderne*).

de 4ᵉ classe, les *ling-chang-chi-ouei* (à la plume bleue),
les *tsang-kiun-kiao*, les *ouei-tsiang-kiun-kiao*, les
tsien-fong-kiao, les *hou-kiun-kiao*, ou parmi ceux qui,
ayant un rang héréditaire au-dessous de *yun-ki-yu*
(5 *a.*), ont servi pendant un an comme surnuméraires. Les plumes bleues peuvent être tirés des *pi-
tie-chi* du bureau des capitaines généraux, des *ngan-
ki-yu* héréditaires (7 *a.*), des *pai-tang-ah*, des *gioro*
sans emploi, fils ou frères de ministres servant dans
les rangs de la garde; des *tsien-fong-yng*, des *hou-
kiun-yng* et de quelques officiers de la Mantchourie
résidant à Péking, ou bien encore des *ho-lo-tchou-si*,
officiers ayant fait partie pendant cinq ans de la suite
de l'héritier présomptif de la couronne. Les *tsiang-
kiun-ping* peuvent être nommés *lan-ling-chi-ouei* et
sse-tang-chi-ouei.

Nous verrons plus loin à quels emplois dans les
autres corps peuvent être appelés les officiers de la
garde par suite d'avancement.

L'armement de la garde consiste en arc [1], flèches,

---

[1] L'arc n'offre aucune particularité qui mérite d'être mentionnée.
Le carquois est en cuivre et divisé en plusieurs étages ou rangs, dans
lesquels on met des flèches de différentes grandeurs. Le premier rang
contient trois flèches des plus grandes qu'on puisse lancer; elles ont au
lieu de fer un bâton de bois creux et percé de plusieurs trous. Les Chinois se servent de cette espèce de flèche lorsqu'ils sont à l'exercice; ils
l'emploient aussi à la guerre, pour donner des avis ou attirer des ennemis à son parti au moyen d'un billet qu'ils mettent dans la cavité du
bouton. Le deuxième rang est divisé en trois compartiments contenant
chacun quatre flèches de moindre grandeur que les premières. Toutes
les flèches de ce deuxième rang sont armées d'un fer de la figure à peu
près de nos anciennes piques. Le troisième rang possède trois comparti-

sabre, poignard, hallebarde, espèce de trident de 10 à 12 pieds de longueur, et mousquet (qui a été adopté depuis peu).

Six jours par mois, la garde est exercée au tir de l'arc. Nous ne dirons rien de ces exercices ni des manœuvres des corps, nous réservant de traiter ces questions séparément.

On trouvera plus loin la solde respective des officiers et des soldats de la garde dans le tableau général de la solde de toutes les troupes.

Nous n'avons rien autre chose à ajouter concernant ce corps d'élite, si ce n'est que quelques chi-ouei sont détachés dans les colonies mahométanes pour trois années consécutives : par exemple, 15 dans l'Ili, 9 à Ouliasoutai, 12 à Yarkand, 12 dans le Tarbakhatai, 8 à Khalgar, 6 à Ouschi et 2 à Kobdo. Un chi-ouei est aussi détaché au bureau des rapports chargé de recevoir et de faire parvenir à l'Empereur par les eunuques tous les rapports en mantchou et en chinois qui arrivent des provinces, ou qui sont présentés par des personnes au-dessous d'un certain rang. Enfin 6 autres chi-ouei sont de planton permanent à la porte de Kien-tsui et à cinq autres grandes portes extérieures pour recevoir les rapports des Mongols.

---

ments contenant chacun quatre flèches de moindre grandeur que celles du deuxième rang, mais d'une forme toute différente. Ces flèches sont armées d'un trident en fer qui les rend très-redoutables.

Tsien-fong-yng.

2 Tong-ling.
10 Tsan-ling.
10 Chi-ouei.
14 Ouei-chou-tsan-ling.
106 Tsien-fong-kiao.
12 Lan-sing-tchang.
16 Ouei-chou-tsien-fong-kiao.
1,764 Sous-officiers et soldats.

Ce corps, qui fait partie de la garnison de Péking, est composé entièrement de Mantchoux et de Mongols des huit bannières recrutés parmi les meilleurs soldats des *hou-kiun*. Il est divisé en ailes, droite et gauche, chacune sous la direction d'un tong-ling ou capitaine général de la 2ᵉ classe du 2ᵉ rang. La moitié des tsien-fong-yng sont armés d'arquebuses à mèches, les autres d'arcs et de flèches. Leur service consiste à fournir une partie de la garde [1] des portes de la ville interdite (King-tching); dans les manœuvres, ils forment l'avant-garde. Les

---

[1] Les portes du King-tching sont hautes et bien voûtées; elles portent des pavillons de neuf étages percés d'embrasures. Dans l'étage d'en bas, il y a de grandes salles ou corps de garde dans lesquels se rassemblent les officiers et les soldats qui vont monter la garde. Au-devant de chaque porte est un espace de plus de trois cent soixante pieds, formant comme une place d'armes et renfermé par un avant-mur circulaire, de même construction que les murs de la ville. Cet avant-mur est défendu par un

tong-ling des *tsien-fong* concourent journellement avec ceux des *hou-kiun* pour la garde de la porte de *King-yuen*; ils fournissent aussi chaque jour un tsan-ling, un tsien-fong-kiao, un ouei-chou-tsien-fong et huit hommes pour le service des cent vingt-trois portes du King-tching, du Ouai-tchang et du Nuei-tching.

Quand l'Empereur s'absente pour quelque temps de Péking, les gardes des trois portes *Tong-hoa*[1], *Si-hoa*[2] et *Chin-wou*[3], sont renforcées, et un tsan-ling des tsien-fong est désigné pour prendre le commandement de chacune d'elles.

Les *tong-ling* ou capitaines généraux de ce corps sont nommés de la même manière que les *tong-ling* de la garde. Les *tsan-ling* sont choisis parmi les gardes de 1re ou 2e classe, les nobles de 8e classe, les tsan-ling des *hou-kiun* et les *chi-ouei* de la division. Ceux-ci sont pris parmi les gardes de 2e classe ou parmi les *ouei-chou-tsan-ling*, les *tsien-fong-kiao* et les *ouei-chou-tsien-fong-kiao*, qui sont choisis eux-mêmes

---

pavillon semblable au premier, et tandis que le canon du pavillon intérieur peut contenir ceux qui sont au dedans de l'enceinte, celui du pavillon extérieur peut battre toute la campagne voisine et les faubourgs. Ses murailles sont d'ailleurs flanquées de petites tours carrées, dont la distance est d'environ cent vingt pieds; il y a d'espace en espace des tours plus considérables, surtout aux angles de la ville.

[1] *Tong-hoa-men*, porte fleurie orientale du *King-tching*.

[2] *Si-hoa-men*, porte fleurie de l'occident du *King-tching*, ayant trois ouvertures fermées par des portes de bois rouge ou peintes en rouge, garnies de clous dorés. Celle du milieu, comme dans les autres portes, ne s'ouvre que pour l'Empereur.

[3] *Chin-wou-men*, porte du guerrier divin dans le King-tching.

parmi les *lan-ling-tchang* ; enfin ces derniers peuvent être désignés parmi les *tsien-kiun-ping* et les *kiao* ou officiers subalternes des autres corps.

Hou-kiun-yng.

8 Tong-ling.
138 Tsan-ling.
23 Fou-tsan-ling.
15 Ouei-chou-tsan-ling.
1,015 Hou-kiun-kiao.
14,075 Sous-officiers et soldats.

Ce corps est composé de Mantchoux et de Mongols, fantassins et cavaliers, choisis dans les huit bannières.

Ils sont exercés principalement au tir de l'arc. Ces exercices ont lieu à pied six fois par mois; et chaque printemps et chaque automne, ils sont faits à cheval et avec une armure. Les vacances dans les rangs sont remplies par des cavaliers élèves et des *pai-tang-ah,* soldats employés comme messagers ou bien pour faire le service d'ordonnances. Dans les grandes manœuvres ou en campagne, les *hou-kiun* servent de flanqueurs.

Les troupes de ce corps sont sous le commandement de huit *tong-ling* ou capitaines généraux du même rang que ceux qui sont à la tête des *tsien-fong*.

8 tsan-ling, 8 fou-tsan-ling et 7 hou-kiun-kiao, portant tous le titre de *hie-li-chi-vou*, sont chargés de l'administration commune des affaires et de la correspondance des hou-kiun. Sous leurs ordres sont les *pie-tie-chi*, clercs ou sous-secrétaires.

Les principales fonctions des *tsan-ling* et des *fou-tsan-ling* consistent à être de planton journellement à la porte de *Tai-ho*, à faire quelquefois le service de *maréchaux de la cour*, à préparer certains banquets et sacrifices, à accompagner Sa Majesté dans les voyages, à établir les postes quand elle s'arrête, etc.

Les *tong-ling* des *hou-kiun* concourent, comme nous l'avons déjà dit, avec ceux des tsien-fong pour le service de planton à la porte de *King-yun*. Ils sont responsables de la fermeture de toutes les portes et de la garde des clefs. Ils sont assistés d'un *tsan-ling* des *tsien-fong* ou des hou-kiun relevé comme lui, chaque jour, d'un gardien des clefs, d'un employé civil du sixième rang, appartenant aux trois bannières supérieures, et d'un autre du même rang, faisant partie des cinq bannières inférieures; leur titre est tchang-king. Six tchou-ssée du sixième rang et cinq *pie-tie-chi* des portes du septième rang, tous des trois bannières supérieures, sont chargés des rapports et de la correspondance concernant ce service.

Les hou-kiun des trois bannières supérieures montent principalement la garde dans l'intérieur de la ville interdite (King-tching), et ceux des cinq autres bannières à l'extérieur de cette même ville. Les han-kiun fournissent pour la garde journalière un tong-ling (officier le plus élevé de tous ceux qui font partie de la garde des cent vingt-trois postes de la ville interdite et de la ville extérieure), 85 tsan-ling, 123 han-kiun-kiao et 126 ouei-han-kiun-kiao. Les premiers sont relevés journellement, les autres tous les deux jours. Des patrouilles de han-kiun sont commandées chaque nuit pour faire des rondes dans la ville interdite. La première part de la porte Kin-yun, se dirige à l'ouest et visite douze postes; la deuxième part de la porte Lon-tang, se dirige au sud et visite huit postes; la troisième part de la porte Taiho, se dirige à l'est et visite quatre postes.

Les personnes qui sortent pendant la nuit par ordre de l'Empereur sont tenues de représenter la moitié d'un signe ou marque particulière, dont l'autre moitié est conservée aux cinq principales issues. Le *hou-kiun-tsan-ling* de service à ces issues vérifie les deux marques, laisse sortir le messager, et en fait son rapport le lendemain matin au *tongling*.

Les tong-ling des han-kiun sont nommés d'après les mêmes règles que ceux des tsien-fong et des tsinkiun. Les tsan-ling peuvent être choisis parmi les *hiao-ki-yng-tsan-ling,* parmi les Chinois de première et de deuxième classe, les nobles de huitième classe, les chi-ouei des tsien-fong, les hou-ouei de la suite des nobles impériaux, les tsen et les nan, les kingtche-tou-oey appartenant à la noblesse nationale, et enfin parmi les fou-tsan-ling de leur corps. Ces derniers peuvent être pris parmi les fou-tsan-ling des hiao-ki, les chi-ouei de deuxième et de troisième classe, les nobles de huitième classe, les hou-oey, les tso-ling, les ki-tou-oey et les yun-ki-oey de la noblesse nationale, ou les ouei-chou-tsan-ling. Ceux-ci proviennent des tsin-kiun-kiao ou tsien-fong-kiao. Les ouei-chou-hou-kiun-kiao sont choisis parmi les hiao-ki-kiao.

Hiao-ki-yng.

24 Tou-tong.
48 Fou-tou-tong.
280 Tsan-ling.
124 Fou-tsan-ling.
1,350 Tso-ling.
1,514 Hiao-ki-kiao et ouei-hiao-ki-kiao.
36,342 Sous-officiers et soldats.
26,598 Élèves.
2,497 Ouvriers, suite, etc.

Ce corps est le plus nombreux de tous ceux qui sont rangés sous les huit bannières. Outre ses troupes actives, il comprend l'intendance des bannières. Les vingt-quatre tou-tong et les quarante-huit fou-tou-tong peuvent être regardés comme les chefs de cette vaste administration, qui ne s'occupe pas seulement de l'établissement et de l'ordonnancement de toutes les dépenses, mais aussi du contrôle général, de l'enregistrement des familles, de leur instruction, de leur entretien, des successions héréditaires aux dignités, et de la répartition de tout Mantchou, Mongol ou han-kiun dans les emplois civils et militaires. Ils sont aidés dans ce service par les tsan-ling, les fou-tsan-ling, les tso-ling et les tchang-king, employés civils chargés de la correspondance.

Une direction nommée vou-khou-thsing-li-sse est chargée de diriger l'approvisionnement des troupes en vivres, en effets d'armement et d'équipement, et en munitions de guerre.

Le bureau de la solde et des rations de chaque bannière est sous les ordres d'un tsan-ling, assisté de deux tchang-king et de cinq officiers subalternes (hiao-ki-kiao) pour les bannières mantchoue et han-kiun, et de deux tchang-king pour les bannières mongoles. Ce bureau est chargé de l'établissement de tous les états de solde et de leur payement. Le 15e jour de la 12e lune et le 12e de la 6e, il fait connaître à la direction du ministre de la guerre l'estimation approximative de toutes les dépenses à allouer pour chaque moitié de l'année suivante; celle-ci les transmet au ministre des finances, qui prend toutes les dispositions qu'il juge convenables pour que tout payement de solde puisse être fait le 1er ou le 2 de chaque mois en monnaie de cuivre. La ration de grains est distribuée tous les trois mois, mais à des époques différentes. Les deux bannières jaunes

5.

reçoivent leur ration le premier mois, les deux blanches et la rouge unie, le deuxième mois; les deux
bleues et la rouge à bordure, le troisième mois.
Un supplément est alloué quand il y a une lune
intercalaire [1].

. Tous les officiers militaires des corps des bannières
sont payés par ce bureau.

Si dans la distribution des fournitures de l'armée,
les officiers qui en sont chargés s'approprient une
partie de ce qui est destiné à son service en prenant
les noms des soldats qui y ont droit, ils sont punis
en proportion de la valeur des objets détournés à leur
profit, conformément à la loi sur les cas pareils de
vols ordinaires. S'ils s'approprient une partie de ce
qui a été destiné pour le service public en réclamant
des objets de fourniture sous des noms empruntés,

---

[1] L'année chinoise est luni-solaire; elle commence à la nouvelle lune
qui tombe le plus près du jour où le soleil se trouve dans le quinzième
degré du Verseau. Douze lunaisons ou mois forment l'année commune
et treize l'année embolismique, qui se reproduit tous les 3, 6, 9, 11, 14,
17, 19 ans, et toujours dans ce même ordre. Les Chinois comptent les
lunaisons par le nombre de jours qui s'écoulent, depuis le moment des
conjonctions de la lune avec le soleil jusqu'au moment de la conjonction
suivante. Une lunaison comprend vingt-neuf ou trente jours. Dix jours
forment une décade, il y en a trois seulement. L'année astronomique est
partagée en vingt-quatre cycles : l'une de dix, l'autre de douze signes,
lesquels, combinés deux à deux, forment un cycle de soixante ans. Le
cycle dans l'usage familier tient lieu de semaine, et dans l'histoire il sert
de période pour régler les dates des événements comme les siècles chez
nous. Ce cycle a commencé en l'an 2637 avant Jésus-Christ. Les Chinois
indiquent habituellement la date d'une année par l'âge de la période
impériale, c'est-à-dire par l'année du règne de l'Empereur existant.
Ainsi, 1840 est pour eux la vingtième année de la période *tao-kouang,*
1859 la neuvième année de la période de *hien-fong.*

ou pour des soldats qui, ayant déserté, ont perdu les droits qu'ils y avaient, ils en sont punis suivant la valeur de l'objet détourné, et d'après les dispositions les plus sévères de la loi contre ceux qui volent la propriété publique; enfin, si un officier à qui sont confiées les fournitures destinées aux troupes en prend une partie pour lui, il en est puni en conséquence de la valeur, suivant la peine la plus sévère établie par la loi contre la dilapidation de la propriété publique. En 1800, sous le règne de *Khin-tse*, un commissaire de l'armée, convaincu d'avoir détourné une partie des vivres qui avaient été envoyés pour les troupes à *Kia-kin*, et de se les être appropriés, fut condamné à quarante coups de bambou et au bannissement pour la vie à *Ili ;* — un officier qui était de connivence avec lui fut condamné à quarante coups, dégradé, et remis simple soldat dans sa propre compagnie.

Un autre bureau sous la direction d'un tsan-ling, de deux tchang-king de chaque bannière mantchoue et mongole, et d'un certain nombre d'officiers subalternes, est chargé de la distribution des rations de fourrage : ces rations sont perçues en espèces ou en nature. Les premières sont touchées le 6 de chaque lune par l'aile gauche, et le 7 par l'aile droite; les secondes sont touchées le 14 et le 15. Le ministère des finances doit en être avisé vers le milieu ou la fin de la lune précédente.

Les écuries dans lesquelles sont les chevaux des

bannières sont sous la surintendance générale de
deux tsan-ling mantchoux et deux tsan-ling mongols
de chaque bannière, et d'un nombre égal de tchang-
king en outre. Quatre officiers subalternes sont au
service des Mantchoux et deux à celui des Mongols.
Ceux-ci, à tour de rôle, montent la garde dans les
écuries, ayant sous leurs ordres 4 sous-officiers et
30 cavaliers fournis par chaque bannière mantchoue, et 2 sous-officiers et 16 cavaliers fournis par
les Mongols.

Les troupes qui font partie des hia-ho-ki-yng portent le nom de ma-kia, cavaliers armés d'une cotte de
mailles. Les Mongols en fournissent à peine la huitième partie, cependant en 1812 ils étaient les plus
nombreux. Le Ta-tsing-hoei-tien dit qu'à cette époque
la proportion de ces ma-kia était de 42 han-kiun
pour 20 Mantchoux et Mongols. Ils étaient choisis
parmi les censeurs visiteurs des bannières et parmi
les pou-kiun : pouvaient être nommés ma-kia, les
élèves ou fils d'officiers jusqu'alors sans emploi, les
officiers tombés en disgrâce par suite de quelque
faute commise sans intérêt personnel, s'ils étaient
encore robustes, désireux de servir et capables de
subir un examen sur le tir de l'arc à cheval; les
personnes d'un rang inférieur attendant un emploi,
mais sans perspective immédiate de l'obtenir, à la
condition toutefois qu'elles fussent fils ou frères de
soldats, et qu'il n'y eût pas de demande primant
la leur; les officiers abaissés à un certain rang,

qui, quoique rayés des contrôles des ma-kia, pouvaient encore rentrer dans leurs rangs; les exilés ayant achevé leur temps de bannissement ou ayant payé leur rançon.

Les ma-kia peuvent être promus ling-tsoui. Cinq ling-tsoui sont attachés à chaque tso-ling, qu'ils aident dans tout ce qui a rapport à l'enregistrement et à la formation des contrôles et des états de solde; ils sont regardés et traités comme écrivains. Le tai-tsin-hoei-tien en porte quelques-uns comme ling-tsoui des greniers à fong-tchao, et deux dans les bannières supérieures mongoles comme bonnetiers. La généralité des ma-kia est désignée sous le nom de ma-kia des champs. Un petit nombre est sous les ordres des ling-tsoui des greniers; quelques-uns sont appelés ma-kia de la fête, désignation qui n'est pas expliquée; enfin quelques-uns sont employés au pavillon impérial des archers, dans les bureaux du ministère de la guerre et à la cour des festins et représentations; l'un d'eux se trouve attaché au bureau des colonies, il est Mongol et sert d'interprète. A l'exception de ceux dont nous avons parlé plus haut et qui sont détachés pour former un corps de mousquetaires et de scutati [1], tous sont han-kiun. Quarante han-kiun sont aussi pris dans chaque bannière pour être artilleurs. La moitié de ces hommes reçoivent 3 taëls par mois, et l'autre moitié

---

[1] Hommes armés du sabre et du bouclier.

2 taëls. Leurs vacances sont remplies autant que possible par les fils ou frères de ma-kia décédés ou retirés. Celui dont la solde est la moins forte est élevé à un échelon supérieur quand une vacance se présente.

Les yang-yu-ping élèves forment ensuite la classe la plus nombreuse : leur nombre est de 26,598 ainsi distribués : 12,664 Mantchoux, 3,279 Mongols touchant une solde et des rations; 5,428 Mantchoux, 1,224 Mongols et 4,813 han-kiun touchant une solde sans avoir droit à des rations. Les élèves sont choisis à l'âge de dix ans parmi les enfants des officiers subalternes des pou-kiun, des hiao-ki, des hou-kiun, et parmi ceux des pie-tie-chi ou clercs, et des yun-ki-oey.

Les orpou sont tous Chinois; on en compte 320 et plus dans chacune des trois premières bannières et à peu près 240 dans chacune des cinq autres. Ils sont chargés de porter une espèce de machine (chevaux de frise) divisée en plusieurs pièces, et que les Chinois appellent tête de cerf. Ils ne s'en servent point comme moyen de défense, mais pour marquer les limites d'un champ de manœuvre ou d'un campement. Il doit y avoir huit orpou pour chaque tso-ling; ils sont recrutés parmi les élèves et surnuméraires sans emploi.

Les ouvriers des corps sont les fabricants d'arcs et de flèches, les selliers, les fabricants de tentes, les forgerons, les chaudronniers, les fabricants de plats

et les graveurs sur bois et sur métaux. Les Mantchoux fabricants d'arcs et les forgerons sont les plus
nombreux ; il y en a plus de quatre-vingt-dix par
chaque bannière. Les fabricants de tentes, tous Mongols, sont au nombre de sept dans chacune des trois
bannières supérieures.

Nous avons expliqué ce que l'on entend par le
terme de pai-tang-ah. — Il y en a cinquante-deux
avec la préfixe tcha (thé) dans la bannière jaune,
trente dans les trois bannières supérieures qui donnent le signal ou qui crient très-fort pour faire rentrer
les soldats dans les rangs. Il s'en trouve encore un
autre chargé des chiens de chasse ; tous ceux-ci sont
Mongols. Ceux qui restent sont Mantchoux et Mongols
dans les cinq bannières, et leur titre de tsai-sang
désigne leur emploi, qui consiste à tuer les victimes
que l'on offre dans les sacrifices [1].

---

[1] La chair des victimes est offerte dans le Ho-nan-ming-kong, portion
du palais appropriée à l'Impératrice, tous les matins, à quatre heures,
et à la même heure de l'après-midi, aux sacrifices mensuels qui ont
lieu le deuxième jour de la première lune et le premier jour de toutes
les autres, et aux sacrifices du lendemain qui ont lieu le troisième jour
de la première lune et le deuxième de toutes les autres. Les sacrifices du
matin sont adressés à Bouddha, à Kouan-yn et à Kouan-te (le Mars de la
Chine) ; le soir on sacrifie aux neuf divinités tartares dont les noms sont
inintelligibles. Les sacrifices mensuels paraissent s'adresser aux mêmes
divinités que ceux du lendemain, c'est-à-dire du sacrifice mensuel. La
chair des victimes est bouillie et placée devant les idoles ci-dessus énu-
mérées à droite et à gauche de la châsse du ciel. Quand cette chair est
enlevée, elle est mangée par l'Empereur et l'Impératrice, s'ils ont officié
en personne, ou par ceux auxquels Sa Majesté ordonne d'en distribuer
une partie.

Il n'est pas de pays où la liberté de penser au point de vue religieux

Les men-kia (hommes des portes, 2,151) sont de toutes les nations ou bannières; nous n'avons rien à dire sur leur emploi ou service, ni sur ceux de quelques lan-kia (30), ou hommes à la cotte de mailles

soit aussi grande qu'en Chine. Depuis l'Empereur jusqu'au simple parti-culier, chacun est maître d'adopter la religion qui lui plaît. Le Man-tchou qui a une croyance aveugle dans ses *chaman*, le Chinois qui obéit à la loi de Confucius et de Lao-tsée, le Mongol bouddhiste zélé, le Tur-kestani disciple de Mahomet, et les Juifs (hoe-hoe), tous jouissent égale-ment de la protection des lois. Chaque secte a couvert le pays de ses autels et de ses monuments; dans les maisons, dans les rues, dans les champs, on n'aperçoit que des idoles; tous les cultes sont tolérés, à la condition qu'ils respectent le culte officiel de l'État, aux prescrip-tions duquel tout citoyen est tenu de se conformer sous peine d'être poursuivi et puni sévèrement. Ce culte consiste dans les rites et dans les sacrifices. On distingue quatre espèces de rites : ceux qui regardent le cérémonial religieux, ceux qui se rapportent au gouvernement, ceux qui concernent la société civile, et enfin ceux qui touchent aux devoirs domes-tiques. Les premiers fixent les cérémonies du culte que l'homme doit rendre aux esprits et aux mânes; les seconds précisent les rapports qui doivent exister entre le souverain et ses sujets. Ils environnent l'Empe-reur d'un appareil de grandeur qui frappe la multitude. Tout ce qui lui appartient, tout ce qui est à son usage, tout ce qui le regarde, annonce sa prééminence suprême. Tous ceux qui sont les plus élevés dans l'empire et les plus grands aux yeux du peuple sont forcés de s'agenouiller devant le chef de la nation, et lorsqu'ils lui répondent, lui demandent une grâce ou le remercient de ses dons, ils doivent se servir d'un langage empreint toujours d'un profond respect pour Sa Majesté. Les rites indiquent en même temps les devoirs que la piété filiale impose à l'Empereur, qui doit regarder ses sujets comme une grande famille dont il est le père et la mère, comme disaient les anciens. — Le céré-monial civil n'a point de sceptre. Ses lois ne sont que des conventions de concorde et d'amitié, de sentiment et d'honneur. Il entretient et conserve le niveau de l'égalité entre les différents ordres de citoyens, par les honnêtetés, les déférences et les égards réciproques. Il supplée aux vertus sociales en exigeant la représentation; il met dans le com-merce de la vie une continuité d'attentions, de prévenances, de ména-gements, de soins, de condescendances qui flattent l'amour-propre et en imposent aux passions; enfin, il fait des Chinois une nation policée,

bleue ; ces derniers abondent parmi les pao-i, et sont
employés auprès des nobles ayant droit à une suite.

Les yun-chao ou fauconniers, au nombre de
quatre, sont à la tête de l'établissement de chasse

mais toujours disposée à déguiser sa pensée sous des dehors trompeurs
fixés par des règles qui tiennent de l'automatie. Le cérémonial domestique, basé également sur la piété filiale, met dans l'intérieur des
familles une juste subordination qui est réglée sur le nombre des années
et sur le degré de parenté. Il exige une obéissance et une soumission
que chacun comprend et respecte, parce que chacun est appelé à en
jouir.

Un tribunal ou ministère nommé *li-pou* est chargé de faire observer
les obligations de ces quatre espèces de rites qui constituent la morale
de la religion de l'État ; quant au dogme, il s'identifie avec le culte des
esprits et des mânes, qui consiste uniquement dans les sacrifices.

Ceux-ci se partagent en trois classes ou ordres, et sont célébrés par
l'Empereur ou par les mandarins.

L'Empereur est le souverain pontife (hoang-ti). Mais sa suprématie
comme chef de la religion de l'État est limitée par les droits et les priviléges que les statuts de la dynastie confèrent à la *cour des sacrifices*.
Il est aidé pour tout ce qui a rapport aux cérémonies religieuses par un
certain nombre de ministres, dont la plupart sont de hauts dignitaires
de l'empire.

Le sacerdoce exercé par les officiers du gouvernement en dehors de
Péking est dévolu aux vice-rois, gouverneurs des provinces, aux préfets des départements, des arrondissements, des districts, et aux officiers
municipaux délégués des préfets.

Le premier de ces cultes est le culte impérial, et l'autre le culte mandarinique. Le culte impérial, limité à Péking, a des temples magnifiques,
et comprend un très-grand nombre de cultes particuliers. Il demande
beaucoup de pompe. Les ministres offrent aux esprits du bœuf, du
mouton et du porc, et avant de sacrifier ils sont soumis à certaines
abstinences, telles que d'interroger et juger, de s'asseoir à un festin,
d'assister à un concert, de cohabiter avec une femme, de visiter les malades, de porter le deuil, de boire du vin, de manger de la viande, des oignons
et des poireaux. Ils regardent, en outre, la récitation des prières comme
un acte de piété par excellence. Le culte mandarinique ne comprend
aujourd'hui que dix cultes particuliers et n'a que dix temples. Il est
d'une simplicité extrême, et n'exige point de vêtements sacerdotaux. Les

dans lequel on élève et dresse trois espèces de chiens ou de faucons.

Les quinze pien-chao (hommes de fouet) conduisent les voitures ou courent à côté des cavaliers.

ministres n'offrent que de l'encens, n'observent point l'abstinence et ne font point de prières, se prosternant seulement devant les tableaux.

Les sacrifices les plus imposants dans le culte impérial sont : celui du solstice d'hiver célébré en l'honneur du ciel, auguste Empereur suprême (Hoang-thien-chang-ti) sur la colline Ronde, et celui du solstice d'été célébré en l'honneur de la terre auguste (hoang-ti) sur le lac quadrangulaire. — « La terre, dit le *Mémorial des rites*, porte sur sa surface tout ce qui sert à la vie humaine, de même que le ciel suprême sur nos têtes les corps lumineux. C'est de la terre que nous tirons les richesses, c'est du ciel que nous tirons les enseignements. On doit, par conséquent, témoigner du respect au ciel et de l'affection à la terre. » Dans les provinces, les mandarins sacrifient aux génies protecteurs de l'empire et du sol, aux esprits ou divinités symboliques du vent, des nuages, du tonnerre, de la pluie, des montagnes et des rivières.

Après le culte des esprits vient le culte des mânes ou des ancêtres. Les grands hommes qui ont rendu à l'État des services éminents, tels que *Hao-tsée*, premier agriculteur ou inventeur de l'agriculture; Confucius, premier instituteur des hommes; *Kouan-yu*, type de fidélité, de grandeur d'âme et de courage; *Wen-thien-siang*, dont l'éloquence et l'austérité de mœurs ont mérité de passer à la postérité; et enfin le premier éleveur de vers à soie, ont chacun un autel (than) ou un grand temple (miao) qui leur sont consacrés. Les mandarins sacrifient aussi dans le temple des patrons ou génies tutélaires des villes aux mânes des fonctionnaires, des écrivains célèbres, des auteurs orthodoxes chargés de protéger et de garder les provinces, départements ou districts. Trois autres petits temples (thse) sont consacrés aux mandarins célèbres, à qui des titres posthumes ont été conférés, aux sages des districts, et enfin aux vierges et aux femmes vertueuses.

Nous n'entrerons pas dans les différentes considérations qui ont amené ces divers cultes, nous renverrons le lecteur aux auteurs qui ont traité de cette matière, entre autres au savant sinologue M. Bazin, qui a exposé ce sujet de la manière la plus claire dans ses Recherches sur les institutions administratives et municipales de la Chine. Nous dirons seulement que le culte officiel est obligatoire pour tous les habitants de l'empire, et que nul ne peut, sous les peines les plus sévères, se soustraire

Sous la direction du louan-i-ouei, ou bureau des chars, sont les ming-pien, qui font claquer leur fouet pour annoncer l'approche de l'Empereur.

Les derniers dont nous n'ayons pas parlé sont les kang-fou, gardes de nuit au nombre de quarante; ils sont tous han-kiun et sont répartis dans cinq bannières. Ils sont employés à la cour des tou-tong des bannières.

Nous avons dit plus haut que les troupes actives des hiao-ki comprenaient des archers, des scutati et des arquebusiers ou mousquetaires.

Les archers sont exercés, chaque aile, six fois par

à ses prescriptions. — Les cérémonies religieuses sont ordonnées par le code rituel; les jours de sacrifices sont désignés, et les devoirs de chacun sont parfaitement tracés; quiconque ne les remplit pas, ou profane les rites sacrés en les imitant par des oblations ou des sacrifices particuliers, encourt de terribles punitions.

Toutes les sectes sont tolérées en Chine; mais du moment où elles touchent au culte officiel, qui forme la base des institutions, elles sont certaines d'être persécutées. Autrefois, le catholicisme comptait de nombreux prosélytes dans toutes les classes de la société chinoise, et le gouvernement reconnaissant des services éminents que lui rendaient les savants missionnaires de la Compagnie de Jésus, traitait les chrétiens en fidèles et loyaux sujets. Il faut dire aussi que les nouveaux convertis en recevant le baptême conservaient la liberté d'accomplir les rites prescrits par la religion de l'État. En 1725, un fàcheux débat survint entre les jésuites et les dominicains au sujet du mot *tien*, qui pour les premiers représentait la divinité, et pour les autres le ciel matériel. Le pape Clément XI, appelé à se prononcer, décida que les cérémonies religieuses des Chinois tenaient trop du paganisme pour être tolérées, les condamna publiquement, et défendit à tout chrétien de les pratiquer désormais. L'Empereur de la Chine (Yong-tching), informé de cette décision du saint-siége, crut y voir un attentat direct à la constitution fondamentale de l'empire, et lança le fameux édit qui prohiba la religion chrétienne dans tous ses États. A partir de ce moment commence l'ère des persécutions.

mois au tir de l'arc, à pied. Ces exercices ont lieu sous la surveillance d'un tou-tong et d'un fou-tou-tong, à moins que le premier ne soit appelé au conseil ou désigné pour remplir quelque autre service; dans ce cas le fou-tou-tong est assisté d'un agent nommé *ad hoc,* et dont le nom doit être communiqué préalablement au censeur visiteur. L'exercice de l'arc à cheval a lieu six fois par an, au printemps et à l'automne, à des jours fixés par le ministère de la guerre; les sexagénaires en sont exempts. Il y a quatre autres exercices annuels à pied et avec l'armure sous la direction des tou-tong; les archers ont en outre quatre jours de manœuvre sur une grande échelle, dans lesquels ils font les mêmes mouvements qu'à la revue triennale. Les hiao-ki mantchoux, mongols et han-kiun font de grandes manœuvres deux fois par an avec les tsien-fong, les hou-kiun et les ho-ki. — Les bannières de même couleur sont exercées une fois toutes ensemble, et les huit bannières sont réunies une autre fois dans le même but.

Les arquebusiers à mèche sont exercés cinq fois par mois, pendant l'automne, avec leur arme, qu'ils tirent cinq fois en restant dans les rangs et trois fois en l'appuyant sur des affûts. Un tou-tong et un haut officier de la divison ho-ki-yng les dirigent. Du 1er au 5e de la nouvelle lune, chaque bannière envoie neuf pièces de grosse artillerie sur leurs affûts, dont une au pont de Lou-kao; ces pièces doivent être

tirées chacune trois fois dans les cinq jours d'exercice. Les huit bannières sont exercées chacune à
leur tour au tir d'un énorme canon en cuivre, un
des vingt-cinq fondus sous le règne de Kien-long, et
que l'on appelle chin-ouei-tou-i, c'est-à-dire la divine
majesté contre laquelle on ne peut pas combattre.
Ce canon lance seulement des boulets de dix livres
deux tiers. Un bouclier ou targe est placé à cent pas
de distance, et l'exercice passe pour bon quand ce
bouclier est touché treize fois sur quinze.

Nous avons fait connaître les exercices les plus
importants dont parle le Tai-tsin-hoei-tien; nous
terminerons en disant un mot de l'exercice de la
conque ou bugle, qui a lieu sous la surveillance
d'un officier délégué par le ministère de la guerre.
Les troupes de chaque bannière consacrées à cette
spécialité étudient sur les remparts de la ville et dans
le voisinage des portes confiées à leur bannière.

Les tou-tong, capitaines généraux, peuvent être
choisis parmi les tou-tong mongols de la même aile,
les tou-tong mantchoux des han-kiun; les tong-ling,
capitaines généraux des pou-kiun, des tsien-fong et
des hou-kiun; les fou-tou-tong mantchoux des bannières mantchoues ou han-kiun; les fou-tou-tong
mongols des bannières; les tsong-ping des pou-kiun
et les tsiang-kiun mantchoux des garnisons dans les
provinces; les tou-tong ou fou-tou-tong des honag
ou les ti-ton des lou-yng.

Les tou-tong mongols sont nommés d'après les

mêmes règles, excepté que s'ils sont tong-ling des tsien-fong et des hou-kiun, ils doivent appartenir à l'aile de la bannière dans laquelle la vacance a lieu. Il en est de même pour les tou-tong han-kiun.

Les fou-tou-tong des bannières des trois sections peuvent être choisis parmi les chi-lang, vice-présidents des ministères, s'ils sont de la même aile que la bannière dans laquelle se trouve la vacance; les gardes de première classe (teou-tang-chi-ouei), les yoey des pou-kiun, les tsan-ling des corps métropolitains du nei-wou-fou (intendance de la cour) et des yuen-ming-yuen-yng, les tchang-chi de la noblesse, les tsong-ping des lou-yng mantchoux ou mongols, et enfin les san-tie-ta-tchin de la garde appartenant à la noblesse nationale, les kouan-kiun ayant un titre héréditaire du cinquième rang, et en dernier lieu les hou-ouei (1re classe) faisant partie de la suite des nobles impériaux. Un fou-tou-tong mongol nommé fou-tou-tong d'une bannière mantchoue reçoit de l'avancement; il en est de même d'un Mantchou commandant une bannière de han-kiun.

Les tsan-ling sont pris parmi les chi-ouei de première et deuxième classe, les nobles de la huitième classe, les fou-tsan-ling du même corps, les tchang-king, les tso-ling et les hiao-ki-kiao.

Les tso-ling sont ou chi-kouan héréditaires ou kong-tchong appartenant au service public; les tso-ling héréditaires tiennent leur charge de leurs aïeux; à qui elle a été conférée en récompense de services éminents, ou de personnages d'un rang très-élevé ayant pu avoir dans leur suite des tso-ling à l'avénement de la dynastie actuelle, ou enfin des premiers tso-ling nommés, et dont les descendants ont toujours conservé ce grade de génération en génération.

Les tso-ling héréditaires, de création originelle (si l'on peut s'exprimer ainsi), sont niun-kiu, c'est-à-dire d'un mérite durable. Les tso-ling qui gagnent leur rang héréditaire par leurs belles actions sont yu-i (distinction singulière); cette désignation est transmise à leurs successeurs, qui ne sont pas obligés d'être fils ou petit-fils du dernier bénéficiaire; cependant ceux-ci obtiennent généralement la préférence comme candidats, à moins que cette charge ne soit devenue vacante par suite d'une transgression aux lois. Une liste de candidats est mise sous les yeux de Sa Majesté par un tou-tong des bannières, et celui qui a le plus de droits est inscrit en tête de la liste avec les circonstances qui le concernent.

La loi, si scrupuleuse et si formaliste dans les procédures, reconnaît dix-huit espèces de circonstances qui doivent être examinées avant d'envoyer les noms des candidats.

Quand un kong-tchong-tso-ling meurt, ne laissant pour toute prétention à un rang héréditaire que le titre d'avoir produit dans sa famille cinq tso-ling, de génération en génération, une liste des candidats à cette vacance peut être formée avec les noms des

6

parents, conformément à la loi sur les tso-ling héréditaires.

Un tso-ling héréditaire, dès qu'il a l'âge, ne peut
pas se faire remplacer, à moins qu'il ne quitte sa
bannière pour entrer dans un service public. Dans la
famille impériale, les kong-tchong-tso-ling sont pris
parmi les officiers ou ngan-oey des quatrième et cinquième rangs, présentés à l'Empereur comme candidats et candidats surnuméraires de la même bannière, ainsi que nous l'avons expliqué plus haut.

Les tso-ling peuvent être choisis parmi les fou-tou-
tong, les chi-lang, vice-présidents des ministères,
les militaires et employés civils depuis le troisième
jusqu'au cinquième rang; parmi les rejetons de la
famille impériale, les hiao-ki-kiao et les fong-oey.

Les hiao-ki-kiao sont choisis parmi les ling-tsain,
les sous-officiers du corps des tsien-fong et des nou-
kiun, et parmi les ngan-ki-oey, officiers héréditaires
du neuvième rang, et d'autres officiers des septième
et huitième rangs.

Kien-joui-yng.

3 Tsing-tong-ta-tchin.
2 Y-tchang.
8 Tsien-fong-tsan-ling.
1 Tso-ling.
32 Tsien-fong-fou-tsan-ling.

1 Fang-oey.

105 Kien-joui-kiao { tsien-fong-kiao.
                    { fou-tsien-fong-kiao.

8 Tsien-tsong.

40 Chou-tsien-tsong.

3,098 Sous-officiers et soldats.

830 Élèves.

Les corps des kien-joui-yug, ou division légère,
inscrit le quatrième dans notre tableau, a été formé
en 1749 comme corps d'escalade des huit bannières;
il est divisé en deux ailes, chacune sous un ministre
de la surintendance générale (tsing-tong-ta-tchin),
qui est lui-même sous le commandement d'un officier
du même titre, mais ayant la préfixe (gardien des
sceaux). Ces trois officiers sont spécialement choisis
dans la noblesse impériale de la plus haute classe;
ils ont pour adjoints quelques tsan-ling désignés par
les ta-tchin eux-mêmes, et qui servent comme
tchang-king, ou secrétaires des affaires du corps.

Les ailes sont commandées en réalité chacune par
1 y-tchang (3 *a*.), ou plus ancien des ailes, sous
lequel sont en tout 8 tsan-ling, dont 2 possèdent le
brevet de y-tchang; les tsan-ling portent la préfixe
(tsien-fong) avant-garde; il en est de même des
32 adjudants tsan-ling et de tous les kiao ou sous-
officiers placés sous leurs ordres. Un tso-ling, assisté
d'un fang-yu (5 *a*.) et d'un sous-officier, sont chargés de la direction de 40 ling-tsoui et de 54 cavaliers

6.

des fan-tsée, étrangers ou sauvages amenés des frontières nord-ouest du Se-tchouen.

40 chou-tsien-tsong, sous-lieutenants, sont chargés
d'enseigner la tactique navale à 40 matelots tirés
de la division de marine du Fou-kien. Pendant l'été,
40 bâtiments sont manœuvrés par 1,000 tsien-fong
sur les lacs des jardins du palais impérial. Ces tsien-
fong, avec le concours des matelots, simulent des
combats navals. Ils peuvent être promus à quelques
grades inférieurs, qui sont donnés aux matelots.
Il y a aussi dans ces yng 8 professeurs d'écriture
mantchoue choisis parmi les gradués lettrés ou in-
terprètes de chaque bannière, enfin 8 archers à
cheval tirés des officiers subalternes de la division
principale ou sous-officiers de la plume bleue (lan-
ling-tchang) (9 a.).

La première classe d'hommes de ces yng, au
nombre de 2,000, porte le titre de tsien-fong, guides
ou hommes d'avant-garde; ceux qui sont nommés
à cet emploi sont pris parmi les oeï-tsien-fong, qui
comptent 1,000 hommes dans leurs rangs et qui
proviennent eux-mêmes des élèves ou surnuméraires
du même corps ou de ceux des autres divisions de
la métropole.

Leurs exercices leur ont valu une réputation vrai-
ment étonnante de force et d'activité. Ils sont exercés six fois par mois avec une échelle d'assaut, et
chaque fois tirent trois coups d'arquebuse à mèche.
Six fois ils combattent à la lutte ou font des joutes

à cheval; ils sont même très-adroits : ainsi deux
cavaliers lancés au galop échangent leur monture
au moment où ils passent l'un près de l'autre. Lorsqu'ils manœuvrent à cheval, ils tirent trois coups
d'arquebuse à mèche, lancent trois flèches, et simulent l'attaque et la défense avec un sabre et un
fouet en fer, ou fléau. En outre, leur adresse est
éprouvée six fois par mois sur le tir de l'arc à cheval et à pied. Deux fois par an, et douze jours de
suite, ils tirent à la cible avec l'arquebuse à mèche;
chaque homme tire cinq coups chaque jour; il est
récompensé ou puni, suivant le bon ou mauvais
résultat qu'il obtient, et qui sert à lui donner une
place dans les trois classes de tireurs.

Chaque jour on détache 1 *tsan-ling,* 1 sous-officier
et 10 hommes au jardin de *Tsing-i,* situé à plus de
moitié chemin de *Yuen-ming-yuen.* Il n'y a pas
d'autre garde pour ces jardins; ils servent aussi
d'escorte, et accompagnent l'Empereur dans ses
excursions. Les hommes alors portent une jaquette
jaune bordée de bleu; leur tsan-ling, une jaquette
bleue à bordure jaune, et les y-tching, commandés
pour ce service, une veste entièrement jaune.

Tsin-kiun-yng.

3 Tsong-tong.
3 Y-tchang.

       3 Chou-y-tchang.
       9 Yng-tsong ou mao-tsiang-yng-tsong.
      12 Tsan-ling.
      16 Fou-tsan-ling.
      32 Wei-chou-tsan-ling.
     224 Wei-ho-ki-kiao ou mao-tsiang-kiao.
   6,164 Sous-officiers et soldats.
   1,650 Élèves.

Ce corps (artilleurs et arquebusiers), est composé d'hommes des huit bannières. Il est partagé en deux divisions : l'une, dite de l'intérieur, est casernée dans la ville, et l'autre, dite de l'extérieur, habite en dehors de la ville. La division de l'intérieur est exercée avec l'arquebuse et les pièces d'artillerie, et la division de l'extérieur seulement avec l'arque- buse; mais ni l'une ni l'autre ne néglige le tir de l'arc à cheval et à pied; au contraire, malgré leur désignation, ils apportent à cet exercice plus d'at- tention qu'à celui du fusil ou du canon. Le corps entier est sous la direction d'un tsong-tong, ministre qui tient le sceau, et deux tsong-tong sans le sceau, comme dans la division légère. Ceux-ci sont choisis parmi les nobles impériaux des huit premiers degrés, capitaines généraux de la garde des tsien-fong ou des hou-kiun, ou bien parmi les tou-tong ou fou-tou- tong des bannières.

Chaque division est commandée par 1 y-tchang, 1 chou-y-tchang, 3 yng-tchang ayant chacun un

sceau particulier, 8 fou-tsan-ling, 16 wei-chou-tsan-
ling et 112 wei-ho-ki-kiao.

En dehors de ces officiers sont attachés au corps :
1 y-tchang, 1 chou-y-tchang, 3 yng-tsong, 4 tsan-
ling et 8 pi-ti-chi.

Les deux divisions ne sont composées que de Mantchoux et de Mongols, dans la proportion de 6 mousquetaires et 1 artilleur pour chaque tsan-ling.

Les hommes de ces deux divisions sont appelés
hiao-tsiang-hou-kian (flanqueurs-fusiliers), et sont
recrutés d'après des règles particulières. Tout homme
venant à Péking des trois provinces de la Mantchourie
pour apporter sa quote-part d'impôt et fourrures de
martre, ou bien pour apprendre les fonctions qu'il
doit remplir dans le camp de chasse, est retenu pour
remplir les· vacances du corps. Si ceux-ci ne sont
pas suffisants, on leur ajoute des artilleurs ou mousquetaires choisis parmi les hiao-ki ou les élèves du
corps.

Quand l'Empereur va chasser à Moulan [1] ou lors-

---

[1] Toutes les garnisons des bannières, excepté celles de Fou-tcheou,
de Canton, Liang-tcheou, Ning-hia, Tchouan-liang, Soui-yuen-taï-yuen-te-
tcheou et les neuf du cordon de la métropole, envoient un petit nombre
d'officiers et d'hommes à Péking pour apprendre les fonctions qu'ils ont
à remplir, s'ils sont appelés à faire partie de la suite de l'Empereur,
quand Sa Majesté va chasser dans les parcs de Moulan et de Je-ho
(Zhéhol); ceux-ci sont sous la direction d'un tsang-kouan (3 a.), deux
y-tchang (4 d.), huit fang-vey (5 d.) et huit hiao-ki-kiao ou sous-officiers;
le tou-tong de Je-ho en est le commandant en chef. Les détachements arrivent à Péking dans l'ordre qui suit : le premier venant de Hang-tchaou,
Tcha-pou et King-tcheou est relevé l'année suivante par le deuxième, que
fournit le Si-ngan. Celui-ci est relevé à son tour par celui de Nan-king,

qu'il fait quelque excursion, 3 officiers et 100 hommes de ce corps l'accompagnent; 2 officiers et
50 hommes l'escortent s'il va visiter les mausolées
du Tchi-li; un y-tchang en veste jaune commande
l'escorte. Le tsan-ling et le tchang-king portent une
jaquette jaune à bordure blanche; les sous-officiers
et les simples soldats, une jaquette bleue à bordure
blanche.

Le corps de l'intérieur est exercé au tir de l'arc
six fois par mois à pied et six fois à cheval; douze
autres jours sont consacrés aux exercices du sabre et
de la lance, et les six autres jours à simuler l'attaque
et la défense avec ces armes; ils font l'exercice du
mousquet sur le champ de manœuvre, dix fois pendant le printemps et neuf fois pendant l'automne.
Chaque saison, ils font le tir à la cible cinq fois avec
le fusil ou le canon. Ils sont passés en revue quatre
fois dans l'année.

Le corps de l'extérieur ne consacre que la moitié
de ce temps à l'exercice du tir de l'arc à cheval; il
emploie six jours à l'exercice de l'arquebuse, neuf
aux manœuvres à pied, à cheval et à chameau avec

Kai-fong et les Yn-ouei de Soui-yuen. Pendant leur voyage, ils sont
traités comme officiers subalternes de la division de flanc; à Péking, ils
sont placés sous les ordres du Tang-ling des bannières supérieures. Le
contingent de Je-ho ne va pas dans la capitale de l'empire, il est instruit à Je-ho. Il existe un registre sur lequel sont portés les nobles
mongols qui sont obligés de se présenter chaque année à Péking. Quand
l'Empereur dépasse les limites de ses terres de chasse, ceux-ci sont
chargés de lui faire les honneurs et de diriger l'expédition. Ils restent
attachés à sa suite pendant tout ce temps.

l'arquebuse, l'arc, la lance et autres armes, et enfin six jours pour des manœuvres analogues, mais faites sur une plus petite échelle. Les exercices pour le tir à balle ont lieu dix fois par mois, ainsi que les combats sur l'eau, qu'ils simulent dans les jardins alternativement avec les kien-joui.

Nous terminerons cette notice sur les cinq premiers corps par quelques notions sur leurs armes et sur leur équipement. La tête et le corps sont protégés par un casque et une casaque, espèce d'armure dorée. Les armes des officiers sont garnies de métal, que les indigènes prennent pour de l'acier. Les officiers sont armés d'un petit sabre, de deux arcs et d'un carquois renfermant un nombre de flèches différent, selon le rang de celui qui le porte. Il est alloué à tous les officiers du premier rang réunis 400 arcs; à ceux du deuxième, 350; à ceux du troisième, 250; à ceux du quatrième, 200; à ceux du cinquième, 150; à ceux du sixième et de tous ceux qui sont au-dessous, 100. Chaque homme des tsienfong-yng a un mousquet, un sabre, un arc, un carquois et cinquante flèches. Dans le corps des houkiun (de flanc) et dans celui des hiao-ki, il est donné une lance, longue de treize pieds chinois, pour deux hommes. Il est en outre alloué à chaque bannière de tsien-fong trente-six conques pour donner le signal. Les mousquetaires hou-kiun des hao-ki sont sans doute armés avec l'arquebuse, et il leur est alloué, ainsi qu'à l'artillerie, un tambour et cinq conques pour chaque bannière. Les scutati ont, outre leur grand bouclier en rotin, une dague et un long sabre, avec sept conques pour chaque bannière. Les chevaux de frise sont distribués dans la proportion de un par compagnie, et chaque homme est pourvu d'un crochet pour le porter.

Dans l'artillerie, cinq gros canons de brèche sont assignés à chaque bannière, avec quatorze conques. En outre, il y a un parc d'artillerie sous la direction des han-kiun des hia-ho-ky, dont une partie est montée sur les voitures; enfin on trouve encore sur les portes extérieures et intérieures un certain nombre de canons, dont on verra la distribution dans le tableau suivant :

	En parc.	Montés sur affût.	Portes.	Canons.
Bannière jaune à bordures. .	69	24	2	12
— jaune.	79	36	2	11
— blanche.	69	35	2	11
— rouge.	74	36	2	10
— blanche à bordures.	62	35	2	12
— rouge bordée. . . .	68	36	2	11
— bleue.	65	36	2	11
— bleue à bordures. .	72	24	2	12
	558	262	16	91

Pou-kiun-yng.

1 Kiun-men-ti-tou.

2 Tsong-ping.

2 Y-oey.

2 Pan-y-oey.

   24 Hie-oey.
   25 Tching-mou-ling.
    1 Sin-pao-tsong-kouan.
   24 Fou-oey.
   40 Pou-tao-tchang-king.
  336 Pou-kiun-kiao.
    8 Kien-chao-sin-pao-kouan.
   56 Ouei-chou-pou-kiun-kiao.
   32 Men-tsien-tsong.
   25 Tching-men-li.
23,012 Sous-officiers et soldats.

La gendarmerie (pou-kiun-yug) (force à pied) est
sous la direction d'un officier mongol ou tartare qui
porte les deux titres de pou-kiun-tong-ling (1 *b.*),
capitaine général de la gendarmerie, ou de kiu-men-
ti-tou, général des neuf portes. Il est choisi parmi
les ministres du palais (*Voyez* GARDE IMPÉRIALE), les
tou-tong ou fou-tou-tong des bannières, les capitaines généraux des tsien-fong ou des hou-kiun, ou
le général de division de la gendarmerie (2 *a.*); deux
tsong-ping sont sous les ordres du tong-ling, l'un
commande l'aile gauche, l'autre l'aile droite.

Les employés civils attachés à ce corps sont :
1 long-tchong (8 *a.*), 2 yuen-ouai-long (5 *b.*) et
2 tchou-chi (6 *a.*), formant un secrétariat et un tribunal compétent pour juger de tous les cas qui se présentent à ce ya-men; 1 ssee-vou (8 *a.*), gardien des
registres et des comptes, et 12 pie-tie-chi, traducteurs.

Les officiers militaires de ce corps sont : 2 y-oey
(3 a.), dont un à chaque aile, 2 adjudants pang-
pan-y-oey (3 b.), 24 hie-oey (4 a.) et 24 fou-oey
(5 a.), ou un pour chaque bannière de chaque nation; à chaque bannière mantchoue sont attachés
24 pou-kiun-kiao (5 a.) et 5 ouei-chou-pou-kiun-kiao
(6 a.), et à chaque bannière mongole et han-kiun
9 pou-kiun-kiao et 2 ouei-chou-pou-kiun-kiao.

Les pou-kiun sont recrutés parmi les plus robustes
surnuméraires des hiao-ki ou parmi les kia-jin [1].

Appartiennent aussi à ces yng 18 Mantchoux et
7 han-kiun-tching-men-ling (4 b.), gardiens, et men-li,
(7 a.), clercs des portes, dans la même proportion et
le même nombre que les gardiens, avec 32 han-kiun-
men-tien-tsong (6 a.), officiers subalternes des portes.
En cas d'événement imprévu, l'alarme doit être donnée par le sin-pao-tsong-kouan (4 a.), officier chargé
des canons-signaux, et sous les ordres duquel sont
4 Mantchoux et 4 han-kiun, kien-chao-sin-pao-kouan
(5 a.), officiers chargés des mêmes fonctions. Ils
montent la garde à tour de rôle à la station d'alarme
appelée la pagode Blanche.

---

[1] Esclaves ou descendants de ceux qui, dans le principe, vinrent avec
leurs maîtres de la Mantchourie. Ils ne sont pas enregistrés comme *hou*,
peuple, mais comme *hou-kia*, classe au-dessous du peuple, ou comme
ling-hou, population surnuméraire. Les vacances de Mantchoux et
Mongols peuvent être comblées par les surnuméraires. Si la mort d'un
pou-king laisse sa famille dans le besoin, le plus proche parent peut lui
succéder; les élèves qui ont dépassé l'âge de vingt-cinq ans, et qui ont
été effacés des rôles pour leur incapacité dans le tir de l'arc à cheval,
sont aussi éligibles.

Contingent chinois à Péking.

Outre les pou-kiun, le kiun-men-ti-tou a encore sous ses ordres une certaine force armée composée de Chinois, les seules troupes de cette nation qui soient à Péking et qui partagent avec les premiers le service de la gendarmerie.

Le contingent chinois de 4,000 cavaliers et 6,000 fantassins est divisé en 5 yng, bataillons ou cantonnements, du centre, du sud, du nord, de gauche et de droite.

Les devoirs communs aux pou-kiun et aux Chinois sont définis de même; ils veillent au bon ordre et à la sûreté publique en faisant des rondes et en donnant l'alarme. Aucun Chinois n'est employé dans la cité extérieure, qui est située au sud de l'enceinte des 9 portes, percée elle-même de 7 portes. Une partie des pou-kiun est distinctement appelée siun-pou (preneurs de voleurs), cependant cette qualification leur est mal appliquée, parce que l'arrestation des voleurs et des vagabonds par la force armée appartient à 24 Mantchoux, 8 Mongols et 8 han-kiun (tchang-king), officiers subalternes commandant chacun 8 hommes de leur bannière; ils sont affectés à cette charge spéciale et portent le nom de *pou-tao* ou chasseurs de voleurs : désignation officielle qui indique leurs fonctions.

Les troupes de gendarmerie sont réparties dans

l'intérieur de la capitale en petits détachements préposés à la surveillance de la ville jour et nuit, et disposés ainsi qu'il suit. Dans le Houang-tching, ou enceinte impériale entourant la ville interdite, 90 postes de 12 pou-kiun chacun sont établis sous les ordres de 16 officiers subalternes, dont 2 sont détachés de chaque bannière; 1 officier subalterne et 120 pou-kiun de chaque bannière gardent les sentiers, les cours d'eau ou canaux : ils sont tous Mantchoux; il y a en outre dans le Houang-tching 112 barrières de rues sous la garde des 8 bannières mantchoues; leur distribution est irrégulière. Chacune de ces barrières est en même temps sous la surveillance de 3 pou-kiun, à moins qu'elle ne soit assez proche d'un poste pour être observée par lui. Dans le Nuei-tching, ou cité intérieure, qui possède les 9 principales portes et qui entoure la ville impériale, les bannières des 3 nations occupent 626 postes dont le plus petit nombre est confié à la garde des han-kiun et le plus grand nombre à celle des Mantchoux; chaque poste est composé de 12 hommes, à l'exception de celui de la bannière jaune des Mantchoux dans lequel se trouvent 5 hommes. Le commandement général de tous ces postes appartient chaque jour à 5 Mantchoux officiers subalternes de chaque bannière et à 2 Mongols ou han-kiun. Chaque bannière mantchoue fournit à ces postes 12 seaux, et chaque bannière mongole et han-kiun 4, qui servent en cas d'incendie. Les barrières des rues, au nombre de 1,190, sont distribuées irrégulièrement entre les bannières et gardées comme dans le Houang-tching. Le cantonnement chinois du centre de la cité, qui est partagé en 5 postes principaux de garde, fournit 250 petits postes composés d'un cavalier et d'un fantassin chacun. Les cantonnements du nord, de la gauche et de la droite, divisés chacun en 4 postes principaux, fournissent respectivement 124, 162 et 110 petits postes. Le cantonnement du sud ne fournit pas de poste dans la cité intérieure, et les 12 barrières qui s'y trouvent sont gardées par les Chinois du centre; dans le Ouei-tching, ou cité extérieure, et au sud du Nuei-tching sont 43 petits postes de Chinois gardant les 7 portes; 1 tsien-tsong et 2 patsong de service chaque jour les surveillent; enfin le cantonnement du sud, avec ses 6 postes principaux, fournit 296 petits postes et 289 gardes des barrières; à chacun de ces cantonnements est alloué un petit nombre de seaux.

Sont également sous les ordres des gardiens des portes 320 cavaliers des hiao-ki fournis par chaque bannière pour sa porte; 640 pou-kiun, Mantchoux et Mongols occupant les 9 portes de la cité intérieure et han-kiun placés aux 7 postes de la cité extérieure. 2 artilleurs han-kiun sur les 9 premières portes et 2 cavaliers sur les 7 autres y servent les pièces de canon. Les barrières pour les chevaux, dans les rues principales aboutissant aux 9 portes, sont gardées chacune par 1 officier subalterne et

10 pou-kiun. Elles sont fermées à la nuit tombante et la clef reste entre les mains de l'officier subalterne de service.

Au poste d'alarme de la pagode Blanche sont détachés 4 ling-tsoui, 8 artilleurs han-kiun et 16 pou-kiun; ils possèdent 5 canons, 5 pavillons et 5 lampes. Le canon n'est tiré que lorsqu'une espèce de plaque en métal, gardée dans le palais et sur laquelle se trouve écrit : « Sa Majesté désire que le canon soit tiré, » est apportée à l'officier de service par un haut officier du palais ou de quelque ya-men. L'alarme est ainsi donnée : les pavillons sont déployés pendant le jour et les lampes allumées pendant la nuit; les 5 canons de chacune des 9 portes sont tirés tant que les pavillons et les lampes apparaissent au-dessus de la pagode. En cas d'événement, chaque poste peut donner l'alarme sans attendre le signal de la pagode; tous les autres postes suivent son exemple.

Dès qu'on entend le canon d'alarme, tous ceux qui sont de service sont immédiatement en alerte, depuis le noble de la ville interdite jusqu'au pou-kiun des petits postes; tous prennent les armes; ceux qui ne sont pas de service s'équipent aussitôt et se dirigent vers les points assignés comme rendez-vous aux corps de service. Les pou-kiun des bannières doivent se rendre vers les remparts, et les Chinois ou siun-pou vers les ponts-levis établis en dehors des remparts et qu'ils sont appelés à défendre.

Nous avons dit que les postes établis pour l'extinction du feu étaient confiés aux hiao-ki-yng, qui partagent ce service avec les pou-kiun. A la porte *Si-houa*, le dernier poste est sous les ordres d'un y-oey et d'un officier subalterne; ces postes sont relevés tous les cinq jours. Les hiao-ki sont commandés par 1 tsan-ling; 1 sous-officier pou-kiun est chargé des clefs; 1 officier est délégué chaque jour par le ministère de la guerre pour s'assurer que tous les hommes de garde sont présents et qu'il n'y a pas eu de changement dans la composition des postes. Les hommes de garde ne peuvent s'absenter de leur poste pour aller chercher leurs provisions sans une permission qu'ils sont obligés de présenter aux pou-kiun des postes et des barrières. Il est défendu d'apporter des vivres sur les remparts.

Les hommes formant la garde journalière sont au nombre de plus de 15,000, commandés par 203 officiers subalternes.

Quand l'Empereur s'absente de Péking, la garde est augmentée. S'il va à Yuen-ming-yuen, 4 hie-oey, 12 officiers subalternes et 640 ling-tsoui et pou-kiun suivent Sa Majesté à Yuen, où ils forment 50 postes comprenant 13 hommes chacun.

A Péking, pendant la nuit, les pou-kiun frappent sur un bambou creux pour marquer les veilles. Chaque veille est inscrite sur une marque qui est passée de main en main par tous les gardes de nuit [1]. Il

---

[1] Il est expressément défendu à toutes personnes habitant la ville

n'est permis à personne de sortir des barrières avant
que l'officier de garde ne se soit assuré que cette
personne est envoyée par l'Empereur, par un chef
de bureau, ou bien pour un cas de maladie, de naissance ou de décès. Tous les noms des sortants, fus-
sent-ils nobles, sont enregistrés et présentés le lendemain à Sa Majesté dans le cas où elle fait demander
la liste au tong-ling. Si la personne sortante est un

impériale de Péking de sortir de chez elles pendant la nuit, et quiconque transgressera cette loi après la troisième cloche de la première
garde (neuf heures douze minutes du soir), ou avant la troisième cloche
de la première garde (cinq heures douze minutes du matin), sera punissable de trente coups. Quiconque enfreindra cette loi pendant la seconde,
la troisième et la quatrième garde (de dix heures du soir à quatre du
matin), subira le châtiment de cinquante coups. Les mêmes défenses
sont faites relativement aux autres villes et places fortes de l'empire;
mais la peine à infliger pour la transgression des dispositions contenues
dans les présentes sera moindre d'un degré, dans chaque cas réglé par
les dispositions.

Les défenses susdites ne concernent point les personnes qui sortiront
de nuit pour un service public, ou pour des affaires particulières d'une
nature urgente, comme des indispositions subites, des femmes en mal
d'enfant, des morts, des enterrements et d'autres événements semblables.

Si des patrouilles arrêtent et retiennent aucune personne avant la
cloche du soir, ou après celle du matin, en l'accusant à tort d'être sortie
pendant les heures défendues, elles seront elles-mêmes sujettes à la
peine du délit imputé à la personne qu'elles auront détenue injustement.

Lorsqu'une personne qui aura réellement enfreint les défenses de
sortir de nuit fera résistance à la patrouille en droit de l'arrêter, et
réussira à s'échapper, elle sera punie de cent coups. Si, en résistant à
cette patrouille, elle frappe un des hommes qui la composent et le blesse
de quelque manière que ce soit, elle sera mise en prison pendant le
temps usité, et perdra la vie par strangulation; si elle tue un des
hommes de ladite patrouille, elle sera condamnée à être décapitée.

Quand une personne se défendra contre une patrouille qui voudra
l'arrêter contradictoirement à la loi, elle ne sera jamais responsable des
suites de sa résistance, que comparativement à celles que peut avoir
une dispute entre des personnes du même état. (Taï-tching-liu-ly.)

officier ou une femme, les pou-kiun la reconduisent à son domicile; si ce n'est point un officier, ils la gardent au poste. Le lendemain, le tong-ling fixe la punition. Quelques-unes des portes peuvent être ouvertes ou fermées plus tôt ou plus tard, suivant le lever du jour, ou bien si l'intendance de la cour a besoin d'eau au palais pour la célébration des sacrifices; dans ce cas, un ordre écrit du ministre de la guerre est exigé. Quand Sa Majesté est à Yuen-ming-yuen et qu'il est nécessaire de lui faire parvenir des dépêches, les messagers, en sortant de la ville, doivent produire un signe dont une partie est conservée en dépôt dans le bureau du capitaine général. Ce signe diffère pour chaque porte.

Quand l'Empereur veille, le capitaine général, 1 y-oey, 2 hie-oey et 2 fou-oey veillent avec lui dans le temple; dans ce cas 1 tsan-tsiang et 1 yu-ki gardent les environs les plus importants, ayant sous leurs ordres 16 pou-kiun-kiao et 168 hommes; ils placent 24 sentinelles en dedans du mur d'enceinte et 40 en dehors. Lorsque Sa Majesté sort pour faire une excursion, un des deux généraux de division et une force considérable de pou-kiun et de siun-pou sont attachés à son escorte; à la revue triennale ils entourent sa tente, et lorsqu'elle sort en voiture, ils sont chargés de faire réparer et nettoyer les chemins par où elle passe, et dressent une espèce de tente-canapé dans les endroits qui leur ont été désignés.

7.

Une des principales charges des pou-kiun, c'est de veiller à ce que les routes et les rues ne soient jamais dégradées, et à ce qu'il y ait toujours au milieu une voie assez large pour le passage des voitures légères, et une autre sur les côtés pour les charrettes. Il est défendu de mettre dans·les rues des étalages de nattes, pouvant interrompre la circulation publique, ou de construire des hangars contre les remparts. Les maisons des soldats des bannières ne doivent jamais causer d'embarras sur la voie publique par leurs réparations, et aucun propriétaire de ces maisons n'a le droit de les démolir s'il ne peut les faire rebâtir. Les soldats des bannières changeant de résidence ou achetant une propriété dans la cité en font la déclaration au bureau des pou-kiun, où elle est enregistrée. Les deuxième et troisième mois de l'année, un rapport est fait sur les égouts et sur la propreté de la cité intérieure. Le ministre des travaux publics et les ping-ma-ssé (bureau sous les ordres des censeurs métropolitains du circuit) se partagent cette branche de service. Quand les rations de grains sortent des greniers, un détachement de siun-pou accompagne les voitures pour prévenir toute espèce de désordre.

Le bureau de ces yng est ordinairement chargé de toutes les préventions de vols et de meurtres et de l'arrestation des coupables; il veille en même temps à ce que chacun se conforme aux lois somptuaires relatives aux habitations et aux vêtements[1]. Le monopole

[1] Les maisons seront bâties, les appartements seront distribués,

des grains est prohibé, ainsi que toute exportation
clandestine hors de la ville. Les marchands ne peuvent pas, sans permission, prêter de l'argent sur papier ou par hypothèque ; ils ne peuvent pas non plus
exiger un intérêt au-dessus de celui qui est fixé par
la loi, et qui est de 36 pour 100. Les conteurs, les
personnes qui propagent la religion hétérodoxe du
Seigneur du ciel, les rogneurs d'argent, les faux-
monnayeurs, sont autant de coupables susceptibles
d'être arrêtés par ordre du bureau de la gendarmerie.
Dès qu'un arrêt est ordonné, s'il reçoit une prompte

les meubles, les voitures, les vêtements et autres articles à l'usage des
officiers du gouvernement, et du peuple en général, seront faits conformément aux règles et aux gradations établies. Tout individu qui se servira de ces articles en contravention auxdites règles sera puni de cent
coups de bambou, dépossédé de son office et déclaré incapable d'être
employé à l'avenir, si c'est un officier du gouvernement ; et si c'est un
simple particulier qui se rende coupable de ce délit, le chef de la famille
dans laquelle il aura été commis recevra cinquante coups. Dans les deux
cas, le délinquant sera obligé de changer l'article qui sera contraire aux
règles et de se conformer à ce qu'elles ordonnent. — L'ouvrier qui aura
commis une telle faute sera sujet aussi dans les deux cas à recevoir
cinquante coups, à moins qu'il n'aille s'avouer coupable volontairement :
alors on lui pardonnera sa faute, mais il ne sera jamais récompensé.

Si quelqu'un emploie à son usage des articles absolument défendus,
comme des étoffes de soie représentant le dragon impérial (fong) ou le
phénix impérial (fong-wang), il sera puni de cent coups et de trois années
de bannissement, que ce soit un officier du gouvernement ou un simple
particulier ; mais si c'est un officier du gouvernement, il perdra de plus
son emploi et sera déclaré incapable de servir dorénavant l'État. L'ouvrier qui aura fabriqué ces étoffes subira aussi cent coups, et lesdites
étoffes seront confisquées au profit de l'État. Quiconque dénoncera le
délit en question recevra en récompense cinquante taëls, et si le manu-
facturier des étoffes dénonce la personne qui en aura fait usage, non-
seulement on lui pardonnera d'avoir participé au délit, mais encore il
recevra la récompense ci-dessus. (Section 175ᵉ du Tai-tching-liu-ly.)

exécution, les officiers qui en sont chargés sont récompensés par la citation de leur nom, et les soldats par une marque ou note dont il leur est tenu compte plus tard, ou bien par de l'argent. D'un autre côté, toute lenteur, tout retard au delà des termes fixés, comme toute connivence pour présents, sont punies sévèrement. Ce bureau a le droit d'infliger des amendes à toutes les personnes dont les fautes ne méritent pas la transportation, et jusqu'à la deuxième classe du cinquième rang; les charges graves sont renvoyées avec les dépositions au ministère de la justice. Les plaintes adressées à ce bureau sont transmises au trône lorsqu'elles sont sérieuses; autrement, elles sont communiquées aux chefs de la juridiction à laquelle appartient le plaignant. La couronne est avisée de mois en mois des appels qui lui sont faits. Quand un militaire des bannières est condamné à la cangue, soit par le ministère de la justice, soit par ce bureau, ce dernier est responsable de l'exposition, qui a lieu à différentes portes, suivant la bannière du condamné. Tout prisonnier condamné à la cangue pour le reste de ses jours, après dix ans, peut être conduit devant le ministère de la justice, qui examine de nouveau sa culpabilité, et peut l'envoyer en exil ou lui rendre sa liberté.

Nous terminerons cet aperçu sur les fonctions et les devoirs des chefs et des soldats du corps des poukiun en citant deux articles très-intéressants que nous avons trouvés dans les Recherches sur les insti-

tutions administratives et municipales de la Chine,
par M. Bazin :

Le kiu-men-ti-tou est à la fois le protecteur du
palais impérial et le grand constable de la ville de
Péking.

Il répartit dans l'intérieur de la capitale, qu'il organise militairement, les troupes des huit bannières
(pa-khi); il désigne lui-même les quartiers qu'elles
doivent occuper.

Il a dans sa juridiction la grande police, c'est-à-
dire la police du Tseu-kin-tching (ville interdite).

Il exclut ou doit exclure du service du palais tous
les militaires qui ont subi une condamnation; il forme
des compagnies et des subdivisions de compagnie
spéciales, c'est-à-dire composées de militaires réunissant autant que possible les qualités exigées par
les règlements.

Il transmet aux officiers de la garde intérieure et
de la garde extérieure les ordres nécessaires pour
assurer les jours du souverain, et maintient avec une
sévérité inflexible l'exécution des articles 183, 184,
185, 186, 188, 189, 190, 191, 193, 194, 196, 198
du Taï-tching-liu-ly. (Tous ces articles concernent la
garde du palais impérial.)

Il fait prendre le signalement des ouvriers qui
travaillent dans le palais impérial.

Il délivre lui-même les cartes d'entrée.

Il est, aux termes des règlements, le directeur
général de la police métropolitaine.

Chargé de toutes les mesures qui intéressent le maintien de l'ordre dans la capitale, il correspond tantôt avec les premiers présidents du ministère de la guerre, tantôt avec le conseil privé.

Instruit d'une calamité publique ou de faits importants, il en informe directement l'Empereur.

Il nomme et révoque les commissaires de police, qui sont tous d'origine tartare.

Il a les clefs de la ville impériale.

Il doit vérifier, tant par lui-même que par ses inspecteurs; si les agents de la police s'acquittent de leur devoir avec soin et avec exactitude.

Il fait des rondes de nuit.

Les maisons de jeu et les maisons de débauche sont particulièrement l'objet de sa surveillance [1].

Si, chose infiniment rare à Péking, des rassemblements prennent le caractère d'une sédition, il doit employer tous les moyens de persuasion pour apaiser l'émeute [2]; il peut arrêter ou faire arrêter les chefs ou les provocateurs des attroupements.

C'est au gouverneur militaire que la loi confie la surveillance et la garde des hou-tsi ou des registres contenant les noms, la profession et l'âge de tous les individus de l'un et de l'autre sexe qui résident à Péking. Ces registres sont déposés à la préfecture de police (thi-tou-ya-men).

[1] Les maisons de débauche et les maisons de jeu sont prohibées dans les bourgs et dans les villages; elles sont tolérées dans les villes.

[2] En Chine, il est rare que l'on disperse les attroupements par la force.

Il opère, conjointement avec les commissaires de police, le recensement de la population ; dans la capitale, ce recensement a lieu deux fois par an.

Il autorise les inhumations ; toute inhumation non autorisée donne lieu à une amende considérable.

S'il existe dans la capitale une maladie contagieuse ou une épidémie, il en informe le Taï-y-ouen ou l'Académie de médecine par un rapport, le public par des affiches.

Il fait distribuer des substances médicales aux pauvres.

Il publie des règlements de police et prescrit des mesures sanitaires pour maintenir l'ordre dans la classe inférieure et arrêter les progrès de l'épidémie.

Il doit chercher à prévenir les incendies ; l'autorité dont il est revêtu impose à tous ses agents une surveillance active.

Enfin, il est chargé de l'entretien de la préfecture de police. (thi-tou-ya-men) et des khouan-thing ou bureaux des commissaires.

Les commissaires (thi-men-tchen-ye) sont, dans chaque section, les chefs de la police, sous l'autorité du gouverneur militaire (kieou-men-thi-tou).

Ils recherchent ou font rechercher par leurs agents (pou-kia) les contraventions de police dont la connaissance leur est attribuée.

Ils peuvent opérer des visites domiciliaires.

Ils interrogent les prévenus qu'on amène dans leurs bureaux.

Ils ont le droit d'infliger la bastonnade.

Ils jugent militairement, comme les *siun-kien* (commissaires des districts), et prononcent la peine encourue pour chaque contravention, seuls, sans forme ni procédure.

Considérés sous le rapport de leurs fonctions, ils paraissent indépendants de l'autorité civile; ils ne sont soumis ni aux gouverneurs des districts de Ta-hing et de Wan-ping ni aux administrateurs de l'hôtel de ville (chun-thien-fou).

Comme officiers de police judiciaire, ils ont les attributions les plus étendues. Ils jouissent à peu près de tous les droits que notre Code d'instruction criminelle confère aux commissaires de police, aux maires et aux adjoints, aux procureurs impériaux et à leurs substituts, aux juges de paix, aux officiers de gendarmerie et aux juges d'instruction.

Ils doivent requérir le pou-kiâ ou les agents placés sous leurs ordres de faire tous les actes nécessaires à l'effet de constater les crimes, les délits et les contraventions dont ils ne sont pas juges.

Ils partagent avec les gouverneurs des districts de Ta-hing et de Wan-ping le droit de recevoir les plaintes et les dénonciations.

Ils veillent à la salubrité des rues.

Officiers de l'état civil, ils en exercent les fonctions.

Ils tiennent eux-mêmes ou font tenir par des employés les registres des familles, nommés hou-tsi.

Ils reçoivent, comme les greffiers des hou-fang dans les provinces, les déclarations de mariage et les déclarations de décès.

Ils sont chargés de la transcription des men-païou tablettes des kià-tchang.

Ils sont tenus de faire tous les six mois le relevé des décès survenus dans les six mois précédents, et d'envoyer ces relevés à la préfecture de police (thi-tou-ya-men).

S'ils apprennent qu'un individu a péri d'une mort violente, ils doivent avertir sur-le-champ le *tchi-kien* ou chef du district intérieur; ce magistrat, assisté du greffier en chef du hou-fang ou du king-fang, se transporte sur le lieu, puis fait son rapport sur les causes de la mort et sur l'état du cadavre.

Au printemps et au commencement de l'automne, ils font les diligences nécessaires pour obtenir le chiffre exact de la population.

Ils indiquent les lieux destinés à recevoir l'affiche des lois et des actes de l'autorité publique, des instructions et des proclamations qu'on adresse au peuple.

Les pou-kiun des bannières sont exercés au tir de l'arc à pied, les autres au tir de l'arquebuse près des portes; les siun-pou sont exercés également au tir de l'arc, et, le printemps et l'automne, au tir de l'arquebuse. Pendant l'automne, ils font le tir du canon sur les remparts. Des 1,937 pièces qui sont sur les neuf portes de la cité extérieure, 1,893 sont sup-

posées en état de service, savoir : 94 (victoires certaines), 1,729 (divin mécanisme), et 50 sur les postes
d'alarme dont nous avons parlé plus haut. Parmi
les autres quelques-unes pèsent 13,000 livres, et ne
sont jamais tirées; d'autres sont réformées depuis
longtemps.

Le capitaine général des pou-kiun peut être choisi
parmi les nui-ta-tchin, les tou-tong ou fou-tou-tong
des bannières, les tsong-ping des pou-kiun, ou les capitaines généraux des tsien-fong ou des hou-kiun; les
y-oey sont pris parmi les tsan-ling des tsien-fong ou
des hou-kiun, les pan-y-oey et les hie-oey du corps.
Les pan-y-oey sont choisis parmi les hie-oey, et ceux-
ci parmi les kin-kou-tou-oey héréditaires, les ki-tou-
oey ou les tso-ling, les tching-mou-ling, gardiens des
portes, les fou-oey et les pou-kiun-kiao. Les tching-
mou-ling sont choisis parmi les ki-tou-oey, les king-
kou-tou-oey, les fou-oey et les pou-kiun-kiao. Les
fou-oey proviennent des pou-kiun-kiao, et ceux-ci
des mêmes officiers subalternes des tsin-kiun, tsien-
fong, hou-kiun et kiao-ki. Les tchang-king des pou-
tao sont choisis parmi les pou-kiun, et les tching-
men-li parmi les ling-tsoui de la garde, des tsien-fong
ou des hiao-ki. Les sin-pao-tsong-kouan (poste d'a-
larme) proviennent des kien-cheou-sin-pao-kouan;
les ki-tou-oey et les yun-ki-oey, officiers subalternes,
des tsin-kiun, des tsien-fong, des hou-kiun et des
hiao-ki.

Yuen-ming-yuen-yng.

1 Tsong-ton-ta-tching.
2 Hie-li-chi-vou-yng-tsong.
10 Hou-kiun-yng-tong.
2 Hie-li-chi-vou-tsan-ling.
8 Hou-kiun-tsan-ling.
16 Fou-tsan-ling.
32 Chou-tsan-ling.
4 Hio-li-chi-vou-kiao.
128 Yuen-ming-yuen-kiao.
128 Ouei-chou-yuen-ming-yuen-kiao.
4,122 Sous-officiers et soldats.
1,986 Élèves.

La division de Yuen-ming-yuen réclame une courte notice. Elle est composée de 3,692 hou-kiun, hommes de flanc; 300 ma-kia, cavaliers à la cotte de mailles; 1,176 élèves avec la ration et 650 sans ration. Ils appartiennent aux huit bannières des trois races. Il y a aussi quelques pao-i des trois bannières supérieures et dont nous parlerons tout à l'heure.

La division entière est sous le commandement d'un noble impérial appelé, comme dans les kien-joui-yng et les ho-ki-yng, tsong-tong-ta-tchin, surintendant ministre tenant le sceau. Sous lui se trouve un nombre assez petit de nobles du même titre, mais ne tenant pas le sceau.

La correspondance est dirigée par 2 yng-tsong, 2 tsan-ling (3 *a.*), 4 officiers subalternes (kiao), avec 8 pie-tie-chi; tous ont la préfixe *hiè-li-chi-vou*. Les soldats sont commandés par 8 yng-tsong (3 *a.*), 8 tsan-ling, 16 fou-tsan-ling (4 *a.*), 32 chou-tsan-ling (5 *a.*), 128 lieutenants et 128 sous-lieutenants. Ils sont également répartis dans les barrières et portent la préfixe *hou-kiun.*

Le corps est divisé en 120 postes établis à Yuen-ming-yen, et qui sont relevés tous les trois jours. Ils sont chargés de la garde et des patrouilles, qu'ils partagent avec les pao-i. Leur armement consiste en 1,242 arcs, 29,700 flèches; 1,242 carquois, 1,210 petits sabres, 595 hallebardes et 1,000 mousquets.

Les quatre divisions tsien-fong-yng, hou-kiun-yng, hiao-ki-yng, et yuen-ming-yuen-yng, fournissent au département de la maison impériale ou intendance de la cour un certain nombre d'hommes auxquels on a donné le nom de *pao-i*, et qui sont entièrement à la disposition de la cour. Ces pao-i sont organisés en corps commandés par des officiers revêtus de titres semblables à ceux des autres divisions, mais cependant d'un rang inférieur.

Les pao-i des trois bannières supérieures forment la partie active du corps, et leur service est analogue à celui des autres divisions.

Le petit nombre inscrit comme pao-i de tsien-fong
sont tirés des pou-kiun ou pao-i de la division des
hou-kiun, et choisis à cause de leur adresse dans
certains jeux à cheval. Ils étaient autrefois connus
sous le nom de kian-ma-yng (division lâchant le
cheval).

Les hou-kiun-pao-i des trois bannières supérieures,
au nombre de 1,200, sont les soldats les plus alertes
parmi les pao-i des trois bannières supérieures. Ils
sont régulièrement armés et exercés aux manœuvres de l'arc et de l'arquebuse à mèche; ils fournissent 12 postes dans le palais et accompagnent Sa
Majesté dans les promenades et aux sacrifices. Les
hiao-ki-pao-i des mêmes bannières fournissent 31
postes de nuit dans la ville interdite; ils sont armés
et exercés comme les autres; ils ne doivent pas être
choisis parmi les ouvriers congédiés, c'est-à-dire
disgraciés.

Les pao-i qui appartiennent aux cinq bannières
inférieures sont attachés au service des nobles impériaux des plus hauts ordres dans la proportion
suivante :

Ordre de noblesse.	Hou-kiun et Ling-tsoui.	Maille rouge et blanche.	Maille bleue.
1er	40	160	60
2	30	120	50
3	20	80	40
4	16	64	30
5	12	48	20
6	8	32	20

Ils servent comme portiers auprès des personnes revêtues d'un titre de noblesse. Quant aux officiers, leur rang est généralement inférieur à celui des officiers du même titre dans les autres corps des bannières. Quelques-uns ont une dignité héréditaire. Dans les trois bannières supérieures, l'avancement est régulier, à partir du fou-kiao. Dans les cinq bannières inférieures, les tsan-ling sont choisis parmi les hou-ouei (officiers de la suite des nobles de troisième classe comme les chi-ouei du souverain). Ces classes leur donnent le rang de tsan-ling, ou officiers des cinquième et sixième rangs. Lorsqu'une vacance a lieu dans une bannière, les candidats sont nommés par la personne noble intéressée à pourvoir à cette vacance. Les tso-ling des pao-i sont choisis de la même manière. La préfixe *ki-kou* (pavillon et tambour) désigne le tso-ling, directeur des exercices. Les tso-ling coréens sont héréditaires. 89 hommes dans chacune de ces compagnies servent comme soldats; 59 autres servent également dans la compagnie des mahométans. Les kouan-ling des trois bannières supérieures ont la préfixe *nuei* (dans) qui indique les rapports qu'ils ont avec le palais : leur service dans toutes les bannières est, à peu de chose près, le même que celui des tso-ling.

L'État pourvoit à l'instruction de quelques militaires des bannières de Péking et de Yuen-ming'-yuen; on leur apprend les langues mantchoue et chinoise et l'exercice de l'arc à cheval. Les fils des nobles impériaux de la cour sont placés, suivant l'aile à laquelle ils appartiennent, sous la direction de 6 instructeurs mantchoux et de 8 Chinois choisis parmi les lettrés, et sous celle de 6 écuyers et archers chinois pris parmi les officiers en retraite, les officiers subalternes ou chen-ché des hou-kiun. Le personnel du collége se compose de 2 princes directeurs, de 3 officiers de la haute cour visiteurs, de 4 directeurs du septième rang, et de 16 adjudants directeurs du huitième rang.

Les fils des kin (gioro), au nombre de 320, sont élevés de la même manière dans le collége des huit bannières, sous la surveillance de 8 princes ou nobles, de 8 visiteurs, de 16 adjudants directeurs, de 15 tuteurs mantchoux, de 15 tuteurs chinois et de 8 écuyers et archers. Les instructeurs subissent un examen.

Les fils des autres officiers de rang héréditaire, et ne faisant pas partie de la maison impériale ou gioro, reçoivent une instruction semblable dans des colléges séparés. Sous la direction de la cour des bannières se trouve un bureau chargé de choisir les meilleurs archers; ce bureau est appelé chi-ou-chen-che-tchou, bureau des 50 bons archers; 50 sont choisis dans chaque bannière; 45 remplissent les fonctions d'officier, les autres sont sous leurs ordres. Tous ont des emplois différents, mais ils touchent un supplément de paye comme chén-ché; un tou-tong ou un fou-tou-tong est chargé de la direction

8

générale; il est assisté de deux doyens des ailes, qui occupent en même temps d'autres emplois. Les han-kiun de rang héréditaire ont un collége pour eux-mêmes. Les kien-joui apprennent la tactique navale, ainsi qu'il a été dit plus haut. Les yuen-ming-yuen ont deux colléges séparés dans lesquels on n'enseigne que les lettres.

Les soldats des bannières occupent des casernes dans l'enceinte desquelles chacun d'eux a sa petite maison, d'environ 10 pieds carrés. Sur le devant de chacune de ces maisons se trouve une petite cour et par derrière un petit jardin. De plus ces maisons ne communiquent point les unes aux autres; elles sont séparées par des murailles de la hauteur de 6 à 7 pieds, afin que les familles ne puissent pas voir ce qui se passe les unes chez les autres, ou plutôt afin que les femmes ne soient pas vues dans la liberté de leur ménage.

Ces casernes sont anciennes ou nouvelles. Les premières, au nombre de 16,000, sont également divisées entre toutes les bannières. Elles sont administrées, sous la direction générale des tou-tong, par 8 yng-tsong mantchoux, 8 tchang-king, 40 Mantchoux et 16 Mongols subalternes. Les nouvelles casernes sont au nombre de 3,200, dont chaque bannière mantchoue occupe 240 et chaque bannière mongole 80; leur administration appartient à 8 Mantchoux, 8 Mongols et 8 han-kiun-tou-tong, 16 Mantchoux, 8 Mongols, 8 han-kiun-tchan-king et un égal nombre d'officiers subalternes. Chaque caserne a ses écoles publiques pour l'instruction de la jeunesse. Dans les provinces de l'empire les soldats sont logés dans des maisons particulières qu'ils sont obligés de louer. Presque tous cultivent des terres; ceux qui sont répandus en petits corps de garde sur le bord des chemins et des grandes rivières, sur les côtes et les frontières, ont la plupart, outre leur solde, des terres militaires qu'ils travaillent en commun, ce qui leur fait un sort assez heureux.

Tchou-fang.

BANNIÈRES QUI TIENNENT GARNISON EN DEHORS DE LA CAPITALE.

Les bannières qui tiennent garnison en dehors de la métropole portent le nom de *tchou-fang,* c'est-à-dire postes pour la défense. Les hommes qui les composent occupent ces postes d'une manière permanente, de génération en génération ; ils sont commandés par les tsiang-kiun, les tou-tong, les fou-tou-tong, les tching-tcheou-yu et les fang-cheou-oey. Les tou-tong ne doivent pas être confondus avec les officiers du même titre attachés aux bannières dans les quartiers généraux, ni avec les autres officiers des corps de la métropole.

Quand il y a dans une garnison 1 tsiang-kiun et 2 fou-tou-tong, comme à Canton, un de ces officiers généraux se rend chaque année à Péking pour présenter ses hommages au souverain ; mais s'il n'y a qu'un fou-tou-tong, outre le tsiang-kiun ou le tou-tong, cette visite est faite par un de ces officiers tous les deux ans. Si le fou-tou-tong est seul, cette obligation lui est imposée tous les trois ans ; la dernière règle s'applique au tsong-kouan des nomades ou des mausolées et aussi au tching-cheou dans le Tchi-li. Les ki-fou-tchou-fang occupent 25 villes de garnisons situées sur le territoire qui entoure la ville de Péking et à une distance de celle-ci qui ne dépasse pas 40 ou 50 lieues. Ki est proprement le domaine *extra muros* du souverain.

Le tching-tchou-tchong-kao groupe ces 25 postes en 6 divisions principales, que donne le tableau suivant :

Tableau synoptique de la répartition des troupes des bannières dans les 25 garnisons du Tchi-li (Ki-fou) (1849).

RANGS.	DÉNOMINATION.	LES 8 PETITES GARNISONS (aile gauche).				LES 8 PETITES GARNISONS (aile droite).					KU-YUN.						CHAN-HAI-KOUAN.					THANG-KIA-KEOU ou KALGAN.				8 BANNIÈRES N°40.
		Tsong-tcheou.	Pao-ti.	Tong-ogan.	Tsai-ocy.	Pao-ling-hien.	Kao-ngan.	Hiong-hien.	Liang-liang.	Pa-tcheou.	Mia-yun.	Tchang-ping-tcheou.	Yu-tien-yu.	San-ho-hien.	Koo-pe-keou.	Chou-i-hien.	Chan-hai-kouan.	Yung-ping-fou.	Ling-keou.	Louan-yu.	Hi-fong-keou.	Tchang-kia-keou.	Tou-chi-keou.	Tsien-kia-hien.	Nomades de Tchahar.	
1 a.	Tou-tong.............	»	»	»	»	»	»	»	»	»	»	»	»	»	»	»	»	»	»	»	»	1	»	»	»	1
2 b.	Fou-tou-tong..........	»	»	»	»	»	»	»	»	»	1	»	»	»	»	»	1	»	»	»	»	»	»	»	4	»
3 a.	Tching-tcheou-ocy	1	»	»	»	1	»	»	»	»	»	»	»	»	»	»	»	»	»	»	»	»	»	»	»	»
3 b.	Tsong-kouan............	»	»	»	»	»	»	»	»	»	»	»	»	»	»	»	»	»	»	»	»	»	»	»	8	»
3 b.	Hie-ling..............	»	»	»	»	»	»	»	»	»	4	»	»	»	»	2	»	»	»	»	3	»	»	»	»	5
3 b.	Tsun-ling.............	»	»	»	»	»	»	»	»	»	»	»	»	»	»	»	»	»	»	»	»	»	»	»	8	»
4 a.	Fang-tcheou-ocy......	»	1	1	1	»	1	1	»	1	»	1	1	1	1	»	1	1	»	1	»	»	»	»	8	»
4 a.	Tso ling.............	»	»	»	»	»	»	»	»	16	»	»	1	»	»	8	»	»	»	»	40	»	»	62	20
5 a.	Fang-ocy.............	4	1	1	1	4	1	1	1	16	2	2	2	2	2	8	2	2	1	»	40	2	2	»	20
5 a.	Fou-tsang-ling.........	»	»	»	»	»	»	»	»	»	»	»	»	»	»	»	»	»	»	»	»	»	»	»	8	»
6 a.	Tsin-kiun-kia.........	»	»	»	»	»	»	»	»	»	»	»	»	»	»	»	»	»	»	»	»	»	»	»	8	»
6 a.	Hou-kiun-kiao.........	»	»	»	»	»	»	»	»	»	»	»	»	»	»	»	»	»	»	»	»	»	»	»	8	»
6 a.	Hiao-ki-kiao..........	4	1	1	1	4	1	1	1	16	1	2	2	4	1	8	2	2	2	2	4	10	2	1	8	20
	Pou-tao-kouan (police)..	»	»	»	»	»	»	»	»	»	»	»	»	»	»	»	»	»	»	»	»	»	»	»	8	»
	Chi-ouei.............	»	»	»	»	»	»	»	»	»	»	»	»	»	»	»	»	»	»	»	»	»	»	»	231	»
	Tsien-fong-yang (soldats).	»	»	»	»	»	»	»	»	120	»	»	»	»	»	40	»	»	»	»	40	»	»	232	300
	(actifs)..	»	»	»	»	»	»	»	»	100	»	»	»	»	»	»	»	»	»	»	»	»	»	2842	»
	Hou-kiun-yng.........	»	»	»	»	»	»	»	»	»	»	»	»	»	»	»	»	»	»	»	»	»	»	»	»	»
	Ling-tsoui...........	31	5	5	5	31	3	5	5	80	5	10	10	12	5	40	10	12	8	16	40	4	4	694	400
	Cavaliers............	469	45	45	45	460	45	45	45	820	45	90	90	178	45	720	90	138	92	181	600	96	36	3874	1700
	Pou-tao (police).........	»	»	»	»	»	»	»	»	100	»	»	»	»	»	»	»	»	»	»	160	»	»	90	»
	Fantassins..........	»	»	»	»	»	»	»	»	»	»	»	»	»	»	»	»	»	»	»	»	»	»	»	»
	Kiao (actifs).........	»	»	»	»	8	2	»	2	»	»	»	»	»	»	»	»	»	»	»	»	»	»	»	»
	Pie-lie-chi (actifs).....	»	»	»	»	1	»	»	»	»	»	»	»	»	»	»	»	»	»	»	»	»	»	»	»
	Ouvriers............	»	»	»	»	»	»	»	»	»	»	»	»	»	»	»	»	»	»	»	20	»	»	»	»
	Élèves..............	»	11	»	8	»	»	»	»	230	»	»	»	20	»	»	»	»	»	»	280	12	8	400	400
	Mousquetaires........	»	»	»	»	»	»	»	»	430	»	»	»	»	»	»	»	»	»	»	»	»	»	»	»
	Artilleurs............	»	»	»	»	»	»	»	»	180	»	»	»	»	»	»	»	»	»	»	»	»	»	»	»
		509	64	53	61	509	53	53	63	53	2413	54	105	105	217	54	827	105	155	103	207	1174	113	51	8482	2286

Ces 25 garnisons observent une étendue de pays déterminée par deux lignes ainsi tracées : la première, que nous appellerons ligne du nord, touche par une de ses extrémités à Kalgan [1] ou Tchang-kia-keou, dans la grande muraille [2], au nord-ouest de

[1] Le nom de *Kalgan* dérive du mot mongol *khalga*, qui veut dire porte ou barrière. Tchang-kia-keou signifie porte ou barrière de la famille de Tchang, la première qui s'est établie ici. Ce lieu appartient au district de *Sinan-houa-fou*, la rivière qui y passe s'appelle *Tsing-choui-ho*; elle a sa source en dehors de la grande muraille dans la montagne de Tsakhan-tolokhaï-dabahn, coule au sud, passe la grande muraille à Kalgoun et se jette dans le *Yang-ho*. Tchang-kia-keou est dans la muraille même. Le *phou* ou la forteresse du même nom est à 5 li plus au sud. Elle fut construite en 1429 et renouvelée au milieu du seizième siècle; on la garnit alors d'un fossé, et on y établit un faubourg commerçant, dans lequel on tenait des marchés à jour fixe.

[2] La grande muraille a été commencée l'an 303 avant l'ère chrétienne par le roi de Tchao, nommé Ou-ling. Il la fit construire dans le but de protéger son royaume contre les invasions des Yong-nou. Le temps vint l'empêcher d'achever son œuvre, et elle n'aboutissait qu'à Houang-ho quand il mourut. Un autre roi de Hie poursuivit ce travail, et la fit continuer jusqu'à la province du Chen-si; enfin, les rois des Tin la firent élever jusqu'à la première entrée du Houang-ho en Chine. Elle en était là lorsque Tsin-che-houang-ki, un des plus grands empereurs de la Chine, crut que sa gloire était intéressée à l'achèvement de cet ouvrage gigantesque, et chargea le général Mong-tien de diriger les travaux. Pendant dix ans, des millions d'ouvriers placés sous la surveillance de plusieurs corps de troupes furent employés pour terminer les constructions, et ce ne fut que sous Tchon-pa-houang (205 ans après J.-C.) que les travaux cessèrent. Malgré les siècles qui se sont écoulés depuis, elle a été faite avec tant d'habileté et de soin, que loin de tomber en ruine, elle ressemble à un rempart en pierres élevé par les mains de la nature pour défendre les provinces septentrionales de la Chine, le Pe-tchi-li, le Chan-si et le Chen-si contre les invasions des Mongols, qui n'ont pas encore perdu leur caractère belliqueux. — Deux murs parallèles composent la grande muraille, dont le haut est crénelé; l'intervalle est rempli de terre et de gravier. Les fondations consistent en grandes pierres brutes, le reste du mur est en briques; sa hauteur est

Péking, et par l'autre extrémité au point où la muraille finit sur le bord de la mer, à Chan-hai-kouan. La ligne du sud est plus irrégulièrement marquée, 1° par la rivière de Tsing-choui-ho qui passe la grande muraille à Kalgan; 2° par l'éperon sud de la grande muraille, qui est aussi passé par la rivière de Tsing-choui-ho; 3° à l'est par le Tsie-ho, principal affluent du Yang-ho. Cette rivière coule au sud-est, se réunit au San-kan-ho, et, après avoir traversé le grand canal à Tien-tsin, s'appelle Pé-ho ou rivière du Nord.

De toutes les villes de l'aile gauche, celle qui est le plus au midi est *Tsang-tcheou* [1], considérablement en avant des autres et située à une petite distance du Pé-ho [2], sur le bord oriental du grand canal [3]. *Tang-nan* est entre le *Yng-ting*, au-dessus de Tientsin, et le canal qui se trouve entre cette place et Péking. Pao-ti est située entre ce même canal et la rivière de San-kan-ho. Tsu-yu doit être contiguë à Péking, puisqu'elle est comprise dans le district de Ta-hing, sous la juridiction duquel est placée une partie de la cité extérieure. On peut dire alors que son aile

---

de 26 pieds et sa largeur de 14; des tours, dans lesquelles se trouvent quelques canons en fonte, s'élèvent à cent pas environ l'une de l'autre.

[1] Chef-lieu d'arrondissement dans le département de Tien-tsin; cinq portes; fossés extérieurs de 14 mètres 173 millimètres de largeur; on trouve beaucoup de sel gemme dans ses environs.

[2] Fleuve Blanc, on l'appelle aussi fleuve des mouvements du Nord.

[3] Le grand canal porte le nom de Yan-ko. Il a été creusé par les Youen ou Mongoux, qui, ayant établi leur capitale à Péking, voulurent y faire parvenir des provinces, par une voie sûre et tranquille, les grains et les autres provisions dont ils avaient besoin.

gauche couvre Péking au sud-est; son aile droite couvre de la même manière, au sud-est, Pao-ti (son chef-lieu), situé sur la rive gauche du Tai-ho, entre cette rivière et l'éperon de la grande muraille.

Du nord, à l'est et à l'ouest, la ville de Péking est couverte par six villes, dont la principale est Mi-yun [1], où se trouve un commandant. Mi-yun est sur une rivière qui passe la grande muraille, au nord de Kou-pe-kao, à la vieille passe du nord, et qui, après avoir laissé Mi-yun et Chun-y [2], dont la garnison est sous les ordres du commandant de la première de ces villes, va se jeter dans le canal près de Péking. A l'est est située San-ho [3], sur la rivière du même nom, et plus à l'est Yu-tien [4]. A l'ouest, en dedans de l'éperon est Tchang-ping-tcheou. Ici se trouve le commandement de Chan-haï, qui part de la mer, s'étend le long et en dedans de la muraille au passage de Hi-fong, et couvre la partie orientale. Kalgan observe aussi la muraille, et couvre les villes de l'ouest. Je-ho [5] (Jhé-hol), située à gauche

[1] Chef-lieu de canton, fossés extérieurs.

[2] Chef-lieu de canton, fossés de 12ᵐ600 de largeur creusés sous les murs.

[3] Chef-lieu de canton.

[4] Chef-lieu de canton.

[5] Je-ho ou Tching-te-fou, chef-lieu de département dans la Mongolie, à 420 li au nord-est de Péking. Ce département a de l'est à l'ouest 1,200 lieues, et du sud au nord 358, et avec les districts de Ping-siouan-tcheou et de Tchin-fong-hien, 860 li. C'est dans ce district que l'Empereur prend le divertissement de la chasse aux bêtes féroces. Il est habité par des Chinois, et comme les territoires mongols de Barin, d'Oniout, etc., qui l'environnent sont peuplés d'un grand nombre de Chinois marchands

comme un poste extérieur du nord, est couverte et appuyée par Kou-pe-kao. Ces garnisons sont chargées de défendre les principaux passages du territoire métropolitain. De cinq li en cinq li, des sen-

et cultivateurs, on a établi dans différents lieux des tribunaux dont les Chinois seuls dépendent. Ces pays étaient anciennement habités par les tribus des barbares Chan-jong et Tong-tsou; sous la dynastie des Yuan, ils appartenaient aux princes de Lou. En 1403, sous la dynastie des Ming, les tribunaux y existant furent transférés dans l'intérieur de la Chine, et le pays fut cédé aux Ounanghaï. Plus tard, il fut conquis par les Tsakai. Les tribus mongoles de Karatchin, de Naiman, d'Oniout, de Tonmet, d'Aokan, de Barin et l'aile gauche de Khalka, qui actuellement dépendent du département de Tching-te-fou, se soumirent au commencement du règne de la dynastie actuelle et furent divisées en bannières. En 1703, on bâtit un château impérial près des rives du Je-ho; en 1723, le département de Tching-te-fou fut établi; en 1748, cette ville reçut le nom de Fou ou du premier ordre, et fut mise sous la dépendance de la province de Tchi-li. Ce département a cinq districts qui sont sous sa juridiction. On compte dans ce pays 109,805 familles chinoises ou 558,396 âmes. Ces bannières occupent 17,791 khug de terrain, et les paysans 3,340. Le tribut levé sur les terres des bannières monte à 13,332 leangs en argent (111,100 francs), et sur celles des paysans à 6,669 leangs (55,686 francs). Parmi les châteaux impériaux au delà de la grande muraille, on distingue principalement celui de Je-ho, ou Jeh-eal, ou Chou-pi-chan-tchouang (villages dans les montagnes où l'on se retire dans le temps des chaleurs). Ce château a été construit, en 1703, pour servir de pied à terre pendant la saison de la chasse. Il est bâti sur le plan du palais de Péking, et son circuit est de 17 lieues environ. Il a trois portes au sud et une sur les trois autres côtés. Au delà de la porte orientale, on voit une longue digue qui commence au nord du fossé des Lions et se termine au sud, près d'une chaussée de sable : sa longueur est de 12 lieues, sa largeur de plus de 10 pieds; elle est pavée de sept rangs de pierres. A la gauche du château, il y a un lac; à sa droite s'élèvent des montagnes, ces dernières, appelées Li-chou-kou, Song-ling-kou, Tchin-tsou-kou et Si-kou, se dirigeant du nord à l'ouest. Elles entourent le château. Les eaux du lac coulent au sud du jardin Ya-chou-youen; elles sont claires et transparentes. La chaussée de sable qui les traverse forme l'île Fong-tcheou. Une cascade au nord du lac sort du mont Si-kou, se précipite sur le sommet du mont Yun-tien et forme ensuite le

tinelles sont placées dans des sortes de corps de garde qui s'élèvent comme des tours, près de cinq petites colonnes coniques en pierres, sur lesquelles le nombre des li est marqué; l'extérieur des guérites est enjolivé de peintures représentant des chevaux, des fusils, des arcs et des carquois avec des flèches. Ces guérites servent également de télégraphes : si la frontière septentrionale de la Chine se trouve menacée, on en transmet immédiatement la nouvelle à Péking.

Neuf petites garnisons chargées de garder les rades sont sous les ordres de deux officiers généraux visiteurs, désignés parmi les capitaines généraux des fou-tou-tong pour faire une tournée d'inspection une fois tous les trois ans. Leur commandement est in-

---

lac dont les bords sont garnis de beaux et grands arbres. Ce lac s'étend vers le sud-est; le château y est bien distribué; tout y est simple et analogue aux localités. Il est impossible d'en donner la description en peu de mots, dit le géographe chinois, car le but de la géographie est de donner un tableau général de l'empire (tun-kowski). Le chemin impérial de Péking à Je-ho a 418 lieues de longueur, et est entièrement réparé à neuf deux fois chaque année. Il suit le milieu de la grande route; il a 10 pieds de large, 1 pied de haut, et est fait avec un mélange de sable et de terre glaise si bien humecté et si bien battu, qu'il prend la solidité du ciment. La propreté de ce jardin impérial est extraordinaire : on le balaye continuellement, non-seulement pour ôter les feuilles d'arbres, mais le moindre brin de poussière, et il y a des deux côtés et à deux cents pas les uns des autres des réservoirs où l'on porte de loin, et souvent avec beaucoup de peine, l'eau qui sert à l'arroser. Peut-être n'y a-t-il pas dans le monde entier un chemin plus joli que celui-là, au moment où on l'a préparé pour le passage de l'Empereur. Quand il se rend en Mongolie, des gardes surveillent ce chemin, et personne ne peut y mettre le pied avant que l'Empereur y ait passé.   (HUTTNER).

dépendant; ils correspondent directement avec le ministère de la guerre.

Il nous reste très-peu de chose à dire sur les forces des bannières, car leur service dans les localités où elles tiennent garnison demande à peine quelques remarques. On doit cependant observer que le tou-tong de Tchang-kia-keou ou de Kalgan est en même temps tou-tong des nomades de Tchahar et autres tribus. Les nomades de Tchahar seuls semblent être organisés régulièrement comme un corps militaire, sur le modèle des corps métropolitains, dont ils représentent une classe de soldats. Ces soldats sont rangés sous huit bannières; une petite prépondérance existe en faveur des trois premières. Un fou-tou-tong commande en chef. Les autres officiers, à l'exception des tso-ling, sont dans une exacte proportion dans chaque bannière. Le Tching-chou-tchong-kao ne parle pas des troupes des autres tribus; c'est pour ce motif qu'elles sont exclues du tableau page 117. Leur effectif est de 23,094 hommes, administrés sous un tou-tong par des tso-ling, qui, en 1812, étaient au nombre de 57, savoir : 7 administrant les nomades [1] de Khartchin, 3 ceux d'Orat,

---

[1] Ces nomades sont Ya-mou, pâtres errants. Eux et les Ta-sang, tueurs d'oiseaux et d'animaux, ou preneurs de poissons, dont les peaux et la chair leur servent pour payer leur tribut, sont dispersés parmi les juridictions militaires de la Chine extraprovinciale, et sont administrés plus ou moins par les fonctionnaires militaires. Les tou-tong sont établis dans le Kirin et le Tsitschar, provinces de la Mantchourie, et à Ourang-hai.

1 ceux de Soumnit et d'Isouth; 4 ceux de Mao-Ni-nigen, 3 ceux de Kalkas, 15 ceux de Bargou, 18 les anciens Eleuths, et 6 les nouveaux Eleuths ou Elouth, soumis depuis 1754. Tous sont distingués comme appartenant à la contrée de Tchakar ou Tsakhar[1]. Il existe aussi dans le Tchakar un grand établissement quasi militaire servant à l'élève de bœufs et de moutons. Le premier de ces établissements possède 40 troupeaux de bœufs montant à 12,000 têtes, et 140 troupeaux contenant 154,000 moutons, sous la direction de 1 tsong-kouan, 1 siao-tsong-kouan, 2 fou-tsong-kouan, 6 hie-ling, 12 ouei-chou-hie-ling, 28 hiao-ki-kiao, 154 hou-kiun-kiao, 180 mou-tchang, 180 mou-fou avec 24 pie-tie-chi officiers, 313 hou-kiun et 1,080 mou-tong ou pâtres. A Chang-ton sont élevés 300 chameaux, 500 étalons et 500 hongres. Les officiers sont 1 tsong-kouan, 5 y-tching, 1 siao-tsong-kouan, 3 fang-yu, 2 hiao-ki-kiao, 12 hou-kiun-kiao, 288 mou-tchang, 200 mou-fou; les hommes sont 340 hou-kiun et 1,455 mou-ting.

La garnison de Je-ho (ruisseau chaud), placée sous les ordres d'un tou-tong, fournit un poste secondaire à Kara-ho-tun. Les établissements de chasse à Moulan sont aussi sous le commandement de ce tou-tong, qui est chargé en même temps de la surin-

---

[1] Les Mantchoux ont établi en Mongolie, près de la grande muraille et sur le pays des Tsakhar, de vastes pâturages, sous la direction d'officiers qui ont également l'inspection des haras.

tendance des nomades de Pa-kao, Ta-tsée-kao, San-
tso-ta et Hurun-hota; ses rapports ne sont pas
adressés au ministre de la guerre, mais au bureau
des colonies, qui a pour diriger cette administration 1 tsong-kouan, 1 fou-kouan (a.), 1 tsan-ling,
2 tso-ling et 2 hiao-ki-kiao. Les Elouth de Tashtava, rangés sous une bannière jaune à bordure,
sous la direction de 2 tso-ling, dépendent aussi du
tou-tong de Je-ho. Le tsong-kouan des pâturages de
Tali-kangai, où sont élevés 500 chevaux et 300 chameaux, lui est également subordonné. Il a sous ses
ordres 4 y-tchang, 1 siao-tsong-kouan, 1 fang-oey,
128 mou-tchang, 128 mou-fou, 100 soldats hou-
kiun et 954 mou-ting. Les rangs de ces officiers
sont les mêmes que ceux des corps mentionnés ci-
dessus. Les mou-tchang et les mou-fou sont du neuvième rang.

Ling-tsin.

6 Tsong-kouan.

12 Y-tchang.

220 Fang-oey.

21 Ling-tsing-kiao.

998 Sous-officiers et soldats.

La garde des mausolées impériaux [1] forme la
neuvième et dernière division du Tchi-li; elle est
sous le commandement supérieur du tchong-ping des
troupes du drapeau vert, à Moulan, qui, avec le titre
de tsong-kouan, réunit des fonctions civiles très-éle-
vées se rapportant à la garde des mausolées. Il relève
pour cela de la cour du nui-vou-fou ou intendance
de la cour.

Les mausolées gardés par les troupes sont : à l'est,
Hiao-ling, contenant les restes de Chin-tchi; Hiao-
tong-ling, ceux de sa veuve; Tchao-si-ling, ceux de
sa mère; King-ling, ceux de Kang-hi, qui lui suc-
céda, et de plusieurs des concubines de ce souverain; enfin Hu-ling, contenant les restes de l'empereur Kien-long, de son héritier présomptif et de ses
concubines.

A l'ouest sont : Tai-ling, où reposent Yang-tching
et ses concubines; Tai-tong-ling, où repose sa
veuve; Tchang-ling, où sont les restes de Kia-king;
Chan-tong, tombeau de sa veuve et de l'impératrice

---

[1] Les mausolées impériaux dépendent d'une direction du ministère des
travaux publics (kong-pou) et nommée Tun-tien-thsing-li-ssé; elle a dans
ses attributions tout ce qui concerne la construction et l'entretien des
sépultures impériales, qui sont en Chine, comme dans les anciennes
monarchies de l'Orient, d'une grande magnificence. Les sépultures de la
dynastie régnante sont à Moukden ou Ching-king.

Les sépultures, en Chine, ne sont pas comme en Europe, entassées
pêle-mêle, comme si le champ de la mort devait enlever le moins d'air
et d'espace possible aux vivants. Elles sont disséminées dans de vastes
enclos en forme de parc, et entourées de solitude et d'ombre. Les tombeaux sont en forme de dôme.

mère, qui est décédée en janvier 1850, et enfin Mou-ling, où repose Tao-kouang. On voit aussi à côté le tombeau de la jeune femme de l'Empereur actuel, morte peu de temps avant son avénement au trône, et près de laquelle il reposera sans doute.

Il y a ainsi en tout dix-sept tombeaux; à chacun des principaux, par exemple à ceux des empereurs, qui sont au nombre de six, sont attachés 1 tsong-kouan [1] (3 a.), 2 y-tchang (4 a.) et 16 fang-yu; à ceux des impératrices et aux autres, 24 fang-oey. Dix tombeaux sont gardés par 4 ou 8 ling-tsoui et par un nombre d'hommes variant de 40 à 150. Les officiers de cette garde, énumérés ci-dessus et portés dans le tableau page 117, doivent être distingués des fonctionnaires militaires détachés pour ce service par le nui-vou-fou ou intendance de la cour, et qui sont au nombre de 17 du cinquième rang et de 17 du septième, compris sous différentes dénominations. L'intendance de la cour nomme aussi 30 employés civils du cinquième rang, 20 du sixième et 9 du septième, chargés des sacrifices, provisions, payements, comptes, etc.

---

[1] Les tsong-kouan attachés aux mausolées sont choisis parmi les sous-secrétaires du ministère de la guerre et les tsan-ling de Péking. Les y-tchang sont pris parmi les fang-oey qui peuvent fournir des preuves que leur famille a occupé cette charge pendant deux générations ou quatre-vingts ans au moins.

Garnisons des provinces.

Nous allons parler maintenant des troupes des
bannières en station dans les villes de garnison des
provinces de la Chine proprement dite. Elles sont
distribuées ainsi que l'indique le tableau ci-joint, et
nous avons très-peu de détails à ajouter aux informations qu'il contient.

Tableau synoptique de la répartition des troupes des bannières dans les provinces où elles tiennent garnison.

RANGS	DÉNOMINATION	Soui-yuen-tching-ja-wei	Soui-yuen-tching-fa-wei	Keou-keou-tching	Tai-yuen-fou	Tsing-tcheou-fou	Tong-tcheou	Kai-fong-fou	Kiang-nan kiang-ning-fou	King-keou	Hang-tcheou-fou	Tcha-pou (married)	Fou-tcheou-fou	Foo-tchoou (married)	Kouang-tcheou-fou	Kouang-tcheou (married)	Tchang-tou-peu	King-tcheou-fou	Si-ngan-fou	Ning-hia-fou	Liang-tcheou-fou	Tchoang-liang-ling	Ourum-tsi	Bari-kouun	Kou-tching	Tourfan
1 b.	Tsiang-kiun	1	»	»	»	»	»	»	1	»	1	»	1	»	1	»	1	1	1	1	»	»	»	»	»	»
1 b.	Tou-tong	»	»	»	»	»	»	»	»	»	»	»	»	»	»	»	»	»	»	1	»	»	1	»	»	»
2 a.	Fou-tou-tong	»	»	1	»	1	»	»	»	»	1	»	1	»	»	1	2	2	1	1	»	.	1	»	»	»
3 a.	Tching-icheou-oey	»	1	»	1	»	1	1	1	»	1	»	»	»	»	»	»	»	»	1	»	»	»	»	»	»
3 a.	Tsan-ling	»	»	10	»	»	»	»	»	»	»	»	»	»	»	5	»	»	»	»	»	»	»	»	»	»
3 a.	Hie-ling	5	»	»	»	4	»	»	5	2	9	5	8	1	8	»	5	10	5	5	-2	»	6	2	2	2
4 a.	Tso-ling	20	40	49	»	16	»	40	40	16	32	»	16	»	16	»	24	56	40	24	10	5	24	8	8	4
5 a.	Fang-oey	20	4	»	4	16	4	10	40	16	20	8	8	2	32	2	24	55	40	26	10	5	24	8	8	4
6 a.	Hiao-ki-kiao	20	4	49	4	16	4	10	40	16	32	16	16	6	32	6	24	56	40	24	10	5	24	8	8	4
	Troupes.																									
	Caporaux	80	8	360	40	64	34	80	240	96	176	74	160	30	210	30	144	336	240	128	60	30	120	40	40	24
	Tsien-fong-yng (soldats)	200	20	200	»	200	»	»	440	56	200	»	200	»	150	»	160	200	400	200	60	30	»	»	32	32
	Tsien-fong-kiao (actifs)	»	»	»	»	100	»	»	»	»	»	»	16	»	»	»	»	»	»	»	»	»	24	8	8	4
	Tsien-fong (actifs)	»	»	»	»	»	»	»	»	»	»	»	184	»	»	»	»	»	»	»	»	»	102	28	»	»
	Siao-ki (actifs)	»	»	»	»	»	»	»	»	»	»	»	»	»	»	»	»	»	»	»	»	»	24	4	»	4
	Cavaliers	1720	292	4440	520	1196	466	720	2179	985	1224	1226	1200	»	1910	»	1296	3464	4360	1872	1150	620	2304	768	768	384
	Fantassins	700	»	»	40	320	50	100	472	228	322	»	400	»	460	»	400	700	500	584	130	70	336	444	444	56
	Élèves	600	80	»	80	100	»	»	1030	250	128	100	160	»	400	»	288	720	740	600	130	73	280	600	60	48
	do sans ration	»	»	»	»	»	»	»	»	»	»	»	»	»	1111	»	»	»	124	»	»	»	»	»	»	»
	Canonniers	»	»	»	»	»	»	»	61	29	»	»	»	»	24	»	48	80	400	46	20	40	48	16	16	8
	Ouvriers	»	»	»	4	46	4	20	120	48	96	48	40	»	26	101	96	168	120	72	30	15	48	16	16	8
	Soldats de marine	»	»	»	»	»	»	»	»	»	»	30	»	473	»	470	»	»	»	»	»	»	»	»	»	»
	Surnuméraires	»	»	»	»	»	»	»	»	»	»	100	»	»	»	240	960	»	»	»	»	»	»	»	»	»
	Clercs	»	»	»	»	»	»	»	»	»	»	»	1	4	»	»	»	»	»	»	»	»	»	»	»	»
	Instructeurs (marine)	»	»	»	»	»	»	»	»	»	»	»	12	»	»	»	»	»	»	»	»	»	»	»	»	»
		3366	409	5106	693	2049	563	951	4792	1743	2241	1828	2240	525	4356	613	2751	6808	6711	3553	1613	866	3456	1441	1110	582

Dans le Chan-si, le tsiang-kiun ou commandant en chef des troupes de cette province ne réside pas au chef-lieu, à Taï-yuen, mais à Soui-yuen. Cette ville a sous sa dépendance, à droite, Yu-wei, fort ou campement dont ne parle pas le Tai-tsin-hoei-tien, et à cinq lieues au nord-ouest Kouei-houa, centre d'une sous-préfecture dont le commandant militaire est un fou-tou-tong, qui, suivant le Tai-tsin-hoei-tien (1812), a autorité sur les nomades soumis de la tribu de Toumet. Ces nomades émigrèrent de la Mongolie intérieure sous le règne de Kien-long et se divisèrent en 2 ailes, chacune sous 5 tsan-ling, avec 25 tso-ling et 24 hiao-ki-kiao pour l'aile gauche, et 24 tso-ling et 24 hiao-ki-kiao pour l'aile droite.

La garnison de Soui-yuen détache 1 tso-ling et 1 hiao-ki-kiao avec 50 hommes à Oulia-sou-tai [1] et à Kobdo, qui sont en outre gardées par 240 hommes des troupes du drapeau vert de Suen-houa et de Ta-tong, sous le commandement du ting-pien-tsou-fou-tsiang-kiun, de Kourem, général chargé de surveiller le commerce à Kiaktha et la correspondance jusqu'aux dernières frontières de la Russie.

Dans le Chan-tong, les troupes des bannières occupent deux garnisons : Tsiang-tcheou et Tèng-tcheou, à six cents ly l'une de l'autre. Les garnisons de Kiang-ning-fou (Nankin) et de Kian-keou, dans le Kiang-sou, ne sont séparées que par une rivière.

[1] Cette ville est située au sud des monts Altaï, à l'est de la Selenga.

Dans le Tché-kiang on trouve la station navale de Tcha-pou, la plus forte des stations navales de l'empire qui soit formée par les troupes des bannières. Cependant il existe cinquante autres stations de ce rang, inscrites comme choui-cheou-ping, ou stations de soldats de marine, et dont le plus grand nombre est classé parmi les garnisons de terre. A Fou-tcheou est le quartier général des forces de terre et de mer ; les dernières sont toutes composées de han-kiun, à l'exception de quelques ling-tsoui ; le tsiang-kiun de Fou-tcheou est un peu plus payé que les autres tsiang-kiun qui résident dans la Chine proprement dite. A Canton les forces de terre sont composées, la moitié au moins, de han-kiun, et cent hommes des troupes de la marine sont portés sur les contrôles comme fou-kong-ping, soldats ouvriers. Les tsiang-kiun de Fou-tcheou et de Kouang-tcheou partagent leur commandement avec les ti-tou sur les troupes du lou-yng (drapeau vert). Dans le Sse-tchuen, le tsiang-kiun a sous ses ordres une division entière de lou-yng, en même temps que les troupes des bannières. Dans le Hou-pe les troupes des bannières fournissent une garnison à King-tcheou, située à huit cents ly de Wou-tchang-fou, chef-lieu de la province, ou un corps assez important est à Singan, chef-lieu du Chan-si ; mais le plus grand nombre d'hommes des bannières que nous trouvons dans une circonscription sont réunis dans la province adjacente de Kan-sou, dont la vaste étendue est observée

9.

par une armée de onze mille combattants. Le tsiang-kiun de cette armée est à Ning-hia. Le commandant de Tchouang-liang est placé, d'après le Tchong-tchou-tching-kao, sous les ordres de ce général. Nous avons pensé qu'il valait mieux le regarder comme commandant particulier du Kang-sou oriental. Dans le Kang-sou occidental, le général en chef est un tou-tong, stationné à Ourum-tsi ou Ti-houa-tcheou, il a une part d'autorité sur les soldats des *lou-yng* placés sous les ordres du ti-tou de l'Ourum-tsi ou Kan-sou occidental. Le même fait se reproduit pour le tsiang-kiun commandant à Fou-tcheou et à Canton. Ourum-tsi[1] est le poste des frontières le plus à l'ouest dans la Chine proprement dite qui soit occupé par les troupes des bannières. A l'est et à une petite distance est située Kou-tching, l'ancienne ville autrement connue sous le nom de Fou-yuen-tching. Elle est au nord des Tenghkir ou monts Célestes, et

---

[1] Ourum-tsi est bâtie au pied du promontoire du mont Rouge. Le terrain y est partout fertile et l'eau excellente; les pâturages y sont gras. C'est depuis 1765 que le tou-tong réside dans cette place. A 8 ly de l'ancienne ville on en a construit une nouvelle nommée *Kong-kou*; elle est sur huit collines et a plus de 10 ly de circonférence; les rues d'Ourum-tsi où se fait le commerce sont larges et très-fréquentées. Il y a un grand nombre de maisons où l'on boit le thé; il y a aussi des cabarets, des chanteurs ambulants, des comédiens et une foule d'ouvriers et d'artisans de différents genres. En 1775, l'empereur Kien-long éleva Ourum-tsi au rang d'arrondissement et lui donna le nom de Ti-houa-tcheou. Il y a un gymnase, deux temples, une école pour la ville et une pour le district. Ourum-tsi est entourée à l'ouest par une chaîne de monts sablonneux, très-riche en houille; au sud s'élève le mont Bogdoola.

court comme eux dans la direction de l'est. Dans
la contrée qui s'étend au sud des Tenghkir, entre ces
monts et le désert, se trouve Tourfan, sur les limites
de la préfecture de Tchin-si-fou, ou Barkoul[1]. Au sud
de cette ville est Pali-kouan, ou *Houi-ming-tching*. A
Tourfan[2] et à Hani, limites du Barkoul, sont les tribus
mahométanes dont nous parlerons tout à l'heure.

Garnisons de l'Ili et du Turkestan.

Les garnisons d'Ourum-tsi, de Kou-tching et de
Pali-kouan, aussi bien que les lou-yng du Kan-sou
occidental, envoient de forts détachements dans le
gouvernement de l'Ili[3]; leur force est indiquée par le
tableau ci-joint :

[1] Cette ville est située à 300 ly au nord-ouest de Khamil ou Han-si;
son territoire est borné, au sud par le territoire de cette ville, au nord
par celui de Khalka, et à l'ouest par celui d'Ourum-tsi. La population de
Barkoul est assez considérable; le climat est froid; il neige quelquefois
abondamment au mois de juin : alors on est obligé de se vêtir de pe-
lisses; cependant depuis quelques années on y a semé avec succès du
froment, de l'orge, etc.

[2] Est une des principales villes du Turkestan; elle est administrée
par un prince de Khodjo qui possède six autres villes.

[3] Ili était jadis la résidence des khans des Dzounghar. En 1754,
Amour-khan (dernier khan des Elouth) s'étant brouillé avec Davathi, se
rendit avec sa tribu à Kou-kou-koto; où il se soumit à la domination chinoise. L'empereur Kien-long lui donna l'ordre de marcher contre Da-
vatsi; celui-ci fut battu et son pays conquis. Quelques années après,
les Elouth s'étant révoltés à plusieurs reprises, un million de Dzounghar
perdirent la vie dans ces troubles et leur pays fut ravagé. L'Empereur
commanda au général en chef de s'établir avec les troupes mantchoues
et chinoises à Ili, et de surveiller les deux lignes militaires qu'on

Tableau synoptique de la répartition des troupes des bannières dans les garnisons de l'Ili.

RANGS.	DÉNOMINATION.	Houi-yuen.	Houi-ning.	CANTONNEMENTS DES NOMADES.			
				Tribu des Solon.	Tribu des Sibe.	Tribu de Tchakar sous 8 bannières.	Tribu des Elouth.
1 *b.*	Tsiang-kiun.............	1	»	»	»	»	»
3 *a.*	Tsong-kouan............	»	»	1	1	1	1
3 *a.*	Hie-ling	8	4	»	»	»	»
4 *a.*	Tso-ling..............	40	16	8	8	8	20
5 *a.*	Fang-oei	40	16	»	»	»	»
5 *a.*	Hiao-ki-kiao	40	16	8	8	16	20
	Caporaux.............	160	80	80	32	32	64
	Tsien-fong-yng (*soldats*)...	232	»	40	»	»	»
	d° (*actifs*)....	»	128	»	»	»	»
	Tsien-fong-kiao (*actifs*)....	»	16	»	»	»	»
	Hiao-ki-kiao............	88	16	»	»	»	»
	Cavaliers à cotte de mailles	2800	1456	968	968	1736	3306
	Fantassins................	600	320	»	»	»	»
	Artilleurs	40	16	»	»	»	»
	Mousquetaires.............	400	200	»	»	»	»
	Ouvriers.................	80	48	»	»	»	»
	Élèves...................	240	64	»	»	»	»
		4769	2296	1105	1017	1793	3411

Ces troupes occupent le circuit nord de l'Ili et sont stationnées dans la ville principale, Houi-yuen, et

avait établies dans les pays occidentaux, savoir : la septentrionale ou le gouvernement d'Ili ; et la méridionale ou la petite Boukharie. La ville construite sur les bords de l'Ili a plus de 8 ly de circuit, mais Kien-long lui a donné le titre honorifique chinois de Hoei-yuen. Le général en chef y réside; cette ville est très-commerçante; à 15 ly à l'est d'Ili s'élèvent les monts Khongor qui abondent en houille et en fer; une grande vallée qui borde Ili au sud est gardée par huit postes militaires composés de 968 soldats Sibe avec leurs familles. Le gouvernement d'Ili est vaste et coupé d'un grand nombre de routes qui traversent les montagnes. Il est borné au nord-ouest par les pays étrangers, au nord par le Tarbakataï, au sud par la petite Boukharie, et à l'est par l'Ou-rum-tsi.

dans ses environs. Elles ne fournissent qu'un seul détachement de mille trois cents hommes, sous un hie-ling, à la province éloignée de Tarbakataï[1], dans laquelle se trouvent aussi mille tou-ting, colons chargés de la culture de ces vastes pays, et provenant des lou-yng de Ning-hia-kan-tcheou et de San-tcheou dans le Kan-sou.

Dans le Nan-lou, ou circuit sud, les huit villes mahométanes[2] (Turkestan) sont occupées par les

[1] Le Tarbakataï est nommé par les habitants indigènes Tachtara. Ce pays était soumis aux Eleuth. On l'appelait aussi Yar et Tchou-koutchou; c'était là qu'Amoursana avait son camp. Vaincu en 1755 par les Dzouchar, il s'enfuit vers le nord et ces lieux restèrent déserts. Plus tard les Chinois s'en emparèrent après avoir fait la conquête d'Ili. Ce pays est assez grand. On compte au sud jusqu'à Ili dix-huit relais; sept journées au nord jusqu'à la frontière des Khassak; trois journées ou environ 500 ly vers le nord jusqu'à la frontière russe, où les postes des deux confins sont vis-à-vis les uns des autres. On avait établi le chef-lieu de la frontière au nord-ouest, mais la température y était trop froide. En hiver la neige s'y élevait jusqu'à dix pieds. En été il y avait beaucoup de serpents venimeux et surtout une immense quantité de moucherons; c'est pourquoi le siége du gouvernement fut transporté à Tchou-koutchou, dont le nom fut changé par l'Empereur en celui de Tarbakataï. On y bâtit une ville avec des remparts en terre et on y établit une garnison d'un commandant, 1,000 soldats chinois et 1,303 des bannières. Les Chinois y restent constamment en garnison; ils sont tenus de cultiver la terre pour se procurer le blé qui leur est nécessaire. Ce pays est riche en oiseaux, poissons et bêtes sauvages de différentes espèces.

[2] Il semble que les Turcs dans les temps les plus reculés ont habité au nord des provinces chinoises de Chan-si et de Chen-si, c'est-à-dire des pays limitrophes de la chaîne des monts In-chan; l'histoire de la Chine les nomme Hiong-nou. Une de ces hordes nomades habitait près d'un mont qui ressemblait à un casque, appelé dans leur langue thou-kin. Toute la nation adopta cette dénomination. Dans la moitié du huitième siècle, l'empire du Thou-kin fut détruit par une autre peuplade turque qui descendait également des Hiong-nou; elle était venue des pays situés au sud de Barkal et arrosés par la Salenga ainsi que les rivières qui

troupes des bannières et par les lou-yng dans la proportion suivante : Kahsgar reçoit d'Ourum-tsi 331 hommes des bannières, sous un hie-ling, et 626 lou-yng, de la division de Yen-soui, sous un tong-ping. Andzi-djan[1], ou Yen-gi-hissar, reçoit 80 hommes des bannières, de la même division, sous un fang-oey, et 196 lou-yng, de Ho-tcheou et Liang-tcheou, sous un yeou-ki. Cette ville est sous la juridiction de Kahsgar[2]. A Yarkand[3], la garnison est

forment le fleuve Amour. Cette peuplade se nomma Hoci-he ou Hoei-hou; elle domina pendant cent ans sur les Turcs de l'Altan; elle fut en partie exterminée et en partie chassée par les Chinois, et le reste fut obligé de quitter les contrées au nord de la Chine. Une partie des Hoei-hou se retira plus à l'ouest et s'empara du pays connu sous le nom de Tenigor qui renferme dans ses limites tout ce qui est au nord du Kou-kou-noor ou lac Bleu, et des montagnes Neigeuses, et au nord-ouest de la province chinoise de Chen-si jusqu'au delà de Harin. Enfin, en 1257, les Hoei-hou furent subjugués par les Mongols; le reste se retira encore plus loin vers l'ouest et s'établit dans les villes situées au midi de la chaîne des montagnes Célestes. Elle y fonda avec les Ougours, qui avaient la même langue et la même origine, le peuple qui habite encore habituellement ces lieux. Les habitants de ce pays sont musulmans.

[1] Est une des principales villes du Turkestan. Ses habitants ne laissent pas croître leurs cheveux et ne mangent point de porc. Ils portent des armek ou robes courtes et des bonnets de forme carrée. Ils ont une vocation décidée pour le commerce. Ils bravent le froid de l'hiver et tous les obstacles qui s'opposent à leurs entreprises.

[2] Cette ville, une des plus considérables du Turkestan, est éloignée de mille ly d'Aksou. Son territoire forme l'extrême frontière de l'empire chinois, vers le sud-ouest; il touche au nord à la chaîne des montagnes Neigeuses, au delà desquelles le pays n'est pas soumis aux Mantchoux. La ville de Kahsgar est bâtie près d'une citadelle et très-peuplée.

[3] Cette ville est située sur l'Yarkand-Daria. Son territoire touche vers l'est à Ou-chi, vers l'ouest à Badakhan, vers le sud à Khoten et vers le nord à Kahsgar. C'est une des villes les plus commerçantes du Tur-kestan. Le bazar, dont la longueur est de 10 ly, est aux jours de mar-ché rempli d'hommes et de marchandises. A 330 ly d'Yarkand se

composée de 212 hommes des bannières sous 2 tso-
ling, détachés d'Ourum-tsi et de 655 lou-yng sous un
fou-tsiang de Hou-yuen et de Liang-tcheou. A Aksou
il y a 65 hommes des bannières et 1 tso-ling, ainsi
que 400 lou-yng, sous un tsan-tsing, tous deux détachés de Kou-tching et Houa-ming-tching. A Ou-
chi[1] sont détachés des mêmes places, 1 tso-ling et
140 hommes avec 650 lou-yng sous un tou-ssée,
venant de Kou-yuen, de Kan-tcheou, de Liang-tcheou,
de Sou-tcheou et de Ning-hia. Il n'y a pas de troupes
des bannières à Kho-tou, à Kou-tche[2], ou à Kharasar, mais la première de ces villes est gardée par
232 Chinois de Liang-tcheou; la deuxième par 302
Chinois des divisions du Kan-sou et du Chan-si, et la
troisième par 293 Chinois de la division Yen-sou. Un
tou-ssée commande à Khoten et à Kou-tché; un tsan-
tsiang à Kharasar. Il y a en outre à Ou-chi 247, à
Kou-tché 302 colons provenant des divisions qui
fournissent leur garnison.

Le tsiang-kiun de l'Ili est le gouverneur militaire le
plus payé de l'armée chinoise. Il a une haute autorité
extraprovinciale sur les nomades de l'Ili, du Tarba-

trouve le mont Merdjai, formé en entier d'une magnifique pierre nommée jade oriental. On en trouve aussi dans la rivière qui coule dans ses
murs.

[1] Cette ville est à 1,000 ly au nord-ouest de Kout-ché. Une grande
rivière baigne sa partie septentrionale. Le territoire d'Ou-chi s'étend vers
le nord jusqu'aux glaciers.

[2] Cette ville est peuplée de plus de mille familles, elle est regardée
comme la clef du Turkestan. Près de Kout-ché sont les montagnes où
l'on recueille le sel ammoniac.

katai, sur les tribus mahométanes qui habitent au nord
de la première de ces provinces, autrement connus
comme Chinois-Turkestans, et sur les vieux Tour-
gout et Hoschoit des cinq circuits. Les Sibé, les So-
lon-tagouri, les Tchahar et les Elouth de l'Ili sont
en partie organisés en bataillons, comme l'indique
le tableau, et portent des armes. Chacune de ces
tribus est sous un ling-tsoui, subordonné au tsiang-
kiun. Les Elouth sont formés en six compagnies de
tso-ling des trois bannières supérieures, dix des cinq
inférieures et quatre de lamas du Chapi-nor. A Tarbakatai, sous le tsan-tsang, se trouvent une compagnie de Tcha-har et une de Hassack; les six compagnies d'Elouth, sous les ordres d'un tsong-kouan (3 *a*)
et d'un fou-kouan, sont en même temps commandées
par deux ling-toui, ministres, sous la direction des
tsan-tsang. Les mahométans des huit cités dans le circuit sud sont administrés par plusieurs ministres dont
la résidence est fixée ainsi qu'il suit : à Khoten et à
Yarkand par un *pao-chi* et un pang-pan; à Aksou [1], à
Kou-tché et à Kharachar [2] un *pao-chi;* à Ou-chi un
hie-pan, et enfin à Yen-gi-hissar un ling-tou; tous ces
ministres sont sous les ordres du tsan-tsang d'Yarkand.

Quelques-unes de ces villes fournissent des garni-

---

[1] Cette ville dépend de la juridiction d'Ou-chi. Le nombre des maisons
est de six mille. Il y a une douane.

[2] Cette ville, à 870 ly de Tourfan, est habitée par des Turkestans et
des Kalmuks-Torgouths.

sons secondaires, ainsi : Kahsgar à Yen-gi-hissar; Aksou à Sairun et à Bai, Koten à Ili-tchi, à Harach et à
Kehlia; Kou-tché à Sayar, à Kharachar, à Pou-kour
et à Hourla. Il y a différents petits établissements
militaires qui dépendent de ces garnisons; par
exemple : 16 de Kahsgar, 16 d'Yarkand, 12 d'Aksou, et 8 de Khota. Ils sont tous administrés sous
la direction générale des tsiang-kiun et des officiers énumérés ci-dessus par leurs beys, auxquels on
a donné des rangs civils comme aux principaux
mandarins de la Chine; les ministres résidents présentent les candidats, et l'Empereur les nomme lui-
même.

Les anciens Tourgouth et les Hoshoit sont des Mongols de deux des dix tribus qui ne sont pas comprises
dans les quatre *khanats* du territoire connu en géographie sous le nom de Mongolie extérieure. Ils sont
divisés en circuits du nord, du sud, de l'est, de
l'ouest et du centre. Le circuit du sud contient 4 bannières de Tourgouth sous 54 tso-ling. Leur pays est
situé près de la rivière de Tchou-ritouze, au sud des
monts Célestes et à l'est de Kharachar. Le circuit du
centre, composé de 3 bannières des anciens Hoschoit
sous 21 tso-ling est à l'ouest du circuit nord. Les
3 autres ne sont formés que de Tourgouth et sont
tous au nord des monts Célestes. Le circuit du nord,
formé de 3 bannières sous 14 tso-ling, paraît s'étendre
dans le sud de la province de Tarbagatai; ces Tourgouth sont appelés Hopoksiloh; le circuit de l'est

comprend les Tsir-ho-lang, partagés en 2 bannières sous 7 tso-ling, et les plantations de *Kourkara-ou-sou;* le circuit de l'ouest, comprenant une bannière de Tourgouth sur le bord oriental de la rivière de Tsing sous 4 tso-ling, descend jusqu'au dessous de Chan-hai au cantonnement de Hui-yuen. Les officiers de ces circuits sont d'une noblesse indigène; ainsi dans le sud sont un khan (tcho-li-ke-tou), un bey-tse, un fou-kou-kong et un tai-ki du 1er rang; dans le centre un bey-tse et un tai-ki (1 *a*); dans celui du nord un dzassack tsin-wang, un fou-koao-kong et un tai-ki (1 *a*); dans l'est un kiun-ouang et un bey-tse, et dans l'ouest un bey-le.

Garnisons de la Mantchourie.

Nous avons encore moins de détails à donner sur la Mantchourie que sur l'Ili. Le tableau suivant fera connaître la constitution et la distribution de l'armée dans ces provinces.

RANGS	DÉNOMINATION.	CHING-KING-FOU.														KI-RIN.								SAGHALIEN.					
		Ching-king-fou.	Hong-ro-tchïng.	Kin-tcheou-fou.	Hing-ling tching.	Khaï-yuen.	Lieou-yang.	Fou-tcheou.	Kin-tcheou.	I-tcheou.	Fong-hoang-ling.	Tchsou-fou.	Nie-tchouang.	Kaï-tcheou.	Koang-ning-tching.	Ki-rin.	Tsoang-ouïa.	Ning-outa.	Honan-tcheou-tching.	Po-tou-né.	San-sïng.	Aïe-tchou-con.	La-rin.	Saghalien.	Merghen.	Pou-tchar.	Tsi-tchar.	Hourron-pir.	Hac-lan.
	Tsiang-kiun...............	1	»	»	»	»	»	»	»	»	»	»	»	»	»	1	»	»	»	»	»	»	»	1	»	»	1	»	»
	Tou-tong.................	»	»	»	»	»	»	»	»	»	»	»	»	»	»	1	»	»	1	»	1	1	»	1	1	»	1	»	1
	Fou-lou-tong.............	1	»	1	»	1	1	1	1	1	1	1	1	»	»	»	»	1	»	1	1	»	4	4	»	8	»	»
	Tching-tcheou-oey........	11	4	4	1	»	»	»	»	»	»	4	4	»	4	2	1	1	2	4	»	4	4	»	8	»	»
	Hie-ling.................	»	»	»	»	»	»	»	»	4	»	4	48	11	12	3	12	15	7	6	26	17	»	40	»	8
	Fang-cheou-oey...........	66	4	20	»	2	1	1	4	47	4	4	»	4	21	11	12	2	8	8	8	7	8	8	»	8
	Tso-ling.................	40	7	5	4	11	7	7	7	5	8	8	3	4	48	43	12	3	12	15	6	7	26	47	»	40	»	8
	Fang-oey.................	66	9	20	4	9	8	9	12	15	9	8	6	4	10													
	Hiao-ki-kiao.............																											
	Troupes.																											
	Soldats de la division Tsien-fong-yng....................	200	75	186	95	88	54	62	77	115	67	54	40	40	116	317	70	72	27	72	90	36	52	140	68	184	160	210	32
	De cavalerie.............	539	»	»	»	»	»	»	»	»	»	»	»	»	»	80	40	»	40	40	8	8	40	40	»	80	26	»
	D'infanterie.............	132	»	»	»	»	»	»	»	»	»	»	»	»	»	»	»	»	»	»	»	»	»	»	»	»	»	»
	Premiers soldats détachés sur les terres de la Couronne....	»	»	7	10	2	»	»	10	»	»	»	3	40	28	4	»	4	»	»	»	»	»	28	»	»
	Id. comme courriers.......	»	»	»	»	»	»	»	»	»	»	»	»	»	3	»	»	»	»	»	»	»	»	»	3	»	5
	Id. détachés dans les magasins..	»	»	»	»	»	»	»	»	8	»	»	»	»	»	»	»	»	»	4	4	»	3	»	»
	Id. pour la perception des impôts.	4568	877	1375	650	1005	395	524	631	1026	618	493	337	845	1121	3244	1030	1288	423	888	1390	362	482	1209	768	1800	1933	2266	452
	Cavaliers à la cotte de mailles....	1056	»	474	»	»	»	»	»	»	»	»	»	850	600	500	»	130	»	60	150	30	30	»	»	»	»	»
	Fantassins id.	»	»	»	»	»	»	»	»	»	»	»	»	»	»	»	»	»	»	»	»	»	»	»	»	»
	Id. sur les terres de la Couronne.	»	»	»	»	»	»	»	»	»	»	»	»	15	»	»	»	»	»	»	»	»	»	»	»
	Id. courriers.............	»	»	»	»	»	»	»	»	»	»	»	»	»	»	»	»	»	»	»	»	»	»	»	»
	Guides ou conducteurs.....	»	8	22	»	11	11	8	8	11	8	8	8	11	11	»	»	»	»	»	»	»	»	»	»	»
	Gardiens de magasin.......	20	»	»	»	»	»	»	»	»	»	»	»	»	»	»	»	»	»	»	»	»	»	»	»
	Gardiens de trésor........	8	»	»	»	»	»	»	»	»	»	»	»	»	»	»	»	»	»	»	»	»	»	»	»
	Gardiens de porte.........	28	»	»	»	»	»	»	»	»	»	»	»	»	3	»	4	»	»	»	270	180	»	320	»	»
	Gardes de nuit............	362	»	»	»	»	»	»	»	»	»	»	»	»	4	»	»	»	»	»	»	»	»	»	»
	Élèves...................	»	»	»	»	»	»	»	»	»	»	»	»	»	40	»	»	»	»	»	»	»	»	»	»
	Patang-ha................	»	»	»	»	»	»	»	»	»	»	»	»	»	»	»	»	»	»	»	»	»	»	»	»
	Ki-lou...................									618	775	887	994	1260	5900	1758	1570	479	1004	1716	460	587	1659	1104	1984	2622	2532	507

RANGS.	DÉNOMINATION.	CHING-KING-FOU.														KI-RIN.								SAGHALIEN.					
		Ching-ling-fou.	Houg-yo-tching.	Kin-tchoou-fou.	Hing-king-tching.	Kaï-yuen.	Liou-yang.	Fou-tchoou.	Kaï-tchoou.	I-tchoou.	Fong-hoang-ting.	Tcheou-yen.	Nin-tchoung.	Kaï-tcheou.	Kouang-ning-tching.	Ki-rin.	Ta-sang-oula.	Ningouta.	Houan-tchou-tching.	Pe-tou-né.	San-sing.	Alt-chou-cou.	La-rin.	Songalien.	Merghen.	Fou-tahar.	Tsi-tsihar.	Houoran-pir.	Mer-lin.
	Report.....	7052	979	2011	764	1129	477	609	740	1230	642	593	395	904	1280	5220	1758	1570	450	1094	1712	460	587	1659	1104	1984	2622	2532	50
	Surveillants..............	»	»	»	»	»	»	»	»	»	»	»	»	»	»	»	»	»	»	»	»	»	24	»	»	»	»	»	»
	Faiseurs d'arcs............	6	»	»	»	»	»	»	»	»	»	»	»	»	»	51	40	8	»	43	20	3	3	16	15	»	24	»	»
	Selliers...................	»	»	»	»	»	»	»	»	»	»	»	»	»	»	»	»	»	»	»	»	»	»	2	»	»	2	»	»
	Forgerons.................	66	9	21	40	12	9	9	9	18	9	9	2	2	13	76	10	16	»	22	20	2	2	21	15	»	32	»	»
	Arquebusiers ou armuriers........	»	»	»	»	»	»	»	»	»	»	»	»	»	»	»	»	»	»	»	»	»	»	2	1	»	3	»	»
	Marines.																												
	Tsong-kouan................	»	»	»	»	»	»	»	»	»	»	»	»	»	»	»	»	»	»	»	»	»	»	»	»	»	4	»	»
	Hie-ling...................	»	»	»	»	»	»	»	1	»	»	»	»	»	»	»	»	»	»	»	»	»	»	»	»	»	2	»	»
	Tso-ling...................	»	»	»	»	»	»	2	»	»	»	»	»	»	»	2	»	»	»	»	»	»	»	»	»	»	2	»	»
	Houan-tchouan.............	»	»	»	»	»	»	»	»	»	»	»	»	»	»	2	»	»	»	»	»	»	»	»	»	»	2	»	»
	d°.......................	»	»	»	»	»	»	»	»	»	»	»	»	»	»	2	»	»	»	»	»	»	»	»	»	»	2	»	»
	d°.......................	»	»	»	»	»	»	»	»	»	»	»	»	»	»	2	»	»	»	»	»	»	»	»	»	»	4	»	»
	Choui-ssée.................	»	»	»	»	»	»	»	»	»	»	»	»	»	»	»	»	»	»	»	»	»	»	»	»	»	3	»	»
	Fang-oey..................	»	»	»	»	»	»	»	4	»	»	»	»	»	»	21	»	»	»	»	»	»	»	»	»	»	»	»	»
	Hiao-ki-kiao................	»	»	»	»	»	»	»	8	»	»	»	»	»	»	»	»	»	»	»	»	»	»	»	»	»	»	»	»
	Ling-tsou *(caporaux)*......	»	»	»	»	»	»	»	10	»	»	»	»	»	»	8	»	»	»	»	»	»	»	8	4	»	15	»	»
	1re classe } pilotes ou timoniers....	»	»	»	»	»	»	»	5	»	»	»	»	»	»	»	»	»	»	»	»	»	»	»	»	»	»	»	»
	2e classe }	»	»	»	»	»	»	»	5	»	»	»	»	»	»	»	»	»	»	»	»	»	»	»	»	»	2	»	»
	Matelots *(1re classe)*.......	»	»	»	»	»	»	45	»	»	»	»	»	»	»	125	»	»	»	»	»	»	»	200	20	»	208	»	»
	d° *(2e classe)*...........	»	»	»	»	»	»	45	»	»	»	»	»	»	»	125	»	»	»	»	»	»	»	219	23	»	300	»	»
	Ling-tsou de bateliers............	»	»	»	»	»	»	»	»	»	»	»	»	»	»	1	»	»	2	»	»	»	»	»	»	»	»	»	»
	Ling-tsou de matelots............	»	»	»	»	»	»	»	»	»	»	»	»	»	»	56	»	»	»	38	»	»	44	»	»	»	»	»	»
	Cavaliers à la cotte de mailles.....	»	»	»	»	»	»	540	»	»	»	»	»	»	»	45	»	»	»	»	»	»	»	»	»	»	»	»	»
	Ouvriers..................	»	»	»	»	»	»	»	»	»	»	»	»	»	»	»	»	»	»	»	»	»	»	»	»	»	»	»	»
	Artillerie.																												
	Tsan-ling..................	»	»	»	»	»	»	»	»	»	»	»	»	»	»	8	»	»	»	»	»	»	»	»	4	»	»	»	»
	Tso-ling...................	»	»	»	»	»	»	»	»	»	»	»	»	»	»	8	»	»	»	»	»	»	»	»	»	»	»	»	»
	Hiao-ki-kiao................	»	»	»	»	»	»	»	»	»	»	»	»	»	»	8	»	»	»	»	»	»	»	»	»	»	»	»	»

Les garnisons de Ching-king et Kirin fournissent des détachements aux villes et postes fortifiés de ces provinces ainsi qu'aux portes-barrières de la palissade. Dans la ville de Moukden ou Muktén, deux petits postes sont chargés de garder le monastère des lamas de Tchang-hing et de Chi-ching. Kin-tcheou-fou, au nord de la baie de Lieou-tong, détache trois postes dont un sur la rivière de Siao-ling, un autre au district ou ville de Ming-yun sur la rive occidentale de la baie, et un autre, enfin, à Tchong-tsien. Chacun de ces postes est commandé par deux tso-ling et deux officiers subalternes. Les mêmes garnisons envoient des détachements à Fang-yn et des postes de trente à quarante hommes aux cinq barrières nommées Song-ling-tsée, Sui-tai, Pe-chi-tsoui, Li-chou-kao et Ming-choui-tang. A l'ouest de la palissade, à l'extrémité nord de Kai-yuen, sont les détachements de Tie-ling. La barrière de Fa-khoui-tchou, située au nord de Kai-tcheou-fou, fournit des détachements à tout le reste des barrières placées entre elles et Kouang-ning, savoir : à Pe-tou-tchouang, Tsing-ho, à Kieou-kouantai, à Ouei-yuen-pao et à Yng-ngé, et envoie de petits postes à Kou-lin-ho, à Pi-ki-pao, à Siao-pe-cheou et à Lou-yang-y. A l'est, Hing-king, qui possède un des mausolées des premiers chefs ou souverains de la Mantchourie, fournit les postes de Fou-chun-pao, et ceux des barrières connues sous le nom de portes Hing-king, de Hien-tchouang et de Ngai-yang; à l'extrémité sud de la palissade, Fang-ouang entretient la seule barrière de Ouang-sing. Des bâtiments de la marine impériale stationnent à Kin-tcheou, ville située dans le fond de la baie de Lieou-tong, entre les districts de Hai-ping et de Fou. Ces bâtiments sont fournis en approvisionnements de toute nature par les établissements que la marine possède à Kirin et Tsi-tsi-har.

La garnison de Kirin fournit des détachements à Tchang-pe-chan, où, dit-on, naquit Aiun-Gioro, fondateur de la race mantchoue, à Tasang-oula, située à une petite distance de Kirin, à Hong, à Ngé-mou-ho-so-lo et aux barrières de la palissade, à Payen-go-fo-lo, à Hoursou et à Pour-tou-kou.

Les officiers chargés de la direction des établissements dont nous venons de parler, portent, à l'exception de quelques-uns de la marine, les mêmes titres que les autres officiers des bannières dans les garnisons. Les choui-ssée, officiers de vaisseau, résident à Kirin et à Tsi-tsi-har. Mais les houan-tchouen, qui sont les véritables officiers des chantiers de construction, ont leur résidence à Tsi-tsi-har.

Les ho-ki-yng (ou division des armes à feu), dans le Kirin et à Tsi-tsi-har, sont mentionnés ailleurs comme mousquetaires; ils ne sont pas désignés sous ce titre dans le Tchong-tchou-tching-kao; ils sont probablement détachés dans quelques-uns des corps métropolitains pour y faire un service spécial. Les officiers sont choisis sur les lieux et ne sont jamais détachés à Péking.

La juridiction du tsiang-kiun du Kirin s'étend sur les nomades de Ta-sang-ou-la, qui sont soumis à une organisation militaire. Ils sont divisés en tchu-hien ou compagnies de 30 hommes chacune. En 1812 ces tchu-hien étaient au nombre de 65 des bannières supérieures et de 45 des bannières inférieures, chacun sous un tchang ou doyen, dont la solde était de 24 taëls, et sous un fou-tchang ou adjudant doyen dont la solde n'était que de 18 taëls. Parmi les 65 tchu-hien supérieurs, 59 recueillaient des perles, du miel et des noix de pin; les 6 autres prenaient du poisson; des 45 inférieurs, 10 pêchaient et les autres étaient chargés de la perception des tributs; 1,950 hommes des bannières supérieures et 1,350 des bannières inférieures employés à ces différents services et portant le nom de san-ting, recevaient chacun 12 taëls par an; ils étaient administrés par 71 employés désignes par l'intendance de la Cour et portant les titres suivants, savoir : 1 tsong-kouan, 2 y-tchang, 4 y-tchang du service actif, 7 hiao-ki-kiao, 4 hiao-ki-kiao du service actif, 4 tchang-king du 7e rang, 4 du 7e, 4 collecteurs du 6e, 4 du 7e, 7 employés subalternes du service actif, 24 autres délégués et 6 pie-tie-chi.

Les nomades de la rivière de Saghalien et des îles de Tarakai, dans la province de Kirin, ne forment pas de compagnies de tchu-hien ou de tso-ling. En 1812 ils comprenaient 2,398 familles, formant 56 tribus de hei-tchi, de fayak-kouyé, de orun-tchun et

de kelour, sous la juridiction du fou-tou-tong de San-
sing. Chaque famille paye le tribut d'une peau de
martre. A Tsi-tsi-har nous trouvons 4,497 familles
de Ta-sang des tribus des Solon-tagoure, d'Orun-tchun
et de Kilar, chacune payant 2 peaux de martre[1]; ils
sont placés sous les ordres du tsiang-kiun de cette
province, qui réside dans la ville de Saghalien. Il y avait
autrefois un tou-tong à Tsi-tsi-har, qui, je crois, est
la ville la plus importante de la province.

A Hourun-pir sont 1° deux bannières de nomades,
nouveaux Bargou, soumis sous le règne de Hien-
long et divisés en 24 tso-ling, 2° une bannière
d'Elouth, anciens et nouveaux, comprenant 2 tso-
ling. Ces derniers sont tout nouvellement formés en
garnison, et ne dépendent pas comme les premiers
du bureau des colonies.

---

[1] Les règlements fixant les impôts sur les tribus de l'Ourang-hai disent
qu'une peau de martre peut remplacer le payement de dix peaux de renards : chacune de ces dernières équivaut à un demi-taël. D'après ce
calcul, la valeur des fourrures fournies par le Kirin serait de 11,990 taëls,
et par le Tsi-tsi-har de 44,970 taëls. Nous ne pouvons pas dire quelles
sont les concessions accordées à tous les tributaires. Les Sang-ting de
Ta-sang-ou-la, mentionnés ci-dessus, donnent par chaque tchu-hien
16 perles ou 1,760 perles en tout, au kouang-tchou-ssé ou trésor de
l'intendance de la cour; 5,000 cotties de miel au houang-ling de l'intendance de la cour; 1,000 cônes de sapin pour le chauffage, et 54 chi de
noix de pin au chang-i-tsée de l'intendance de la cour, la quantité de
poisson à fournir n'est pas marquée; elle est envoyée au tchien-fong
ou (dépense impériale). Les dépenses exigées pour ces différentes per-
ceptions sont de plus de 40,000 taëls, non compris les appointements
des tsang-kouan et autres officiers. Quant à l'évaluation de tous ces
tributs, nous n'avons pas de données qui nous permettent de la faire
connaître. La valeur de 40 cotties de miel ramassé par les Sang-ting

Les mausolées [1] impériaux de la Mantchourie sont
au nombre de deux, dont un à Moukden, et un à
King-king. Dans le premier, appelé Fou-ling, repose
le monarque qui envahit la Chine en 1618, et qui
prit pour titre Tien-ming (agissant sous les ordres
du ciel). La femme qu'il éleva au rang d'impératrice
est auprès de lui. Dans celui nommé Tchao-ling est
renfermé le fils de Tien-ming, qui porta le titre de
tien-song et ensuite celui de tsong-té. L'impératrice
repose dans le tchao-ling de l'ouest. A Hing-king,
dans le Yong-ling ou tombeaux de l'éternité, sont
les quatre souverains prédécesseurs de Tien-ming,
et qui furent appelés Yuen, Tchi, Y et Siuen, les
impératrices reposent auprès d'eux.

Ces tombeaux sont confiés à la surveillance de six
nobles des quatre plus bas degrés de la noblesse
impériale. Ces nobles tiennent de leur charge des
maisons et des terres qu'ils transmettent avec leur

représente un taël. Ces Sang-ting sont dispersés dans les quatorze premiers districts du nord du Tchi-li et au delà de ceux qui bornent Ching-
king-fou; les anciens Sang-ting, 965 familles, payent un tribut montant
en tout à 4,214 taëls; les nouveaux, 1,116 familles, à 8,071 taëls, ou
bien dont l'équivalent est fourni en oiseaux, daims de différentes sortes,
sangliers, lièvres, pigeons, cailles, canards sauvages, hérons, petits poissons écaillés (truites), éperviers et faucons, miel, chair de daim, plumes
d'orfraies pour les flèches et peaux de renards; ces impôts sont partagés en classes et déterminés par le rendement des terres labourées. Les
nouvelles familles sont obligées de payer près de 0,35 de taël pour
chaque hiang ou 6 acres chinois. L'étendue totale de leurs terres cultivées est environ de 137,660 acres. Tous les San-ting obéissent à l'autorité civile du district dans lequel ils habitent.

[1] Ces mausolées sont bâtis à la chinoise et enfermés d'une muraille
épaisse garnie de créneaux.

titre à leurs héritiers. La petite armée qui garde ces tombeaux est sans doute sous la juridiction du commandant en chef mantchou; mais le Tsong-tchou-tching-kao en fait un commandement séparé. Ainsi il place 186 soldats à King-king, 176 autres à chacun des mausolées de Moukden sous les ordres de 1 tsong-kouan (3 *a*), de 2 y-tchang (3 *a*), de 16 fang-yn et de 4 ling-tsoui.

Le fou-tou-tong de Tin-tcheou-fou est aussi tsong-kouan des écuries construites sur les bords de la rivière de Ta-ling, dans lesquelles on entretient aux frais de l'État 10,000 étalons et 5,000 hongres, formant les premiers 20 troupeaux et les seconds 10. Nous avons déjà parlé d'établissements semblables au delà de Tou-chi-keou, à Chang-tou-ta-pou-sun-hor, et contenant 48 troupeaux de chameaux de 300 chacun; 111 d'étalons et 11 de hongres de 500 chacun, sous la direction de 1,455 mou-ting et sous la garde de 340 soldats hu-kiun. Ces mêmes établissements se retrouvent à Tali-kangai, dans la contrée de To-lou-nor, au delà de la grande muraille, et contiennent 48 troupeaux de chameaux et 74 de chevaux de la même force que ceux que nous avons cités plus haut, sous la surveillance de 954 mou-ting et de 100 hu-kiun. Ces deux établissements sont sous la direction du tou-tong de Kahsgar, qui est en même temps tsong-kouan, parce qu'il est à la tête de 1,080 mou-ting ou bergers qui gardent 40 troupeaux de vaches de 300 chacun, et 140 troupeaux

de moutons de 1,100 chacun. Ces moutons sont sur-
veillés par 313 hu-kiun; l'administration de ces
établissements est confiée à 4 siao-tsong-kouan, à 6
y-tchang, à 6 hie-ling, à 5 fang-oey, à 5 fou-tsong-
kouan et à un grand nombre d'employés subalternes.

Ici vient la dernière section de l'armée des bannières : ce sont certains établissements dépendants de
l'intendance de la cour impériale, et qui, par erreur,
pourraient être confondus avec une division militaire, à cause de leur titre et de leur position dans
le Tai-tsin-hoei-tien, où ils sont compris comme
corps de bannières. Voici leurs noms : les hing-yng,
ou division chargée des escortes, sous la direction de
six nobles ou ministres; les hou-tsiang-yng, corps
des chasseurs de tigres, sous la direction des nobles
ou généraux de la garde; les tchen-kun-tchou ou
chang-yu-pi-yong-tchou (proprement dit le département de la chasse), dirigés avec leurs chi-ouei par
des nobles ou ministres; les yang-yng-tchou et
yang-keou-tchou, chargés d'élever les chiens et les
faucons; enfin les chen-pou-yng, ou corps des remparts, capitaine sous la direction d'un général de
l'un ou l'autre des corps métropolitains. Le Tchong-
tchou-tching-kao ne leur assigne pas de troupes, et
l'existence de quelques-uns est certainement subor-
donnée aux promenades de Sa Majesté, à ses excursions de chasse, qui, dans ces dernières années, ont
été très-peu nombreuses.

Il nous reste, pour terminer ce que nous avons à

dire sur les troupes des bannières, à parler du mode de nomination et de l'avancement dans les corps dont nous venons de donner la composition, et qui tiennent garnison en dehors de la métropole.

Dans les garnisons, un tsang-kiun est choisi parmi les Mantchoux ou Mongols fou-tou-tong des bannières, parmi les fou-tou-tong commandants en second des garnisons, ou parmi les Mantchoux servant comme ti-tou dans l'armée chinoise ; le tou-tong de Tchahar peut être pris parmi les capitaines généraux des tsien-fong ou des hou-kiun, ou parmi les fou-tou-tong mantchoux ou mongols.

Les fou-tou-tong dans les garnisons peuvent provenir des tsan-ling de la force payée, des hie-ling, des tching-cheou-yn, des tsong-kouan de la même garnison, ou des Mantchoux servant comme tsong-ping dans l'armée chinoise ; les fou-tou-tong des bannières peuvent aussi être appelés à changer de commandement et être envoyés dans les garnisons.

A Si-ngan-fou, dans le Chan-si, un han-kiun peut être fou-tou-tong ; à Kouen-houa, dans le Chan-si, le fou-tou-tong doit appartenir aux trois bannières supérieures. Les han-kiun fou-tou-tong des garnisons sont choisis parmi les han-kiun-tsan-ling et les tsong-ping servant dans l'armée chinoise, et, ce qui est remarquable, parmi les tsong-kouan de la marine de Tsi-tsi-har.

Le tching-cheou-oey de la garnison de Ho-nan est choisi dans la première classe des gardes ou parmi les tsan-ling des tsien-fong, des han-kiun ou des hiao-ki ; dans les garnisons de Tai-yuen, de Te-tcheou, de Tsang-tcheou et de Pao-ting, les tching-cheou-oey sont choisis dans les trois dernières classes de la garde parmi les officiers de rang héréditaire, parmi les officiers métropolitains des quatrième et cinquième rangs et parmi les fang-cheou-oey de Tou-chi-kao ; dans le Fou-tcheou, à Moukden et dans cinq villes de la même province, ils sont choisis parmi les tsan-ling, appartenant toutefois à la maison impériale ; dans le Hou-lan, les yn-wei de Soui-yuen et de Tchouang-leang sont pris parmi les tsan-ling des tsien-fong, des hou-kiun et des hiao-ki.

Les hie-ling sont choisis parmi les fang-cheou-oey et parmi les tso-ling ; les fang-cheou-oey parmi les fang-oey ; ceux-ci parmi les officiers subalternes, lesquels sont pris parmi les sous-officiers et soldats.

Les règles pour les nominations des officiers attachés aux mausolées de la Mantchourie sont les mêmes que pour ceux des mausolées du Tchi-li.

Dans les tribus nomades, dont une partie seule est organisée militairement, l'avancement est donné autant que possible dans l'intérieur des corps.

Les nominations aux hauts commandements de tous ces corps, dont nous avons cherché à faire connaître la nature et l'emploi, sont faites par l'Empereur sur la motion ou du bureau de la garde, ou du ministère de la guerre [1], qui présente une liste

---

[1] Le ministère de la guerre est une cour civile sous la surintendance

des candidats des bannières par rang ou emploi éli-
gible lorsqu'une vacance a besoin d'être remplie.
Nous avons déjà dit que le capitaine général et le
nuei-ta-tchin sont nommés par le bureau de la garde
(chi-ouei-tchou). Le ministre de la guerre donne les
noms des officiers susceptibles d'être appelés au
poste de tou-tong des Ho-ki, de capitaines généraux
des bannières des Pou-kiun, des Tsien-fong, des

générale de hauts officiers, dont l'un est le plus souvent ministre du
cabinet. Ces officiers sont deux présidents, dont l'un chinois et l'autre
tartare ou mongol ; deux vice-présidents de gauche et deux vice-présidents de droite. Ils aident le souverain à donner à son peuple une protection efficace, en dirigeant tous les officiers de la métropole et des
provinces. Ce sont eux qui font mouvoir les gonds ou pivots de l'État
au moyen des rapports qu'ils reçoivent des différents départements sur
tout ce qui concerne l'exclusion ou la nomination aux charges; la
création des rangs militaires héréditaires ou leur succession ; le transport
des dépêches de l'État par des relais de postes militaires; l'examen et le
choix des fonctionnaires, et la surveillance de ceux-ci dans l'exécution
de leurs devoirs. Ils délibèrent sur toutes les affaires avec leurs subordonnés membres de la cour. Si elles sont graves et importantes, il en
est référé à l'Empereur, sinon elles sont expédiées par eux pour accé-
lérer la marche du gouvernement.

Ils reçoivent des rapports de tous les commandants des forces de
terre et de mer en deçà et au delà des frontières, sur les endiguements
des rivières et la régularité des transports sur le grand canal, de tous
les employés civils et militaires chargés d'administrer les affaires des
nomades et sauvages dans les lieux où les chefs de ces peuples ont
accepté des titres officiels et des emplois, et enfin des chefs des nomades des colonies ou plantations du Turkestan et des clans des frontières du Kouei-tcheou, du Hou-nan et du Ssé-tchuen, sur l'élève des
chevaux et chameaux vivant dans les pâturages dont la garde leur est
confiée.

Afin de donner à ce ministère la facilité de remplir convenablement
ses nombreuses obligations, on l'a divisé en quatre ssée, départements
ou directions, qui sont : 1° Le vou-sunn-thsing-li-ssée, chargé de régler
les droits de promotion ou d'avancement d'après l'ordre de succession

Hou-kiun ou des nomades; de fou-tou-tong des bannières, des garnisons et des nomades, et enfin de tsiang-kiun des garnisons.

Les nominations des candidats à des commandements qui ne sont pas aussi élevés, et la présentation de ces candidats à l'Empereur, sont réglées suivant les circonstances. Les san-tie-ta-tchin de la garde sont présentés par le capitaine général de la garde; les of-

établi ou d'après les examens passés à cet effet à des époques déterminées; 2.° le tche-kia-tsing-li-ssé, qui a dans ses attributions la cavalerie de l'empire, les chars et les autres équipages militaires, le service des postes par la cavalerie et celui des remontes; 3° le tchi-fang-tsing-li-ssé, chargé de tout ce qui a rapport aux récompenses, aux munitions, au campement, à l'inspection des troupes et à l'exécution des ordres généraux; 4° le wou-khou-tsing-li-ssé, dont les fonctions sont de diriger l'enregistrement de toutes les forces, la tenue des contrôles et l'approvisionnement des armes et munitions de guerre. A chacune de ces directions sont attachés un chef et des sous-ordres que nous verrons sous le nom de lang-tchong, yuen-vaï-long et tchou-szée, secrétaires de différents rangs. Les détails suivants nous feront connaître davantage cette organisation. Le ministère de la guerre forme une espèce de conseil ou tribunal, composé de présidents et vice-présidents, d'un tang-fang man-tchou chargé de la tenue des registres de l'avancement et de l'emploi des militaires des bannières et d'un tang-fang chinois pour les Chinois; d'un szé-mou-ling, contrôleur des clercs et des messagers chargé des règlements concernant les ti-tang ou courriers de la couronne qui portent les présents une fois par mois. Ce szé-mou étiquette les dépêches reçues du dehors et les soumet au conseil. Les autres membres de ce tribunal sont : un tou-tsoui-so, chargé de l'arriéré des affaires avec différents lang-tchong et autres des quatre sze détachés à tour de rôle; un tang-yue-tchu, chef d'un bureau établi chaque mois pour classer, dater et expédier la correspondance pour l'extérieur ou pour tout autre grand ya-men de la métropole; les fonctions des wou-suin-szé ressemblent presque à celles que remplissent les secrétaires militaires du commandant en chef; leur avancement et leur solde sont à peu près les mêmes. Les tché-kien-szé sont tout à la fois directeurs généraux de postes, du bureau de la remonte pour les chevaux et les chameaux et du

ficiers des tsien-tsong, au-dessous des tsan-ling, par
leur propre capitaine général; ceux des hou-kiun par
le même capitaine général, mais appartenant à la
même aile ou bannière que le candidat. Les tou-tong
des bannières présentent tous les officiers des hiao-ki,
et tous les hie-ling, les tsan-ling, les tsong-kouan, les
tching-tcheou-oey et les fang-cheou-oey, à très-peu
d'exceptions près dans tout l'empire; les tong-ling de
la garde sont appelés à donner leur voix dans la no-

département de la cavalerie. Un des vice-présidents du ministère de la
guerre a la direction d'un bureau central, le houi-tong-kouan est chargé
de la transmission des lettres publiques et de l'établissement des passe-
ports pour les provinces. Sous les ordres de ce vice-président sont deux
officiers que l'on choisit chaque année et qui portent le titre de kien-
tou, chef du makouan ou bureau des chevaux. Cinq cents chevaux sont
consacrés au service de ce bureau. Quarante sont employés aux voitures
de Sa Majesté. Il y a encore un tsie-pao-tchou, bureau des annonces de
victoires, qui remet tous les rapports des provinces adressés à Sa Majesté au bureau des rapports de la garde, et fait parvenir à leur destination les sceaux et toutes les dépêches du souverain dont il est chargé,
aussi bien que les lettres du grand conseil d'État. Il dispose aussi une
ligne de communication lorsque l'Empereur s'absente de la cité. Sous
les ordres des houi-tong-kouan sont les ti-tang, chargés de la transmission des dépêches entre les cours de la métropole et les provinces.
Les tchai-kouan, messagers, sont des officiers qui communiquent la
correspondance entre les bureaux du centre, celui de l'annonce des
victoires et les postes établis dans le voisinage immédiat de Péking.

Les tchi-fang réunissent les jugements prononcés pour mauvaise conduite dans les garnisons ou en campagne, classifient le mérite de tous
ceux dont les actions leur sont rapportées. Ils décident du montant des
récompenses à allouer comme compensation à tous les serviteurs de
l'État qui ont été blessés ou aux amis des décédés; ils décident
aussi du degré de punition ou d'avancement à accorder d'après le résultat des inspections ou examens. Ils sont aussi chargés de déterminer
la force des bataillons ou garnisons affectés à chaque localité et de désigner les principaux postes ou stations. Le wou-kou réunit tout à la fois
le bureau de la guerre, le département du payeur général et l'artillerie.

mination des tching-tcheou-oey à Te-tcheou, à Tsong-
tcheou, à Pao-ting et à Tai-yuen, et des fang-tcheou-
oey à Kou-pe-keou et autres garnisons du Tchi-li. Les
tching-men-li de la gendarmerie, et les tso-ling non
héréditaires des corps des bannières à Péking, sont
présentés par le tou-tong et par les tso-ling des garnisons extérieures, mais sur la proposition du ministre
de la guerre. Les tso-ling du clan impérial sont présentés par la cour du clan, sans qu'il en soit référé
au tou-tong. Dans la gendarmerie, les y-oey, les
adjudants y-oey, les hie-oey, les fou-oey et les gardiens sont présentés par le tong-ling ou capitaine
général. Les officiers des kien-joui et des yuen-ming-
huen par le ministre surintendant; les officiers des
pao-i des cinq bannières inférieures par le tou-tong de
leur bannière, sur les instances des nobles auxquels
ils peuvent être attachés. Les tou-tong ou fou-tou-tong
de la bannière de service pendant l'année courante,
les tsong-kouan du poste d'alarme, les tsong-kouan
des nomades de Tche-chen, tous les officiers sous
les ordres du tou-tong de Ié-ho et à Tou-chi-keou,
ainsi que ceux de Mi-yun et de Chan-chai-kouan,
sont présentés de la même manière, mais sur la
recommandation du ministre de la guerre, qui agit de
même pour les hie-ling et les tso-ling de Soui-yuen,
pour tous les officiers de la marine appartenant aux
bannières, pour les tsong-kouan et les y-tchang des
dépôts de chevaux et chameaux ainsi que des pâturages. La bannière de service pour l'année présente

les tching-tcheou-oey, les hie-ling et les fang-cheou-
oey de Ching-king et Ming-hia, et les fang-oey de
Louan–yn et de la marine mantchourienne; les
membres les plus anciens du ministère de la guerre
présentent tous les officiers d'Ourum-tsi et tous les
hie-ling qui ont six années complètes de service.
Dans la division des mausolées, lorsqu'un tsong-
kouan provient d'un sous-secrétaire de ministère,
il est présenté par la cour du clan sur les instances
du ministre de la guerre; s'il est sorti de la garde, il
est présenté par un ministre de la garde, sur les instances de la bannière de service pour l'année.

Les pages précédentes ont été consacrées aux militaires des bannières, inscrits sur les rôles de service par le tchong-tchou-tching-kao, et mention a été
faite des Chinois appartenant à des portions de corps
ou à des garnisons placées sous le commandement en
chef d'officiers généraux étrangers à l'armée du drapeau vert. Dans presque tous les cas où ces généraux
ou bien des commissaires résidents étaient revêtus
d'une autorité coloniale sur les tribus nomades,
nous avons parlé de celles-ci; mais avant de traiter
des lou-yng ou de l'armée chinoise, dont les principaux services sont confinés à la Chine proprement
dite, nous donnerons quelques notices sur les nombreux militaires feudataires de l'empire, répandus
à travers les régions connues dans la géographie.
chinoise sous les noms de Mongolie intérieure et de
Mongolie extérieure. Nous dirons aussi quelques

mots des troupes du Thibet, placées sous la direction du ministre résident de cette contrée.

Troupes de la Mongolie.

Les tribus reconnaissant la domination de la Chine sont divisées en Mongols intérieurs et extérieurs. Les premiers occupent le pays désigné par leur nom; les autres, toutes les contrées et districts ci-dessus mentionnés. La Mongolie intérieure est située entre le désert de Gobi et la frontière continue de la Mantchourie et de la Chine. Elle était occupée, en 1812, par 24 tribus de noms différents, rangées irrégulièrement sous 49 bannières et divisées inégalement en 6 tchalka ou ligues. Les Mongols extérieurs étaient : 1° 4 tribus de Kalkas de différents noms, sous des khans qui, avec 2 fractions de tribus attachées à eux, formaient 4 ligues : ils comptaient en tout 86 bannières et résidaient sur le territoire au nord de Gobi, nommé géographiquement Mongolie extérieure; 2° les tribus Eleven, ne formant pas de ligue, rangées sous 34 bannières, et dispersées à l'ouest des montagnes de Holan, au sud-ouest de la Mongolie intérieure, au sud de l'Altaï et au nord des Tenghri; 3° 2 tribus de mahométans sous 2 bannières, à Mami et Turfan, sur les limites de la province du Kan-sou, au sud des monts Célestes; 4° 5 tribus sous 29 bannières, autour de Ko-ko-nor, appelée par les Chinois Tsing-haï ou mer d'Azur. Ceux-ci sont lamas des deux Mongolie intérieure et extérieure.

DIVISIONS ET GRADES.	TRIBUS de la MONGOLIE INTÉRIEURE.	KALKAS de la MONGOLIE EXTÉRIEURE. (Tsang-kiun de Kowran.)	ANCIENS TOURGOUTH. (Tsang-kiun de l'Ili.)	HOSHOUT DE TCHOU-ROU-YOU-SE. (Tsang-kiun de l'Ili.)	NOUVEAUX TOURGOUTH D'OURIYOU et D'ARKAN MOSROUT.	HOSHOUT ET KHOIT. (Le ministre résidant à Kobdo.)	TRIBU OU KO-KO-NOR.	MONGOLS ALECMAIM, (CHEFS DZASSACK.)	ANCIENS TOURGOUTH D'EMMRL. (CHEFS DZASSACK.)	ELEMONÉTANS D'EMAU. (CHEFS DZASSAK.)	HARMONÉTANS DE TOURPEX. (CHEFS DZASSACK.)
Bannières.	49	86	10	3	3	15	20	1	1	1	»
Ligues.	6	4	4	1	1	2	1	»	»	»	»
Khans.	»	4	1	»	»	1	»	»	»	»	»
Tsin-wang.	4	6	1	»	»	1	»	1	»	»	»
Kiun-wang.	17	5	1	1	»	»	4	»	»	»	1
Bey-lé.	17	5	1	»	»	2	2	»	1	2	»
Bey-tsé.	16	7	2	4	»	1	4	»	»	»	»
Tchin-kouo-kong.	9	8	»	»	»	1	»	2	»	»	»
Fou-kouo-kong.	18	23	2	»	2	2	4	»	»	»	»
Taï-ki.	9	48	2	1	3	4	15	»	»	»	»
Ta-pou-nang.	1	»	»	»	»	»	»	»	»	»	»
Tchang-king.	40	86	10	3	3	15	20	1	1	2	2
Fou-tchang-king.	45	25	6	3	2	10	15	1	1	2	2
Tsan-ling.	215	26	13	3	1	4	»	»	»	2	2
Tso-ling.	1,293	1,650	79	21	4	28	1,000	8	1	13	15
Hiao-ki-kiao.	1,293	105	79	21	4	28	100	8	1	13	15
Ling-tsoui.	7,758	990	474	160	24	168	600	24	6	78	90
Ma-kia (hommes de guerre).	64,650	8,250	3,950	1,050	200	1,400	5,000	400	50	560	756
Hien-san.	129,300	16,500	7,900	2,100	400	2,800	10,000	800	130	1,300	1,500
TOTAL.	205,694	17,734	12,520	2,309	643	4,464	16,673	1,243	211	1,971	1,382

Presque chacune des bannières ci-dessus, sinon toutes, a un chef du nom de dzassack, dont la charge est, avec de légères restrictions, héréditaire. Les populations rangées sous elles sont appelées collectivement Orbadou ou Orpatou, excepté les lamas, qui sont distingués par le titre de chap-nor. Leurs dzassack ont la préfixe lama avant leur titre. Les quelques tribus ou restes de tribus qui ne reconnaissent pas de tels chefs, sont placées sous l'autorité immédiate des généraux des bannières et des ministres résidents de Chine.

Nous ferons une courte récapitulation de ces dernières. Sous les ordres du tsiang-kiuṇ de Sui-yuen, sont les toumet du Chan-si, au delà de la grande muraille; sous le tou-tong, à Kalgan, près de la muraille, sont la tribu privilégiée des Tchaharo, les Bargou, incorporés dans les Tchahar, les Kalkas et les Elouth. Sous le tou-tong de Jeho, sont les Tashtava Elouth; sous le fou-tou-tong d'Ourum-pir, sont les Elouth et nouveaux Bargou; sous le tsong-kouan de Tasangoula, sont les Solon-taguri, Orunt-chun et Pilar payant des tributs de fourrures : ces deux derniers officiers dépendent du tsiang-kiun de Saghalien. Dans l'Ili, le tsiang-kiun étend son autorité sur les Elouth et sur les Tchahar de la province centrale de l'Ili, qui ont des ministres chinois pour les administrer; sur les Elouth, Tchahar et Hassack placés sous un tsan-tsan, ministre résidant à Tarbagatai, et sur les mahométans des huit cités de l'Ili, au sud du Tien-chan, qui sont également administrés par ces ministres résidents de différents degrés.

Dans la province d'Ouli-asoutai, dans laquelle le tsiang-kiun du Chan-si détache une petite garnison, sont 1° les Tang-nou-uriankai, dont quelques-uns sont yumou (pâtres); 2° quelques pelletiers sous le tsiang-kiun placé en observation à Kurun. Ce tsiang-kiun a autorité sur les ministres de Kobdo, qui dirigent les Mingat, les Elouth, les Tcha-ksin, les Altai-uriankai et les Altai-nor-urian-kai; sur les frontières du Thibet, sont les Tamons ou Dam-Mongols, rangés sous huit bannières et soumis à l'autorité du résident tsan-tsan.

L'espace nous manque pour faire un examen minutieux de la constitution féodale de ces tribus. Nous ferons seulement connaître les particularités suivantes. Les dzassack de la Mongolie intérieure ont été ennoblis par l'empereur de la Chine. Les six premiers ordres de leur noblesse ont les mêmes titres que les six ordres les plus hauts de la noblesse impériale. Au-dessous de ces six ordres, il y a quatre autres tai-ki et quatre ta-pou-nang, dont le rang est égal à celui des employés civils chinois des quatre plus hauts des neuf rangs. Mais les officiers dzassack seuls peuvent porter ces deux derniers titres. Nous avons dit que les charges de dzassack étaient presque toutes héréditaires, en voici la raison : lors même que les mots de patente originelle concèdent et transmettent un titre à perpétuité (ouangsi), les héritiers sont abaissés néanmoins de quelque rang ou perdent ce titre à différentes époques, et ne peuvent pas le toucher sans l'assentiment de la couronne.

Les dzassack sont vassaux payés et tributaires de l'Empereur. Ils reçoivent de la couronne des allocations proportionnées à leur noblesse; ils touchent en outre un revenu annuel, qui leur est payé par la tribu et dont le montant est fixé par l'Empereur. Leur titre constitue aussi un fief aliénable, dont ils peuvent être dépouillés par leur seigneur souverain dans le cas où ils ne se rendent pas avec leurs troupes aux appels qui leur sont faits, ou bien s'ils manquent à leurs devoirs de vassaux de l'Empire. Les peines qu'ils encourent dans ce cas sont prononcées par l'Empereur sur la demande du bureau des colonies (li-fang-youen). Les tribus sont divisées en compagnies de tso-ling, fortes de 150 hommes, et quelquefois même de 274, comme dans les Ortons; ces compagnies sont quelquefois très-faibles, comme dans les Ke-tchi-kten.

Les dzassack sont aidés par les tai-ki, qu'ils choisissent eux-mêmes dans les tribus, la tête de la ligue est prise parmi les nobles cités ci-dessus. Chaque bannière a un tchang-king, un fou-tchang-king, s'il y a moins de dix compagnies, et deux tchang-king ou fou-tchang-king s'il y a plus de dix compagnies. Il y a un tsan-ling pour six compagnies, choisi parmi les dignitaires nommés ci-dessus et parmi les tso-ling,

qui sont choisis eux-mêmes parmi tous ceux que nous
avons cités, parmi les tsan-ling et parmi les hiao-ki-
kiao. Ceux-ci sont tirés des ma-kia ou cavaliers, qui
forment le tiers de la compagnie, et dont six dans
chaque compagnie sont ling-tsoui ou officiers sans
commission.

En temps de guerre, un ma-kia sur trois se met en
campagne; il y a aussi dans dix maisons ou familles
un chi-chang ou décurion, dont on ne fait pas connaître le mode de nomination et dont il est impossible de préciser le nombre.

Les six ming-tchalgan ou ligues formées par les
24 tribus sont chacune sous la direction d'un chef
ou doyen et d'un lieutenant choisi sur une liste de
dzassack présentés à l'Empereur par le bureau des
colonies [1]. Chaque tribu est obligée de porter secours

---

[1] Le bureau des colonies (li-fang-youen) n'est composé que de Man-
tchous et de Mongols; il comprend dans ses attributions l'administration des populations de races diverses dépendant de l'empire chinois et
situées au delà de ses anciennes frontières; il règle les honneurs et les
émoluments accordés aux chefs de ces États, fixe leurs visites à la cour
de l'Empereur, ainsi que les peines qu'ils encourent en manquant à
leurs devoirs de vassaux de l'empire. Les présidents et vice-présidents
délibèrent ensemble sur toutes les affaires de ce département. Si ces
affaires sont importantes, elles sont renvoyées au conseil privé; si elles
ne le sont pas, il les expédie pour le plus grand bien du gouvernement.
Les membres qui composent ce petit ministère ont dans leurs attributions tout ce qui concerne l'administration des territoires situés au delà
des anciennes frontières de la Chine et habités par des populations qui
ne sont pas chinoises. Ils règlent les rapports des chefs indigènes de ces
populations avec l'empire, les tributs qu'ils doivent payer, les honneurs qui leur sont conférés, les troupes qu'ils peuvent avoir sous leur
commandement, les postes militaires qu'ils peuvent occuper, etc.; enfin

à toute autre de la ligue qui se trouve en danger. Une fois tous les trois ans, les ligues sont passées en revue par quatre hauts commissaires choisis par l'Empereur parmi les hauts fonctionnaires civils et militaires de l'Empire.

Les Yu-mou, pâtres des Tormet-Mongols, forment 49 compagnies de tso-ling sous les ordres des Souï-yuen-tsiang-kiun. Les Tagouri-ta-sang, rangés sous trois bannières, sont partagés en 39 compagnies; les Solons, sous cinq bannières, forment 47 compagnies; les Orun-tchu, composent 6 troupes de cavaliers, 3 compagnies de fantassins et 2 compagnies de pilar,

ils règlent aussi tout ce qui concerne les peuplades nomades qui habitent ces territoires ou qui ont des relations avec leurs habitants.

Le bureau des colonies étrangères est divisé en six sections :

La première section est chargée de la délimitation des territoires extérieurs, de la direction du gouvernement des peuplades fixes et des peuplades nomades qui les habitent; elle règle aussi les honneurs et les préséances des chefs de la Mongolie intérieure, leur mariage avec des princesses de la famille impériale, les impôts ou taxes imposées aux populations, les routes et autres voies de communication, etc.

La deuxième section règle les émoluments des chefs de la Mongolie intérieure, leurs visites à la cour, leurs tributs et la réception parmi eux des filles de l'Empereur qui daignent les épouser. Les émoluments des chefs mongols consistent partie en argent et partie en étoffes de diverses espèces; ils se divisent en sept classes de la manière suivante :

			leang de 8 fr.	pièces de soie.
1re classe. —	Chefs ayant un titre équivalent à celui de rois et alliés à la famille impériale.		2,000	25
2e —	Kium-vang.		1,200	15
3e —	Pei-le.		800	13
4e —	Pei-tsen		500	10
5e —	Grands dignitaires.		300	9
6e —	Dignitaires inférieurs. . . .		200	7
7e —	Nobles inférieurs.		100	4

tous sous les ordres d'un tsiang-kiun, subordonné lui-même au tsiang-kiun de Saghalien. La constitution des Mongols extérieurs est la même que celle des Mongols intérieurs. Leurs dzassack portent les mêmes titres de noblesse, auxquels ils joignent ceux de Ta-pou-nang, qui sont au nombre de neuf. Quelques dzassak, avant d'être ennoblis, avaient le titre de khan, qui était supérieur aux autres et qui indiquait une rétribution très-grande de solde et de présents. Leurs tchal-kan ou ligues ont chacune un capitaine général et un lieutenant, comme celles des Mongols intérieurs, et sont, comme elles, passées en

La suite normale de ces princes et chefs mongols, leurs gardes armées, sont aussi fixées et déterminées par la même division.

La huitième section exerce sur les populations et les chefs de la Mongolie extérieure à peu près le même contrôle, la même autorité que la première division sur la Mongolie intérieure; elle règle les affaires qui concernent les chefs de tribus, le nombre de leurs soldats, les postes et les relais, les foires et les marchés. Les lamas des deux Mongolies intérieure et extérieure sont aussi sous sa direction, de même que les tribus nomades qui dépendent de ces territoires. La troisième division fixe les limites des territoires de ces tribus et surveille leur gouvernement. Elle entretient à Kourun et à Kiatka, capitale de la tribu des Kalkas, deux ministres résidents chargés de surveiller la frontière russe et servant d'intermédiaire pour tous les rapports que la Chine entretient avec la Russie. Ce furent ces mêmes ministres résidents qui en 1689, sous le règne de Kang-ki, réglèrent avec l'ambassadeur russe les limites ubériennes des deux empires; quant aux rapports avec les lamas dans toute la Mongolie, ils concernent l'instruction religieuse bouddhique dont ils sont spécialement chargés. Les prêtres bouddhiques dépendent de chefs supérieurs, dont l'un réside à Péking; c'est le lama de la capitale (tchouking-lama): un autre dans le Thibet, c'est le thsang-lama, on le nomme aussi dalaï-lama; deux autres résident encore en d'autres lieux d'après le Ta-tsing-hoei-tien; deux ministres plénipotentiaires chinois résident constamment dans le Thibet intérieur et le Thibet postérieur pour diri-

revue et inspectées tous les trois ans. Leur organisation militaire est la même, à quelques exceptions près.

Nous trouvons dans la Mongolie intérieure 4 ligues de Kalkas, chacune sous un khan et formées par : 1° les Tou-tche-tou-khanate, comptant 20 bannières sous 58 tso-ling; 2° les Soui-noui, 24 bannières, y compris 2 bannières élouth, et divisés en 38 compagnies de tso-ling; 3° les Tse-tsen, 23 bannières formant 46 compagnies et demie; 4° les Dzassack-tou, 19 bannières, y compris une de Khoit, et divisés en 24 compagnies et demie.

Le général chargé d'observer les frontières de la

ger les affaires du Grand Lama. L'influence chinoise est toute-puissante près de ce souverain déifié qui est l'humble serviteur du Fils du Ciel. Ce sont ces résidents chinois qui règlent les différends entre les tribus, qui instruisent et disciplinent l'armée thibétienne, au nombre de 3,000 soldats; qui fortifient les défilés et les frontières, qui président à la levée des impôts directs et indirects, qui distribuent la justice et établissent les lois et règlements d'administration intérieure afin de maintenir la paix et la tranquillité dans le Tangout ou Thibet.

Les tributs que cet État vassal doit payer à la Chine sont réglés par la troisième section du bureau des colonies; chaque année des ambassadeurs les portent à l'Empereur à Péking. Ces tributs consistent principalement en statuettes de cuivre de Fo ou Bouddha, en perles et en pierres précieuses.

La quatrième section du bureau des colonies règle tout ce qui concerne les émoluments des lamas de la Mongolie extérieure, ainsi que les tributs de cette contrée.

La cinquième section dirige le gouvernement des tribus mahométanes et des beys mongols, et règle les tributs annuels que les marchands étrangers doivent envoyer à Péking.

La sixième section a dans ses attributions tout ce qui concerne les affaires judiciaires de chaque tribu mongole extérieure.

(PAUTHIER, *Chine moderne.*)

Russie réside à Kourun, dans le Tou-tche-tou-khanate. Il a le commandement en chef de ces troupes, qui, en 1812, comprenaient 8,250 ma-kia, cavaliers à la cotte de mailles. Un lieutenant général fou-tsiang-kiun, et un tsan-tsan, choisis par l'Empereur parmi les dzassacks, ont aussi autorité sur ces peuples. Il y a un de ces officiers pour chaque khanate. Deux tsiang-kiun, stationnés à Kourun, sont chargés de prêter leur assistance au général pour la direction des affaires coloniales et étrangères; l'un d'eux est un haut Mongol ou Mantchou envoyé de Péking, l'autre est un dzassack.

Les Dourbet sont divisés en deux ailes, formant chacune une ligue sous un lieutenant général nommé comme ci-dessus. L'aile gauche comprend dix bannières de Dourbet et une de Khoit, formées en 11 compagnies; l'aile droite comprend trois bannières de Dourbet et une de Khoit, divisées en 17 compagnies; ils sont répandus au nord-ouest de la ligne du Dzassack-tou, et s'étendent dans la province du Kobdo, au nord de la ville du même nom; leurs troupes, montant en 1812 à 1,400 ma-kia, étaient sous les tan-tsan du gouvernement chinois résidant à Kobdo; les deux ailes étaient soumises à un khan.

Sous la juridiction des officiers du Kobdo sont les troupes des nouveaux Tourgouth de la rivière Ouran-you, au sud-ouest de la même province, et les Hoshoit du Djabkan plus au nord : les premiers, sous deux bannières, sont divisés en 3 compagnies qui, fortes de 150 ma-kia au plus, forment une ligue, les derniers, rangés sous une bannière, fournissent 50 ma-kia ne formant pas de compagnie.

Sous le général de Kourun sont 595 ta-sang, familles des Tang-nou-ourian-kai, payant deux peaux de martre et 412 payant 80 peaux de souris grises. Sous le tsan-sou de Kobdo sont 412 familles d'Altai-tang-nou, payant des peaux de souris, 256, des peaux de martre, et 429, 4 peaux de renard chacune; 64 de l'Altai-nor-tang-nou payant une peau de souris, et 147 une peau de martre. Il y a sous le même général 8 compagnies d'Yu-mou d'Altai et 2 d'Altai-nor.

Nous arrivons maintenant aux ligues dont les troupes sont sous le commandement du tsiang-kiun de l'Ili et dont il a déjà été question précédemment. Il y en a quatre d'anciens Tourgouth et une de Hoshoit distribuées en 5 circuits : le circuit du nord contient les anciens Tourgouth d'Hopoksilo, rangés sous 3 bannières et formant 14 compagnies; le circuit de l'est ceux de Tsi-ho-long, 2 bannières, 7 compagnies; le circuit de l'ouest ceux de la rivière Tsing, une bannière, 4 compagnies; ces derniers sont au nord-ouest de Teng-kiri et s'étendent jusqu'à Tarbakatai. Au sud des mêmes positions, dans le circuit du centre, sont 3 bannières de 21 compagnies d'Hoshoit de la rivière de Tchourou-tong; dans le circuit du sud, 4 bannières de 54 compagnies d'anciens Tourgouth de la même localité. Les troupes levées dans ces

5 ligues étaient, en 1812', composées de 5,000 ma-kia; il y a un khan sur les Tourgouth.

Les Alachans, situés au nord de la rivière Jaune, dont la rive méridionale limite la région d'Ortous, ainsi que les Tourgouth de la rivière Edsinei, tous deux en dedans des frontières de la Mongolie intérieure, ont chacun une bannière : la première est divisée en 8 compagnies, la dernière n'en forme qu'une. Les troupes de ces deux tribus ne sont pas commandées par les autorités chinoises, mais par leur propre dzassack ; de même que les Hoshoit du Djatkhan cités ci-dessus, ils ne forment pas de ligue. En suivant le contour du Kan-sou moderne, nous trouvons au nord-ouest de Tsing-hai ou du territoire de Ko-ko-nor 5 tribus réunies en une ligne de 29 bannières; il y a 21 bannières de Hoshoit, divisées en 80 compagnies, une de Khoit', formant une compagnie, 4 de Tourgouth, 12 compagnies, une de Kalkas, une compagnie, et 2 de Tchoros, 6 compagnies et demie. Le nombre de leurs combattants, en 1812, était de 5,025 ma-kia, sous le commandement du résident de Se-ming, sur les frontières du Kan-sou.

Les mahométans du Hami et de Tourfan, aussi bien que ceux des villes du Turkestan oriental, ont été portés comme appartenant au commandement du Kan-sou et de l'Ili; la tribu d'Hami a une bannière et forme 13 compagnies, celle du Tourfan, une bannière et 15 compagnies ou respectivement 650 et

750 ma-kia sous les dzassacks, qui sont inspectés par deux ling-tsoui, placés eux-mêmes sous l'autorité supérieure du tou-tong d'Ourum-tsi.

Leurs nobles sont soumis aux mêmes obligations, au même hommage et au même service que ceux des tribus précédentes ; il y a une petite distinction fiscale entre les mahométans d'Hami, du Tourfan, et ceux de l'Ili et des villes du circuit sud de l'Ili ou du Turkestan qui ont été cités comme familles payant un tribut ou taxe dont les troupes seules sont exemptes. Les troupes indigènes dont parle le Tsai-tsing-hoei-tien, ne présentaient en 1812 qu'un effectif de 500 mahométans à Kashgai, chef-lieu du circuit ; et commandés par un tsang-kouan, par un fou-tou-tsong-kouang et par 5 pi-tchang, centurions ; leurs garnisons, fournies par les troupes des bannières, ont été données précédemment. Chaque bannière a un tchang-king, un fou-tchang-king pour 10 tso-ling, ou 2 pour plus de 10 tso-ling, un tsan-ling pour 6 tso-ling et un hiao-ki-kiao, 6 ling-tsoui, 50 ma-kia (hommes d'armes) et 100 hien-san (ou hommes sans emploi) pour chaque tso-ling.

Les beys dont nous avons parlé plus haut sont salariés par la Chine ; les dzassack reçoivent une solde et des dons, et envoient annuellement un tribut qui est porté à Péking par les beys, qui font ce voyage à tour de rôle, de manière qu'après six ans chacun d'eux l'a accompli. Ce voyage est fait aux frais de l'État ; le poids des bagages qu'ils peuvent transporter avec

eux est réglé suivant que leur rang est héréditaire ou
non. Les mêmes règles sont observées pour les Kalkas, les Alachans, les tribus de l'Edseni et celle de
Ko-ko-nor, quand ils sont appelés à faire le service
à Péking ou dans les camps de chasse.

Il nous reste à dire quelques mots sur les troupes
du Thibet.

Troupes du Thibet.

Dans le Thibet, les nominations aux emplois civils
et militaires sont faites par le Dalai-lama et par le
ministre résident du Thibet antérieur. Les rangs sont
au nombre de cinq : le plus élevé est équivalent au
troisième rang chinois, mais le bouton qui en Chine
assigne un rang est porté seulement par les tangout
et ne semble accordé que pour les charges héréditaires. Le lama ne porte pas de bouton à cause de
la singularité de sa coiffure. Dans le Thibet antérieur
sont 10 ying, cantonnements ou campements classés 10 comme grands, 43 comme étant de moyenne
grandeur, 25 comme petits, et 14 comme postes de
frontière. Dans le Thibet ultérieur sont 14 ying de
grandeur moyenne et 15 petits ; les tsan-tsan sont
appuyés par un contingent de 646 lou-yng du Sse-
tchouen sous les ordres d'un yeou-ki, de 1 tou-sse,
de 3 capitaines et de 6 officiers subalternes, qui sont
distribués dans les deux provinces ; et par 782 lou-

yng commandés par un yeou-ki, par 1 tou-sse, par
3 capitaines et par 9 officiers subalternes ; ces troupes
sont réparties le long de la frontière du Thibet antérieur qui limite en même temps le Sse-tchuen ; les
troupes indigènes ne dépassent pas 3,000 hommes,
d'après le Tai-tsing-hoei-tien, savoir 1,000 dans le
Thibet antérieur, 1,000 dans le Thibet ultérieur,
500 à Ping-si et 500 à Dziang; elles sont divisées en
petites sections de 25 hommes, sous un pou-hing-
fong (1 a.); 5 de celles-ci forment le commandement de 3 hie-fong (6); 2 de celles-ci forment le
commandement d'un yeou-fong, et 2 yeou-fong un
commandement de tai-fong (4); il y a 6 de ces derniers dans le Thibet. Sur 10 soldats, 5 sont mousquetaires, 3 archers, et 2 hommès sont armés de
sabres et d'épées; ils adoptent la tonsure mantchoue
et ont un uniforme [1]. Leurs armes portent l'inscrip-
tion *fou-ping*, soldats étrangers. Ils sont inspectés
dans les cinquième et sixième mois, lorsque l'agri-

---

[1] En temps de guerre les soldats sont vêtus de cottes de maille faites
de petits morceaux de tôle ou de petites chaînes de fer. Les cavaliers
attachent sur leur casque des houppes rouges ou des plumes de paon ; ils
ont pour armes des épées courtes, un fusil sur le dos et une lance à la main.
Les fantassins ornent leur casque de plumes de coq ; ils portent également au côté une épée courte et un sabre à la ceinture. Ils ont des arcs
et des flèches et des boucliers de roseau ou de bois; quelques-uns sont
armés de lances. Les boucliers de bois ont 45 centimètres de largeur et
1 mètre de hauteur. Un tigre est peint sur le bouclier, qui est entouré
de plumes de différentes couleurs et couvert de tôle en dehors; les
flèches sont faites en bambou avec des plumes d'aigle et une pointe en
fer longue de 10 à 12 centimètres. Les arcs sont de bois recouvert en
corne; ils sont petits, mais très-forts.

culture est finie ; leur poudre provient d'une manufacture locale, mais leurs balles de plomb et leurs
mèches leur sont envoyées du Sse-tchouen.

Ces détails sont clos par cette information importante que dans le Thibet antérieur il y a 13 canons et
dans le Thibet ultérieur 2 ; il n'est rien dit concernant leur solde et leurs rations ; les seuls Yu-mou
inscrits dans cette contrée, sont les Tai-mou ou
Dam-Mongols ; ayant 8 bannières sous les ordres de
8 tso-ling, dont 4 à Tchu-hi-tang, 2 à Tang-ming,
1 à Hou-fou-chan ou montagne des Cinq Bouddha,
ils habitent le long des frontières du Thibet antérieur ;
la dernière bannière est à l'ouest du Yang-tse-kiang.

CHAPITRE TROISIÈME.

LOŬ-YNG OU ARMÉE DU DRAPEAU VERT.

Nous arrivons maintenant aux lou-yng, ou troupes du drapeau vert. Nous sommes accoutumés dans les autres contrées à voir les armées employées à l'attaque des États étrangers ou à la défense de leur propre territoire contre les invasions ; le Tchong-tchou-tching-kao impose aux lou-yng tant de responsabilité comme force de police, que nous sommes portés à les considérer comme une immense troupe de constables plutôt que comme une armée de combattants. Nous avons vu que plusieurs petits corps ont été détachés de ces troupes sur la frontière de l'ouest, pour aider les garnisons des bannières à maintenir l'autorité impériale sur les pays récemment soumis à sa domination ; dans les provinces, des détachements sont employés aussi à tenir en échec les sauvages des frontières et les aborigènes du centre de la Chine. Des navires sont désignés pour faire des croisières le long des côtes et sur les rivières, dans le but de protéger le commerce. Mais les principales fonctions de la plus grande partie des forces de terre des lou-yng sont de découvrir et de prévenir les

PROVINCES.	GRANDES DIVISIONS sous le commandement en chef de hauts — EMPLOYÉS CIVILS.				MILITAIRES.			OFFICIERS DU RANG DE GÉNÉRAL DE DIVISION (2 a).												SOLDATS.		
	Gouverneur général.	Directeur général des fleuves et rivières.	Administrateur général des transports des grains par les fleuves.	Gouverneur.	Général des troupes des bannières en garnison.	Général de la marine.	Général des forces de terre.	Général de division (en province).	Nombre de bataillons du cantonnement.	Fou-tsiang (3 b).	Tsan-tsiang (3 a).	Yu-ki (3 b).	Tou-sze (4 a).	Cheou-pi (5 a).	Cheou-ya (5 a).	Tsien-tsong (6 a).	Pa-tsong (7 a).	Ouai-Oui (8 a).	Ouai-oui surnuméraires (9 b).	Division de guerre cavalerie (ma-ping).	Division de guerre infanterie (you-ping).	Servent dans les garnisons (tcheou-ping).
Péking (*gendarmerie*),	»	»	»	»	»	»	»	5	4	5	5	5	17	»	»	46	92	138	67	4,000	3 000	3,000
Tchi-li..........	1	»	»	»	»	1	»	7	138	9	8	27	61	72	1	161	338	325	462	18,820	12,049	21,311
Chan-si..........	»	»	»	1	»	»	»	2	53	2	44	6	27	27	»	61	137	233	466	4,496	7,469	13,668
Chan-tong.........	»	1	»	1	»	»	»	3	41	5	40	11	14	30	»	59	130	126	128	3,572	2,087	19,317
Ho-nan...........	»	»	1	1	»	»	»	2	35	4	7	5	11	31	»	45	76	84	54	2,563	»	11,033
Kiang-sou.........	1	1	»	1	1	»	»	3	100	6	12	31	28	83	»	143	275	234	188	3,443	9,057	23,390
Ngan-hoëi.........	»	»	»	1	»	»	»	»	9	»	2	2	4	6	»	12	24	»	»	683	1,376	5,861
Kiang-si..........	»	»	»	1	»	»	»	2	38	2	6	6	24	45	7	30	79	89	43	982	2,010	7,787
Tché-kiang.........	»	»	»	1	»	1	»	5	61	12	6	19	27	51	2	186	219	198	163	2,196	10,791	23,752
Fou-kien..........	1	»	»	1	»	1	»	8	78	6	16	44	13	66	»	140	286	291	272	3,780	24,869	32,780
Kouang-tong.......	1	»	»	1	»	1	»	7	95	13	44	33	34	84	»	174	350	293	81	2,183	22,408	42,606
Kouang-si.........	»	»	»	1	»	»	»	2	47	7	6	11	19	30	»	67	123	181	81	1,505	8,212	12,805
Sse-tchuen........	1	»	»	»	1	»	»	4	79	7	7	24	32	51	»	117	217	318	186	4,636	11,311	12,287
Hou-pe...........	1	»	»	1	»	1	»	2	42	4	7	18	11	36	»	76	114	146	110	2,572	5,318	14,262
Hou-nan..........	»	»	»	1	»	»	»	3	53	9	8	15	17	44	1	92	178	175	118	2,262	7,065	16,477
Chen-si...........	»	»	»	1	»	1	»	4	92	6	11	31	37	49	»	94	194	394	369	12,390	47,589	12,085
Kan-sou (*oriental*)...	1	»	»	»	»	»	»	5	85	7	5	36	32	50	»	87	207	394	224	15,558	15,676	40,829
Kan-sou (*occidental*)..	»	»	»	»	»	»	1	2	31	4	4	10	13	19	»	48	92	»	»	6,635	7,682	»
Yun-nan..........	1	»	»	1	»	1	»	6	53	4	12	18	15	48	»	88	190	241	219	2,538	17,329	15,477
Kouei-tchéou.......	»	»	»	1	»	»	»	4	67	4	7	24	22	51	»	114	244	271	190	2,571	12,817	11,288
	8	2	1	45	1	5	11	72	1202	111	164	376	448	860	11	1818	3579	4001	3106	88,094	197,815	320,927

Total général................ 611,626
Total des forces des bannières. 274,835

vols, contrebandes, etc., d'escorter les munitions ou
l'argent sortant de la mine, ou les criminels d'une
juridiction à une autre, ou les courriers chargés du
transport des dépêches. Les officiers supérieurs chargés de la surveillance des digues, des rivières, dans
l'est et le centre de la Chine, et du transport des
grains du centre et du sud de l'empire à la capitale,
ont à leur disposition d'immenses corps d'ouvriers
et employés civils, en même temps qu'une certaine
force de lou-yng.

La classification des lou-yng est beaucoup plus simple
que celle des troupes des bannières. Les soldats sont
divisés simplement en ma-ping, cavaliers, pou-ping,
fantassins, et cheou-ping, soldats servant dans les
garnisons; les officiers sont :

1 *b.*	Ti-tou,	général en chef ou amiral.
2 *a.*	Tsong-ping,	général de division ou vice-amiral.
2 *b.*	Fou-tsong,	correspondant à général de brigade ou contre-amiral.
3 *a.*	Tsan-tsiang,	colonel ou capitaine de vaisseau.
3 *b.*	Yeou-ki,	lieutenant-colonel ou capitaine de frégate.
4 *a.*	Tou-ssée,	major ou commandant.
5 *a.*	Cheou-pi,	capitaine ou lieutenant de vaisseau.
6 *a.*	Tsien-tsong,	lieutenant ou enseigne.

7 *b.* Pa-tsong, sous-lieutenant.

8 *a.* Ouai-ouei, sergent.

9 *b.* Nghe-ouai-ouei, caporal.

Les commandements auxquels ont droit les officiers ci-dessus sont : 1° les piao, confiés aux gouverneurs généraux (tsong-tou), aux gouverneurs (fou-
yuen) et aux commandants en chef des provinces. Ces
piao sont distingués, suivant le rang des officiers
placés à leur tête, en tou-piao, fou-piao et ti-piao.
Ceux qui sont donnés aux surintendants des digues
des rivières, ou des gouverneurs généraux des
fleuves et des routes dans le Tchi-li; le Chan-tong,
le Ho-nan, sont appelés ho-piao; celui qui appartient
au tsao-yun-tsong-tou, administrateur général des
transports des grains par les fleuves, rivières et
canaux, est un tsao-piao. Les généraux de division
(tsong-ping) commandent les tchin-piao; au-dessous
d'eux, les fou-tsang dirigent les hie ou brigades; les
tsan-tsiang, les yeou-ki, les tou-ssée ou les cheou-pi
commandent les yng, bataillons ou cantonnements;
enfin les tsian-tsong, les pa-tsong ou les wai-wei sont
à la tête des sin, postes ou détachements, et des *tin*
ou *pa,* tours où l'on fait le guet et postes de vigie.
Les yng sont subdivisés en postes, et contiennent
toujours un tsiao de gauche et un tsiao de droite,
ronde ou patrouille; les plus grands de ces tsiao sont
encore divisés en ssée principaux et sous-ssée; mais,
dans les provinces, beaucoup de yng ne fournissent
ni sin, ni tin, ni pao.

Les commandements sont ou personnels (kouan-hie), dans lesquels les yng sont sous les ordres immédiats de l'officier auquel le piao ou le tchin-piao appartient; ou commandements en chef (tsie-chi), dans lesquels les yng sont sous le commandement personnel d'une autorité médiate. Les soldats des yng, placés sous le commandement personnel des gouverneurs généraux, des gouverneurs généraux en chef et des généraux de division, sont appelés hiun-lien, hommes exercés aux armes, par opposition à ceux de la même brigade ou division qui sont tchan-fong, détachés pour faire le service des postes extérieurs, tours de vigie, etc.

Les seuls lou-yng qui se trouvaient dans la métropole en 1849 étaient les siun-pou, divisés en cinq cantonnements sous le commandement en chef du ti-tou des neuf portes, ou capitaine de gendarmerie, et dont nous avons déjà parlé. Le cantonnement du centre, sous le commandement personnel de cet officier, est divisé en quatre postes établis aux quatre parcs de Yuen-ming-yuen, de Tchang-tchun-yuen, de Tsing-yuen et de Lo-chen-yuen; les cantonnements du sud et de l'aile gauche sont partagés en dix sin, sous le tsong-ping de l'aile gauche; les cantonnements du nord et de l'aile droite, fractionnés en huit sin, sont sous le tsong-ping de l'aile droite.

Nous allons indiquer quelle est la répartition des lou-yng dans chaque province.

12

Tchi-li.

1° Dans le Tchi-li se trouvent neuf divisions, dont une sous un gouverneur général, une sous un gouverneur en chef, et sept sous les tsong-ping.

Le quartier général du tsong-tou est à Pao-ting-fou; celui du ti-tou est à Kou-pe-keou (nous avons donné la topographie de ces places); la division de Tong-yong est stationnée à Tong-tcheou, où se trouve le quartier général sous les ordres d'un tsong-ping, et à Yong-ping-fou. Le seul fou-tsiang qui soit sous le tsong-tou commande l'yng gauche des tou-piao; il est en même temps tchong-kiun ou adjudant, dans le cas où il n'y a pas de commandant à la division du tsong-tou. Le tou-ssée ou major du même yng remplit les fonctions de tchong-kiun auprès de ce fou-tsiang; l'yng de droite est commandé par un yeou-ki dont le tchong-kiun est un simple cheou-pi de l'yng. Les deux yng de la tête et de la queue sont semblablement commandés. La division de Pao-ting est sous un tsan-tsiang, qui a aussi un cheou-pi, lequel sert de tchong-kiun; les autres yng de Sin-kiong et de Tchang-ouan sont chacun sous un tou-ssée, qui n'ont pas de tchong-kiun. Ceci servira de spécimen pour indiquer la distribution des officiers dans les cantonnements des lou-yng. Les tsiao qui sont divisés à droite et à gauche sont sous le commande-

ment des tsien-tsong et des pa-tsong, et les ssée supérieurs et inférieurs sous les pa-tsong seuls.

Le tsong-tou commande en outre 11 yng de pou-
tao, preneurs de voleurs, à cheval et à pied, qui sont
disséminés dans les subdivisions nord, sud, est et
ouest de Chun-tien-fou, dans le grand département
central du Tchi-li, aux différentes portes de la
Muraille et dans les villes du nord de la province.
Ils présentent un effectif de 565 hommes sous 9 tsian-
tsong, 9 pa-tsong, 8 ouai-ouei et 11 nghé-ouai-ouei;
ils sont mis, en cas d'événement, à la disposition de
l'autorité civile.

Comme surintendant des rivières du nord (pe-ho-
ho-tao-tsong-tou), le gouverneur général commande
les trois yng de rivières, dont un est sur le Yong-
ting, un sur le canal impérial, dans la partie septentrionale, et un sur le même canal, au sud de Tsien-
tsin. Les rivières forment cinq circuits sous cinq
tao-tai : 1° celui d'Yong-ting, comprenant la rivière
du même nom, dans lequel, sous les ordres d'un
tou-ssée, sont 1,589 ho-ping, soldats de rivière;
2° celui de Tong-yong, comprenant le canal dans sa
partie septentrionale; le Tong-houi, le Mi et le Louan,
dans lesquels sont 626 ho-ping, 500 tsien-fou, creu-
seurs de rivières, et 80 kia-kiun, troupe des écluses
placée sous un fonctionnaire civil et sous un petit
nombre d'officiers subalternes militaires; 3° celui de
Tien-tsun, comprenant le même canal impérial et le
Tsée-ya, dans lequel sont 446 ho-ping sous un

cheou-pi. Ces employés n'existent pas dans le circuit
de Tsing-ho, qui comprend la rivière Chou-long,
Kou-ma, Fou-to, les eaux de l'est et les marais de
l'ouest; ni dans le circuit de Ta-ming, qui comprend
les rivières Tchang et Ouei. Le canal, près de
Tong-tcheou, est habituellement sous la direction du
vice-président du ministère des finances, chargé du
dépôt des grains.

Chan-si.

2° Nous avons peu de chose à dire sur les garnisons des lou-yng dans le Chan-si. Le fou-yuen unit à
ses fonctions celles de ti-tou de la province. La
division de Ta-tong fournit, avec celle de Siuen-
houa, dans le Tchi-li, le détachement de 240 lou-yng
envoyés une fois tous les cinq ans, sous les ordres
d'un cheou-pi, à Kobdo et à Oulia-sou-tai.

Chan-tong.

3° Dans le Chan-tong, nous n'avons pas trouvé de
ti-tou, mais une importante section, formée des établissements de rivière, sous un officier d'un rang
plus élevé que le gouverneur, qui cependant ne lui
est pas subordonné.

Le fou-yuen, qui est aussi ti-tou, réside à Tsi-nan-
fou, chef-lieu de la province; le ho-tao-tsong-tou, ou

plus brièvement le ho-tou, surintendant ou directeur général des rivières de l'est de la Chine, habite Tsi-ning-tcheou ; il a sous son commandement personnel 4 bataillons de lou-yng. Son autorité s'étend sur quatre circuits de rivière, du Ho-nan et du Chan-tong, dans lesquels sont 15 bataillons de ho-ping four-nissant 38 détachements. Ces circuits sont : 1° celui de Kaie-ouei, comprenant les préfectures de Kai-fang et de Kouei-te ; 2° celui de Ho-pe, au nord de la rivière Jaune, et dont le quartier général est à Wou-tché-hien ; 3° celui d'Yuen-y-tsao ; 4° celui de Hiun-ho, chargé d'observer les manches qui unissent le canal avec les rivières de Houi-tong, de Kia et de Ouei. Les trois premiers comprennent l'est de la rivière Jaune ; le circuit de Kai-kouei emploie 1,064 ho-ping, 1,452 pao-fou et sao-fou, ouvriers des boulevards et des écluses ; celui de Ho-pe emploie 783 ho-ping, 40 sao-fou et tchouang-fou (abatteurs) ; celui de Yuen-y-tsao, 264 ho-ping, et celui de Yuen-ho, 400 ho-ping et 2,718 kia-fou tsien-fou (voyez dans le Tchi-li) et pa-fou. On donne le nom de *pa* à une espèce de digue ou écluse. Cette province fournit aussi un contingent de ki-ting, hommes préposés à l'escorte des grains, dont nous parlerons tout à l'heure, quand nous arriverons au Kiang-sou, et lorsque nous décrirons les fonctions de l'officier gé-néral commandant les troupes employées au transport des grains.

Ho-nan.

4° Dans le Ho-nan, le fou-yuen ou gouverneur est un ti-tou; cette province est gardée par deux divisions sous un tsong-ping et qui sont celle de Nan-yang-fou et celle de Ho-pé. Cette dernière occupe le même territoire que la division qui est placée sous la surveillance de l'intendant du circuit du même nom; le tsong-ping réside à Houai-king-fou.

Nous avons parlé de l'établissement de rivière qui se trouve dans la province précédente, il ne nous reste plus qu'à avertir le lecteur de ne point confondre les ho-ping et autres employés dont il sera fait mention en parlant du ministère des travaux, avec les lou-yng des tou-piao ou division sous les ordres du tong-ho-tsong-tou, directeur général des rivières de l'est. Les jeunes saules qui servent à faire les maillets dont on a besoin pour la réparation des digues, sont plantés par les soldats des ho-yng, dans la proportion de 100 par homme dans les postes de Houang-ho et de 200 pour ceux qui gardent les postes du canal. Le bas peuple reçoit une rémunération basée sur la quantité de saules d'une certaine force qu'il peut présenter et sur le nombre de fascines qu'il peut fournir pour fermer les brèches causées par les eaux. Le circuit de Kaï-kouei emploie annuellement 2,318 fagots de saules et 36,669 de fascines; celui de Ho-pe, 15,821 de saules, 394 de fascines; celui de

Yuen-y-tsao, 3,165 de saules, 750,890 de fascines ;
celui de Yuen-ho, 2,121 de saules, 149,329 de fascines, et 20,403 de king, grand chanvre.

Kiang-sou. — Ngan-hoei. — Kiang-si.

5° Dans les deux Kiang nous trouvons : 1° dans le
Kiang-sou, une division sous les ordres d'un gouverneur général, une sous ceux du directeur général
des rivières du sud, une sous ceux du surintendant
des transports par le canal, une sous ceux du général
en chef de la province, une sous ceux du gouverneur
et trois sous ceux du tsong-ping. Dans la province
de Ngan-hoei sont deux divisions, une sous la
direction du gouverneur et une sous celle du tsong-
ping, et enfin, dans le Kiang-si, on en compte trois :
une sous les ordres du gouverneur et deux sous
ceux du tsong-ping.

Dans le Kiang-sou, le tsong-tou réside à Kiang-
ning-fou ou Nankin ; le nan-ho-tsong-tou, ou
directeur général des rivières du sud, habite Houai-
ngan-fou, où est aussi le tsao-yun-tsong-tou, ou
surintendant général du transport des grains par le
canal. L'autorité de ces trois fonctionnaires est
entièrement distincte, et ils commandent chacun
séparément leurs troupes. Le fou-yuen réside à Sou-
tcheou, le ti-tou à Song-kiang, chef-lieu de département qui, avec celui de Sou-tcheou, sont gardés

particulièrement par les troupes de la division de Sou-
song; celle-ci et celle de Loang-chin sont toutes deux
des divisions navales; les tsong-ping de ces divisions
sont sous les ordres du ti-tou, qui unit ce pouvoir à
son commandement militaire. Ces trois officiers rendent compte de leur administration au liang-kiang-
tsong-tou.

La navigation de la rivière Kiang-sou reçoit la
protection suivante : la division de Ling-chao envoie
des croiseurs dans l'est, à Liao-kio-tsoui et dans
l'ouest à King-kao, près de Nankin; le contingent de
King-kao à son tour croise entre Lang-chan et Nankin.
Le tsiang-kiun de Nankin expédie des croiseurs dans
l'est à King-kao, et le gouverneur général dans
l'ouest à Ngan-king. Les flottes du Kiang-sou et du
Kiang-si doivent se rencontrer deux fois par mois et
échanger des signes pour indiquer l'exécution de
leur service.

La direction générale des digues des rivières du
Kiang-sou est partagée entre cinq intendants de
circuits de rivières qui sont : 1° celui de Sou-tcheou,
chargé de la rivière Jaune, du Tchong-ho et du canal impérial, depuis Tsi-tcheou jusqu'à Sou-tsien;
2° celui de Houai-yang, chargé d'une partie du département de la rivière Jaune, du lac Hong-tsi et du
canal à Kin-chan, Tsing-pou, Kan-yn, et Pao-yng;
3° celui de Houai-hai, chargé d'une partie du district
de Houai-ngan-fou, et de Hai-tcheou, sur la rivière
Jaune, à son embouchure, des plantations de ro-

seaux employés pour ses réparations, et des chantiers
de construction des deux districts cités ci-dessus ;
4° celui de Tchong-tchin, chargé de Tchang-tcheou
et de Tchin-kiang-fou, où est son quartier général. Il
a l'inspection du canal de cette ville à Kan-tsiuen, à
Tan-tou et Tan-yang; 5° celui du circuit d'Ho-kou,
chargé de la trésorerie de la rivière à Tsin-kiang-pou.
Dans les 4 circuits où se font les travaux, sont 7,254
ho-ping et 2,078 kia-fou, constructeurs de digues,
formant 20 bataillons qui fournissent 56 détachements. Leurs yng, distincts des 4 qui appartiennent
aux lou-yng, sont sous les ordres directs du ho-tou.

La fourniture des matériaux employés dans les
digues et dans les chantiers de construction nommés
ci-dessus, aussi bien que dans ceux de Nankin, Song-
kiang, Sou-tcheou et Tai-tsang, est confiée à des employés appelés ping, soldats qui sont également distincts des lou-yng ; parmi ces employés, ceux qui
travaillent aux digues sont au nombre de 1,449,
divisés en yng de droite et de gauche, chacun sous
un cheou-pi et quelques officiers subalternes. Ceux
qui sont occupés dans les chantiers de construction
sont au nombre de 1,411, ne formant qu'un cantonnement, sous le commandement d'un cheou-pi et
d'officiers subalternes.

La meilleure distinction à établir entre les lou-yng
et les ho-yng ou autres troupes sous le commandement du directeur général des transports par les rivières et canaux, est la suivante : les lou-yng sont des

hiun-lien ou hommes d'armes exercés régulièrement ;
les ho-yng sont employés simplement au service des
ingénieurs et des directeurs de chantiers. Les hiun-
lien ne semblent être attachés à ces officiers généraux
que pour consolider la dignité militaire qui leur est
dévolue comme présidents honoraires du ministère
de la guerre. Cependant ces troupes servent à protéger les districts dans lesquels elles sont en station.

L'autorité du surintendant des transports des
grains par les fleuves, rivières et canaux (tso-yng-
tsong-tou), s'étend sur tous les grands et les petits
postes (weï, so) de grains établis dans huit provinces.
Son quartier général est à Houai-ngan-fou, où sont les
yng du centre, de la droite et de la gauche sous son
commandement personnel, et un autre yng (cheou-
tching) chargé de la garde de la ville qu'il habite ; les
4 autres sont, un à Yen-tching et trois à Hai-tcheou.
L'escorte des grains, dont la surveillance appartient
spécialement à cette province, est faite ainsi qu'il
suit : les grains recueillis dans les districts sont em-
barqués aux 44 weï et 19 so des 8 provinces énumé-
rées ci-dessus par les cheou-pi, les cheou-oey ou les
tsien-tsong. De là ils sont expédiés à Tong-tcheou
et à Tien-tsin, dans le Tchi-li, sous la surveillance
générale de différents employés civils et de certains
tsien-tsong autres que ceux des postes, et de quelques ki-ting, classe d'employés dont il sera question
plus loin. Les jonques chargées de ces cargaisons
de grains se réunissent en flottes et partent à diffé-

rentes périodes, pour éviter toute confusion. Chaque navire porte 300 *tan* ou *chi* de grain et il lui est alloué de 160 à 260 taëls pour couvrir ses frais de voyage.

Les ki-ting, proprement hommes de bannières ou étendards, sont responsables de l'arrivage de la totalité des cargaisons de grains ; ils sont passés en revue tous les quatre ans par les cheou-pi et par les tsien-tsang des ouei-so, lesquels sont réunis aux magistrats du district, dans le cas où il s'agit de renvoyer un ki-ting pour ses méfaits.

Les ki-ting doivent être des hommes très-respectables, possédant un certain avoir ; ils ne sont pas forcés d'avoir obtenu de grades dans les examens. Si à l'inspection qui a lieu tous les ans il est prouvé qu'un ki-ting soit devenu pauvre, il est remplacé par un autre ki-ting pouvant justifier d'une certaine fortune. Ils ont le droit de faire transporter à Tong-tcheou une certaine quantité de grain pour leur propre compte, et si cette quantité dépasse de 100 à 200 chi, la cargaison réglementaire, ils peuvent recevoir comme rémunération le bouton de neuvième rang. Mais si la cargaison n'est pas complète, il leur est infligé une amende égale au montant du déficit, ou plutôt déduction est faite de leur solde, qui est estimée ; 10 à 12 chi de grain sont évalués de 1 taël à 1 taël 1/5 par chi, ou depuis 10 jusqu'à 40 taëls par an. Il leur est alloué en outre 3 chi de grain avec la même estimation, pour les dépenses de leur

voyage. Les données sur ces avances et sur ces dépenses ont été fournies, en 1831, par le Hou-pou-
tsi-li. Si elles sont exactes, les importations de
grains dans la capitale montent à 1,895,400 chi, ou
94,770 tonneaux.

Nous n'avons aucune remarque à faire sur les
commandements divisionnaires du Kiang-sou. Dans
le Ngan-houi, le gouverneur envoie des croiseurs
le long des rivières, à l'est de Nankin et à l'ouest des
frontières du Kiang-si. Dans cette dernière province
les commandants de Nankin et de Kieou-kiang, dont
le quartier général est à Kieou-kiang-fou, ont tous
deux à peu près une division navale sous leurs ordres : ils étendent leur protection jusqu'aux frontières
du Hou-nan. Ces escadres appuient l'autorité des
chefs civils et militaires dans les provinces qu'elles
traversent.

Fou-kien. — Tche-kiang.

6° Nous arrivons maintenant, d'après notre liste,
aux commandements généraux du Fou-kien et du
Tché-kiang. Dans la première de ces provinces, il y
a dans la capitale, à Fou-tcheou-fou, une division
sous les ordres d'un gouverneur général et une sous
ceux d'un gouverneur; à Amoy, une division sous
les ordres d'un amiral; à Tchai-tcheou, une sous ceux
d'un général, quatre de marine sous le tsong-ping,
et quatre divisions de troupes de terre sous le tsong-

ping des forces de terre. Dans le Tché-kiang, la division sous les ordres du gouverneur occupe la station de Hang-tcheou-fou, chef-lieu de la province; le quartier général est à Ning.

Quatre yng, avons-nous dit, sont sous les ordres d'un tsong-tou ou gouverneur général. Un de ces yng appartient à la marine. D'après le Tchong-tchou-tching-kao, cet officier général étend aussi son autorité sur les hai-fang-yng du Tché-kiang, dont il sera question quand nous parlerons de cette province. Sous le général de marine ou amiral, les escadres ou divisions nommées Haï-tan ont leur quartier général à Fou-tsing sur le continent; la division de Quemoy est dans le même district, un peu au nord d'Amoy; celle de Nan-gao (Namoa) est commune aux deux provinces du Fou-kien et du Kouang-tong; leur quartier général est dans le Fou-kien, à Tchao-ngan et dans le Kouang-tong, à Yao-ping. Le Tsong-ping est sous les ordres des deux gouverneurs généraux et des deux amiraux. Le poste extérieur de Formose, quoique inscrit comme division navale, est formé sans doute de forces de terre et de mer sous le commandement d'un tsong-ping, qui est l'officier le plus élevé de l'île. L'intendant est un ping-pi, qui a le pouvoir de mettre les troupes en mouvement et qui est revêtu du titre honoraire de ngan-tcha-ssé ou juge criminel. Le tsang-ping ne peut pas demander la permission de se présenter lui-même à la cour tant qu'il n'est pas promu à un nouveau grade ou relevé à l'expiration de son temps de service. Cet officier est soumis à la même règle n'importe où il commande; il a sous ses ordres 3 yng, dont le quartier général est à Tai-wan-fou; les autres yng, appartenant tous à la marine, sont au nombre de 3 à Tai-wan-fou et de 2 dans le circuit nord; leur quartier général est à Tchang-houa; il existe encore dans le sud 2 autres yng dont le quartier général est à Fong-chan, un à Tan-houi et deux à l'île des Pêcheurs. Le tsang-ping envoie au ministre de la guerre des rapports sur tout ce qui concerne les habitants de Formose; ils sont divisés en insoumis de l'est et soumis de l'ouest, comme les tribus aborigènes du centre de la Chine; il est interdit spécialement aux officiers militaires de prendre possession de terres appartenant aux indigènes insoumis ou à la population reconnue chinoise. Les troupes ou matelots sous les ordres du tsong-ping sont relevées dans le Fou-kien tous les trois ans; cet officier est lui-même responsable vis-à-vis du tsang-kiun de la garnison mantchoue de Fou-tcheou, aussi bien que vis-à-vis de l'amiral du Fou-kien et du gouverneur général du Fou-kien et du Tché-kiang.

Dans le Tché-kiang l'autorité militaire du Fou-yuen semble bornée à ses deux cantonnements; les 5 tchin-piao sont tous sous les ordres du gouverneur de Fou-tcheou et sous ceux du ti-tou du Tché-kiang, qui rend également compte de son administration au même gouverneur général; son rang l'empêche d'être sous les ordres du fou-yuen. Les tchin-piao de marine sont les divisions de Houang-yuen, de Wou-tcheou, de Ting-hai ou Tchou-san, sous le commandement d'un tsong-ping qui dirige en même temps les garnisons de Tching-hai à l'embouchure du Yong-kiang ou rivière de Ning-po.

Sur la côte de Tché-kiang, dans les circuits de Hang-tcheou, se trouve le cantonnement porté sous le nom de Hai-fang (protecteur contre la mer), auquel nous avons fait allusion plus haut; en dehors du gouverneur général du Fou-kien et du Tché-kiang, le gouverneur de cette dernière province étend son autorité sur ce cantonnement. Il est administré par un cheou-pi, par 5 tsien-tsong, par 5 pa-tsong, par 9 ouai-ouei et par 4 nghé-ouai-ouei, qui commandent 300 soldats et 812 pao-fou, constructeurs de digues; ceux-ci, concurremment avec les employés d'un établissement civil considérable situé près de là, sont chargés des réparations de toutes les excavations et de tous les travaux de pierre et de terre exécutés dans le but de s'opposer aux débordements des rivières et de la mer, dans le Kiang-sou et le Tché-kiang; ces travaux s'étendent, pour la première de ces provinces, depuis un lieu situé dans le voisinage de Kin-chan, dans le Song-kian-fou, jusqu'à Chang-hai, et depuis Nan-houi jusqu'à Pao-chan, dans le Tché-kiang. Ces travaux comprennent une immense étendue de contrées situées dans l'intérieur des districts de Sin-ho, Tsien-tang, Hai-ning-ping-hou et Hai-yen, dans le circuit de Hang-tcheou et dans celui de Ning-po, Cheou-hing et Tai-tcheou, et enfin dans les districts de Cheou-yu, Houi-ki, Siao-chan, Yu-yeou et Chang-yu.

Kouang-tong. — Kouang-si.

7° Dans le Kouang-tong, où se trouvent les dernières côtes de la Chine, nous trouvons une division sous un gouverneur général, une sous un gouverneur, une sous un amiral, une sous un général, et 7 sous un tsong-ping, dont 3 appartiennent à la marine ; une est composée de troupes de terre et de mer, et 3 de troupes de terre. Dans le Kiang-si sont une division sous un gouverneur, une sous un général en chef, et 2 sous un tsong-ping, dont une est des plus importantes de l'empire.

Le tsong-kiun des troupes des bannières à Canton étend aussi son commandement sur les forces de terre du Kouang-tong ; le quartier général du gouverneur général et celui du gouverneur sont à Canton, mais celui du choui-sse-ti-tou ou commandant en chef de la marine, est à Hou-men-tchan ; celui du lou-lou-ti-tou ou général en chef des forces de terre est à Houi-tcheou-fou ; la division Hiang-kiang est entièrement de marine, ainsi que celle du fort de Kie-chi, dans le district de Hai-fong, et celle de Na-mou dont nous avons parlé au sujet du Fou-kien. La division Kiong-tcheou ou Haï-nan est composée de

3 yng de marine; le reste de ses forces sont des troupes de terre. Sur le continènt la division de terre de
Nan-tcheou-lien est partagée entre 3 départements
qui donnent leurs noms aux circuits ; le quartier général de cette division est à Cheou-tcheou-fou. Une
grande partie du Kouang-tcheou-fou est sous les ordres du tsong-ping de Nan-tcheou-lien. Un de ses
4 fou-tsiang est commandant de la brigade de Ta-pang,
et les étrangers le connaissent sous le nom de mandarin de Couloun (Kieou-long). La division Kao-lien
ou Kao-lien-lo occupe en même temps les garnisons
de Kao-tcheou-fou , de Lien-tcheou-fou et de Lo-tin-
tcheou ; son quartier général est à Kao-tcheou-fou ;
les troupes du Fou-yuen, dans le Kouan-si, sont stationnées à Kouei-huy, ville principale de la province;
celles du ti-tou sont à Lieou-tcheou-fou ; le quartier
général de la division Tso-kiang (rivière de gauche)
est à Na-ning-fou, celui de la division Yeou-kiang (rivière de droite) est à Sse-ngan-fou ; la direction de ce
dernier poste constitue un emploi spécial auquel Sa
Majesté nomme un candidat présenté par le ministre
de la guerre. Les 4 yng de la division de Tso-kiang
sont en station à Na-ning-fou, dans le sud du Kiang-si,
3 sous le commandement personnel du tsong-ping et un
tenant garnison dans la ville; sous le tsong-ping de
la première division sont 7 fou-tsiang ou généraux
de brigade, savoir : un à Lieou-tcheou, où le ti-tou
commande aussi 7 bataillons, un à Ping-lo à l'ouest
de Lieou-tcheou, un à Nan-tcheou au sud de Ping-lo,

au sud-ouest de Na-ning. A une grande distance de cette ville se trouvent les brigades Sin-taï, Sin-ning et Taï-ping-fou, dont le fou-tsiang réside dans la dernière de ces villes; au nord-ouest de celle-ci est la brigade de Tchin-ngan ; au nord de celle-ci et à l'ouest de Lieou-tcheou, est la brigade King-yuen; enfin un peu au nord de la ville de Kouei-lin-fou, sur la frontière de la montagne, est la brigade I-ning-hien. Ces dernières brigades ont obtenu une triste célébrité dans les troubles causés par les rebelles qui depuis quelques années cherchent à renverser le gouvernement.

Dans le nord du Kouang-si se trouvent quelques commandements militaires locaux parmi les miao-tse aborigènes; leurs employés civils sont nombreux dans les différentes parties de la province, mais l'espace nous manque pour nous en occuper. Le lecteur trouvera beaucoup de détails concernant ces fonctions, qui sont également sous la juridiction du ministère de la guerre, dans les commandements du Sse-tchuen; pour le moment il nous suffira de remarquer que dans le King-yuen, où il y a une brigade de la division du général en chef, se trouvent deux tchang-kouan-ssé, un tchang-kouan (6 a.) et un tchang-kouan-ssé-fou-tchang-kouan (7 a.).

Dans le Kouang-tong, les forces navales doivent croiser sur la rivière une fois tous les trois mois; le commandant en chef de la marine fait lui-même une croisière chaque été et chaque hiver. Comme cette province maritime est la dernière, nous donnerons ici quelques détails sur l'emploi des navires le long des côtes du nord au sud.

La marine de Ching-king croise depuis Tie-chan, près de Charlotte-Pointe, jusqu'aux îles Kin-houa, sur la côte orientale du golfe du Tchi-li. Celle du Chan-tong croise depuis les îles Wang-tching, sur les côtes du Chang-ton, à 20 lieues au sud de Tie-chan jusqu'au cantonnement de Wou-ting, sur les frontières du Tchi-li, et depuis Tching-chan, pointe extrême nord du Chan-tong jusqu'à Ngan-tong, sur les confins du Kiang-sou. La mer entre Tie-chan et Wong-king est sillonnée par les flottes de Chin-king et de Chan-tong; chacune d'elles navigue à une distance de 90 ly de son propre port : la première croise depuis la 5ᵉ lune jusqu'à la 10ᵉ; la division de Tong-tcheou, dans le Chan-tong, depuis la 3ᵉ jusqu'à la 9ᵉ; les autres flottes de la province partagent l'année en un certain nombre de croisières; celle du Kiang-nan prend la mer et revient dans la 3ᵉ lune; celle du Tchi-king fait quatre croisières bimensuelles entre les 2ᵉ et 9ᵉ lunes, et une croisière mensuelle pendant chacune des 4 autres lunes; la flotte du Fou-kien fait une première croisière depuis la 2ᵉ lune jusqu'à la 5ᵉ, et une autre depuis la 6ᵉ lune jusqu'à la 9ᵉ; pendant les 4 autres lunes, différentes escadres parcourent la mer durant un mois à la fois; les mois pairs ou impairs fixent le départ de telle ou telle division; les navires du Kiong-tong écument les mers deux fois par an et six mois de suite.

13.

Afin que l'on puisse s'assurer de l'exécution de leur service, les escadres sont obligées de se rendre à des lieux particuliers assignés comme rendez-vous; la division Sou-song, division navale du Kiang-sou, se rencontre avec celle de Ting-hai à Taï-yang-chan; la division Ting-hai du Tche-kiang avec celle de Houang-yen, à Kiu-long-kiang; celle de Houang-yen avec celle de Wan-tcheou à Cha-kio-chan; celle de Wan-tcheou avec celle de Haï-tan à Han-teou-kiang; celle de Haï-tai du Fou-kien avec celle du Quemoy à Chin-tcheou, et celle du Quemoy avec la section Fou-kien de Namoa. Des dispositions particulières existent pour le Kouang-tong.

La côte est divisée en 5 lou ou circuits d'observation, distingués : 1° en lou d'est supérieur et inférieur; 2° en lou du centre et ouest supérieur et inférieur; les deux croisières qui ont lieu chacune durant la moitié de l'année sont connues sous le nom de croisières avancées et de croisières retardataires; la croisière avancée du circuit d'observation de l'est supérieur est faite sous le commandement du fou-tsiang de Tching-hai, près de Namoa; la croisière retardataire a lieu sous les ordres du tsong-ping de Namoa : toutes deux ont rendez-vous à Kia-tse (Kou-tche) avec les croisières du circuit d'observation de l'est inférieur; celles qui ont lieu dans la première moitié de l'année sont faites par le tsan-tsiang de Ping-hai; celles de la seconde moitié de l'année ont lieu sous les ordres du tsong-ping de Kie-chi. Leur rendez-vous avec celles du centre est à Fou-tong-men; celles du centre, en 1812, étaient faites, la première par le fou-tsiang de Hiang-chan, et la deuxième par le tsan-liang de Ta-pang; mais celle-ci est commandée maintenant par un fou-tsiang. Le rendez-vous de celles du centre avec celles de l'ouest supérieur doit avoir lieu aux îles de Houang-nan; les escadres de cette dernière doivent croiser, les premières sous le tsong-ping de la division Yong-kiang, et les dernières sous le yeou-ki de la même division, lequel est le tchong-kiun (terme qui n'a pas d'équivalent dans notre marine, à moins de l'appeler capitaine de pavillon) du tsong-ping. Cette dernière escadre rencontre la flotte de l'ouest inférieur au large de Nao-tcheou; les deuxièmes prennent la mer pour former une première croisière avec le Fou-tsiang de Hai-heou, et une deuxième croisière avec les tsong-ping de Kiun-tcheou ou Hai-nan; celles-ci se rencontrent encore à Nao-tcheou, que nous venons de nommer; elles doivent aussi chercher le fou-tsiang des hie de Lou-yuen, dans le commandement de Hai-nan, au large de Wei-tcheou. Dans les deux circuits d'observation de l'ouest, il y a aussi trois croisières subordonnées. Dans les eaux orientales de l'ouest supérieur, les yng, à Nao-tcheou, Wou-tchuen et Tong-chan, doivent procéder à deux croisières de six mois, sans être astreintes au rendez-vous des divisions supérieures. Dans le circuit de l'ouest infé-

rieur, le fou-tsiang de Long-men fait aussi deux croisières à une distance de six mois; il se réunit aux
autres au large de Wei-tchou, et, de plus, écume
la mer jusqu'au cap de Pe-long, sur les limites des
eaux étrangères, ou partie occidentale du golfe de
Tonquin, dans lequel les pirates de Cha-poug-tsai furent taillés en pièces par les forces navales de l'Angleterre, en septembre 1849. Le choui-sse-ti-tou, ou
commandant en chef de la marine, doit faire une
croisière à l'est ou à l'ouest, au printemps et à l'automne.

Les croisières (siun) sont divisées en tong-siun sous
un tsong-ping; en tsong-siun sous un fou-tsiang, ou un
tsan-tsiang ou un yeou-ki; en fen-siun sous un tou-
ssée ou un cheou-pi, et en hie-siun sous un tsien-tsong
ou un pa-tsong; les préfixes *tong* et *tsong* doivent être
rendus par général ou en chef; fen par division, et
hie par auxiliaires. Si les tsong-ping ont des raisons
valables, ils peuvent envoyer à leur place un fou-
tsiang d'un tsong-siun, ou, à son défaut, un tsan-
tsiang, mais non point un yeou-ki ou un tou-ssée;
ni l'un ni l'autre ne peuvent commander les divisions
retardataires; ni un cheou-pi, ni un tsong-siun, ni un
tsien-tsong, ni un pa-tsong; ni un fen-siun. Cette classification a probablement rapport au nombre de bateaux que chaque officier peut commander dans une
croisière. D'après un travail local (le Kouang-tong-hai-
fong-houi-lou, ou Abrégé de la défense de Canton),
le circuit extrême de l'est envoie à l'extérieur 15 bâ-

timents conduits par 750 hommes; le circuit de l'est, 10 bâtiments avec 500 hommes; celui du centre, 15 bâtiments avec 750 hommes; celui de l'ouest supérieur en envoie 10 avec 500 hommes, et enfin celui de l'ouest inférieur, 15 avec 850 hommes. A Ching-king, dans la Mantchourie, où les officiers de marine sont désignés autrement que dans le reste de l'empire, le tsang-kiun détache un officier du 3ᵉ rang pour commander un tsong-siun, et trois ou quatre des 4ᵉ ou 5ᵉ rangs pour un hie-siun. Dans le Chan-tong, les siun sont divisés en siun du nord, du sud et de l'est; mais le petit nombre de ses officiers de marine l'oblige à un autre système de croisière qui appartient aux officiers subalternes. Dans tous les cas, le tsong-ping fait tous les trois mois un rapport au ministre de la guerre, pour lui faire connaître les officiers qui ont été employés et les départs qui doivent encore avoir lieu. Un semblable rapport est envoyé au gouverneur général, au gouverneur et à l'amiral [1].

Les bâtiments de guerre sont chargés d'empêcher les îles de devenir le refuge des pirates et des mauvaises gens, et de prévenir les émigrations trop

[1] Les bâtiments chinois sont divisés en bâtiments des eaux intérieures et bâtiments des eaux extérieures. Il existe des chantiers de construction pour l'équipement et le radoub de ces bâtiments, savoir : 1 à Chantang, 5 à Kiang-ning, 3 dans le Tche-kiang, 4 dans le Fou-kien et 5 dans le Kouang-tong.

Les bâtiments naviguant sur les eaux extérieures sont radoubés en partie à la fin de la troisième année, entièrement à la fin de la sixième,

nombreuses de la population qui voudrait se rendre sur ces îles. Des rapports spéciaux sont adressés annuellement à l'Empereur, d'après ceux des escadres chargées des croisières, sur l'augmentation de la population des îles, afin de prévenir la contrebande, la piraterie et autres crimes; il existe des règlements très-stricts concernant le chargement et l'armement des navires marchands de différentes classes, aussi bien que leur peinture, agrès, etc.; tous ces détails doivent être portés sur leur liste de bord ou lettre de navigation. A Macao, dit le Taï-tsin-hoei-tien de 1812, il n'existe pas plus de 25 navires montés par des hommes de l'ouest, et qui sont enregistrés par les officiers de la localité. Les navires et les militaires de plusieurs stations ont des ordres sévères qui les obligent à porter assistance aux marchands dans l'embarras, et le Tchong-tching-tchou-kao de 1825 fait connaître un vieux décret du règne de Kia-king, par lequel les officiers sont responsables des méfaits que les pirates peuvent commettre dans les eaux de la Chine envers les bâtiments étrangers.

et condamnés à la fin de la neuvième, à moins qu'ils ne soient jugés encore bons pour tenir la mer. Dans ce cas, le gouvernement ordonne qu'ils soient radoubés de nouveau. Les bâtiments des eaux intérieures sont radoubés en partie après trois ans, entièrement après cinq ans et en partie encore à la fin de trois autres années. Dans le Tché-kiang, le Fou-kiun et le Kouang-tong, les voiles et les agrès de la marine extérieure sont réparés annuellement, dans les autres provinces tous les trois ans; ceux des bâtiments des rivières, une fois tous les cinq ans.

Ssé-tchuen.

8° Dans le Ssé-tchuen, la répartition des lou-yng
offre ceci de particulier, comme nous l'avons déjà remarqué, qu'il y a une kiun-piao ou division du drapeau
vert placée sous le commandement unique du tsiang-
kiun des troupes des bannières en station à Tching-
tou-fou. Il y a en outre une division sous un gouverneur général, une sous un général en chef et quatre
sous des tsong-ping.

Les quatre premières divisions ont toutes leur
quartier général à Tching-tou-fou, capitale de la
province; le ti-tou a trois yng sous son commandement personnel, dont un garde la ville; le reste de
sa division est distribué dans différents districts et
départements, au nord, à l'ouest et au sud, quelquefois à une grande distance.

Le tsong-ping de la division de Tchuen-pé, c'est-
à-dire du nord du courant, réside à Pao-ning-fou,
sur le bord oriental de la rivière de Kai-ling. Ses
cantonnements sont répandus sur le delta compris
entre cette rivière et le Yang-tsée-kiang, dans une
préfecture, nommée Chun-king-fou, située sur le
bord occidental du Kai-ling; dans une sous-préfecture, lou-tcheou, sur le bord occidental du Yiang-tsée
et dans la contrée située entre le Yiang-tsée, et un
de ses affluents, le Tchi-choui, et sur les frontières

du Yu-nan et du Kouei-tcheou. La division du Ssé-tchuen, à l'est du Yang-tsée, est sous les ordres du tsong-ping de Tchong-king.

Tous les dix mois, la division de Tchuen-pé, celle de Tchong-ping, une fois dans l'année, se mettent en mouvement le long de la frontière inté-rieure du Ssé-tchuen. Dès que leurs observations sont terminées, le ti-tou visite lui-même les mêmes pays. Dans la deuxième lune de chaque année, les brigades de Sou-ting et de Kouei-tcheou appartenant à la divi-sion du Tchuen-pé, ont rendez-vous sur les fron-tières avec les troupes de la division Chen-ngan du Chan-si, dont nous parlerons plus loin. La mission de ces détachements est de battre les repaires des montagnes et les forêts communes aux deux pro-vinces; ils ont été établis en 1810, après la disper-sion des lou-ly blancs, faction de ce pays.

Dans le Ssé-tchuen sont les siuen-yeou-chi, qui sont assimilés aux Chinois de la deuxième classe du troisième rang; les siuen-fou-chi (4 *b*), les ngeou-fou-chi (5 *b*), les tsien-hou (5 *a*), commandants de cent familles; les pe-hou (6 *a*), les tchang-kouan-sse-tchang-kouan et les tchang-kouan-sse-fou-tchang-kouan.

Le reste de cette immense province est coupé par des montagnes occupées par des tribus insoumises; elle est observée au sud par la division de Kien-tchang, dont le quartier général est à Ning-yuen-fou, et au nord par la division de Song-pouan, dont le tsong-ping réside à la ville principale du Ting, sous-préfecture indépendante ainsi nommée. La première de ces divisions a le commandement le plus étendu; elle s'étend depuis les frontières du Yu-nan jusqu'à la frontière du Kan-sou à Long-ngan-fou. La division de Song-pouan, quoique moins étendue, est presque aussi irrégulière dans ses limites, comme nous le verrons en parlant des plantations.

Nous avons dit plus haut que 782 soldats du lou-yng étaient stationnés le long des frontières du Ssé-tchuen et du Thibet antérieur, ou plutôt dans les chantiers, le long de la ligne de communication entre Tou-tsien-lou (fonderie de pointes de flèches) et la frontière du Thibet. On ne dit pas de quelle division ils sont détachés.

Sous la juridiction du fou-tsiang de Meou-kong, sont certains fen-tun employés dans les plantations sur les territoires des tribus insoumises. Cette brigade fait partie de la division de Song-pouan, dont le quartier général est près du chef-lieu. Il y a d'autres fen-tun dans le cantonnement de Sou-tsing, et qui appartiennent à la même brigade. Il y en a aussi à Ouei-tcheou; leur général est sous les ordres du tsong-ping de la division de Kien-tchang; on en trouve encore à Tsa-kou et Ta-tsien-lou.

Le mot fen est appliqué à différents établissements, plantations ou colonies dans l'I-li, le Kan-sou occidental, le Hou-nan, le Ssé-tchuen, le Yu-nan et le Kouei-tcheou. Dans le Ssé-tchuen, ils sont carac-

térisés comme fen-tun et comprenaient, en 1812,
72,374 familles insoumises, dernier reste, sans doute,
du petit royaume de Kin-tchuen, conquis par Akou
en 1760. A 34 lieues du chef-lieu, à l'ouest et au
sud de Mao-kong-ting, sont 5 tun comprenant plus de
184,000 acres chinois, et commandés par 16 cheou-
pi, par 24 tsien-tsong, par 41 pa-tsong et par 96 ouai-
ouei, distribués ainsi dans les cantonnements :

	Mao-kong.	Sou-tsing.	Ouei-tcheou.
Cheou-pi . . .	4 . . .	2 . . .	10
Tsien-tsong . .	9 . . .	» . . .	15
Pa-tsong. . . .	8 . . .	8 . . .	25
Ouai-ouei . . .	21 . . .	25 . . .	50

Les soldats sous leurs ordres cultivent une certaine
étendue de terrain pour une somme qui est fixée
d'avance, et prêtent assistance au pouvoir civil pour
percevoir ce qui est dû à la couronne par les fan-hou
ou population insoumise.

Les colonies ci-dessus ou plantations peuvent être
regardées comme faisant partie de la frontière naturelle du Ssé-tchuen, quoiqu'elles soient considérablement en deçà de ses limites territoriales ou géo-
graphiques; mais les tribus dispersées au nord et au
sud, dans les divisions centrales et dans celles de
Kien-tchang et de Song-pouan, sont administrées
par des chefs pris parmi eux, auxquels sont données
des commissions locales avec des titres militaires chinois, distribués par le ministère de la guerre : ces

chefs partagent leur commandement avec d'autres chefs qui ont un rang et des titres héréditaires, et dont les patentes leur sont données par le ministère de la guerre, qui est en même temps compétent pour les nommer et les dégrader.

Les premiers sont appelés tou-pien, officiers de la localité; ceux-ci, en 1812, étaient 4 tsien-tsong et 4 pa-tsong dans le district de Ngo-mei, à Kia-ting-fou; les autres étaient distingués par des titres employés sous la dynastie des Ming.

Hou-pé. — Hou-nan.

9° Le gouvernement général du Hou-kouang comprend, dans le Hou-pé, une division sous un gouverneur général, une sous un gouverneur, une sous un général en chef, et deux sous un tsong-ping; dans le Hou-nan, une division sous un gouverneur, une sous un général en chef, et trois sous un tsong-ping.

Dans le Hou-pé, le tsong-tou et le fou-yuen ont leur quartier général au chef-lieu Wou-tchang-fou. Le ti-tou est à Kou-tching-hien, ceux des divisions Yun-yang et I-tchang sont dans les villes du département du même nom. Le tsong-ping de la dernière, dont le commandement s'étend sur la province tout entière, comprend un tou-ssé aborigène dans le district de Chou-san, à Yun-ngan-fou. Les officiers de ce pays semblent cependant être officiers civils par leur désignation.

La section Hou-kouang, à l'est du Yang-tsée-kiang, est appuyée par la même division, qui écume la rivière depuis Hing-kouo jusqu'aux confins du Kiang-si; à l'ouest et près de Wou-tchang-fou se trouve le poste de rendez-vous de ces forces. Cette section croise aussi dans le bas de la rivière jusqu'à ce qu'elle ait rencontré les troupes de Yo-tcheou du Hou-nan, et à l'embouchure de la rivière jusqu'à Wou-chai en deçà des frontières du Ssé-tchuen.

Dans le Hou-nan, le fou-yuen réside au chef-lieu, Chang-cha-fou; le ti-tou, à Chui-tcheou-fou, sur le versant occidental de la chaîne qui traverse la province du nord au sud. Le tsong-ping de Yong-tcheou a son quartier général dans la ville du département du même nom, au sud de la province. La division du tsong-ping de Chin-kan occupe la ville de Tchin-kan, dans le Fong-houang-king, contrée des Miao-tsée, dans laquelle est également située la garnison de Sui-tong. Le quartier général du tsong-ping est à Sui-tsing-tchin.

La contrée des aborigènes est abondamment fournie de troupes; elle contient les quatre cinquièmes de tous les cantonnements des provinces; le tsong-ping qui commande ces forces est sous les ordres du ti-tou du Hou-nan et du gouverneur général ou tsong-tou du Hou-kouang, au lieu d'être sous ceux du fou-yuen ou gouverneur du Hou-nan, pour qu'il ne réunisse

pas la charge et le titre de ti-tou ; mais le fou-yuen,
suivant le Taï-tsing-hoei-tien, a sous son commandement un certain nombre d'officiers chinois employés
dans les ten des Miao aux plantations des aborigènes
soumis, dans le Fong-houang-ting, le Yong-sui-ting,
le Kien-tcheou-ting, le Ma-yang-hien et le Pao-
tsing-hien. Ces officiers, en 1812, étaient 6 cheou-pi,
6 tsien-tsong, 10 pa-tsong, 17 ouai-ouei et 17 nghé-
ouai-ouei, planteurs, distingués par la préfixe *ten*
(appliquée aux plantations), des mêmes officiers des
bataillons des lou-yng. Les premiers sont choisis
parmi les soldats des lou-yng des mêmes divisions,
recommandés par leur connaissance des chemins des
aborigènes : les aborigènes peuvent être promus ten-
ouai-ouei, et de là, par une gradation régulière,
tsien-tsong ; un tsien-tsong servant avec distinction pendant cinq ans peut être recommandé par le
gouverneur général au ministère pour être présenté
à Sa Majesté et élevé au rang de ten-cheou-pi ; mais
s'il a servi cinq ans sans aucune distinction particulière, sa commission de tien-tsien-tsong est renouvelée
par le ministère de la guerre. Les pa-tsong et les
ouai-ouei qui sont les mieux notés sont susceptibles
d'être nommés cheou-pi. Le seul cantonnement porté
sur le livre rouge de 1849 est la 25ᵉ division du
Tchin-kan, appelée Te-ching, ou Victorieuse. Le Taï-
tsing-hoei-tien de 1812 donne un total de 7,000 ten-
kiun, ou troupes des plantations, sous le gouverneur
du Hou-nan, en sus des piao réguliers.

Les cantonnements de la division Tchin-kan sont disséminés irrégulièrement dans la province, mêlés apparemment avec ceux de la division du ti-tou et embrassant le nord, le sud et l'ouest; la brigade de Yo-tcheou fait partie de la division de Tchin-kan; elle protége, comme nous l'avons dit en parlant de la division du Hou-kouang, une partie de la navigation du Yang-tsée-kiang et celle du lac de Tong-ting.

Kan-sou oriental. — Kan-sou occidental.

10° En parlant des lou-yng du Kan-sou, nous avons déjà fait connaissance avec les garnisons de l'I-li et du Turkestan oriental. La division du gouverneur général du Kan-sou et du Chan-si a son quartier général au chef-lieu, Lou-tchéou-fou. Le général en chef, demeurant à Kou-tcheou, commande les lou-yng du Kan-sou oriental, qui est en outre gardé par quatre divisions sous leur tsong-ping. Le ti-tou d'Ourum-tsi commande dans l'ouest; il est appuyé par deux tsong-ping, dont l'un est à Pa-li-kouan et l'autre à Soui-ting-tching.

Les détachements de lou-yng du Kan-sou sont les houan-fong, garnisons protectrices des villes au delà de la frontière, et les ten-fang, employés à la culture des plantations coloniales. Tous deux sont relevés tous les cinq ans. La division du tsong-tou de

Lou-tchcou envoie un détachement de houan-fong à Kou-tché, dans le Turkestan; celle du ti-tou de Kou-tcheou détache des houan-fong à Aksou et à Ou-tché, et des ten-ting à Ou-tché et à Tarbagataï. La division Ning-hia envoie des houan-fong et des ten-ting dans les mêmes places. Celle de Si-ning envoie des houan-fong à Kashgar, celle de Liang-tcheou envoie également des houan-fong à Yen-gi-hissar, à Kho-tté, à Yarkand, à Aksou et à Ou-tché, et des ten-ting à Ou-tché. Celle de Sou-tcheou envoie des houan-fong à Aksou et à Ou-tché, et des ten-ting à Ou-tché et à Tarbagataï. Les différents yng de ces divisions générales contribuent au plus pour le tiers ou le quart de cavaliers ou de fantassins à fournir aux houan-fong.

Les lou-yng du Kan-sou occidental envoient seulement à Aksou des houan-fong qu'ils détachent de Pa-li-kouan; mais la division de l'I-li est elle-même un immense détachement; à Soui-ting-tchin, à l'ouest de Kouldsa, est l'yng central; à Kouang-yn-tchu, au sud de Sou-ting, est l'yng de gauche; il s'en trouve un autre à Tchou-te-tching, sur la rivière Ghorkas, qui donne son nom au cantonnement; un à Pa-yen-tai, ou Hi-tchun-ching; un à Tarkhi, un à Kour-kara-ou-sou, un sur la rivière Tsing, un à Kalapar-kosun et un à Kong-ning-tchun; les plantations sont à Sou-ting-kouang-yn, à Tchan-té, à Kong-chin, à Hi-tchun et à Tarkhi; elles sont vingt en tout, sous des tsong-ping, et sont cultivées, en partie et quelquefois entièrement, par leurs soldats. Dans la

14

division Pa-li-kouan sont des plantations appartenant
aux cantonnements du centre, de la gauche et de la
droite, sous le commandement personnel du tsong-
ping; trois dépendent de la brigade des six cantonnements dont le quartier général est Hami; trois sous les
yeou-ki de Kou-tching et un sous le cheou-pi de
Mou-lou-i, qui, avec quatre autres yng, composent la
brigade de Ngan-si, observent les contrées situées
sur les bords du désert. Les trois autres yng sont :
un dans la ville d'Ourum-tsi ou Te-houa-tcheou, un à
Te-houa-tcheou, un peu à l'ouest d'Ourum-tsi, et un à
Pourun-kir, sur la rivière Saghalien. A Ourum-tsi,
quatre plantations sont sous la direction des yng du
centre, quatre sous ceux de la gauche, et quatre sous
ceux de la droite. En 1812, les cantonnements de
Tsing-ho et de Turkara-ou-sou appartenaient aux
ti-piao; ils ont été depuis transférés au tsong-ping
de l'I-li, mentionné ci-dessus.

Sous la surveillance du ti-tou du Kan-sou sont :
1° 2 pâturages du gouvernement, contenant en tout
6 troupeaux de chevaux; 2° 1 sous la direction du
tsong-ping de Liang-tcheou (5 troupeaux); 3° 1 sous
celui de Si-ning (5 troupeaux), et 4° 1 sous celui de
Sou-tcheou (5 troupeaux). Dans le Kan-sou ouest, sous
les ordres du ti-tou d'Orum-tsi, est un pâturage pour
5 troupeaux; le tsong-ping de Pa-li-kouan en surveille un autre de 6 troupeaux, dont 5 de chevaux
et 1 de chameaux. A Kou-tching, dans la même
division et dans la brigade de Nghan-si, on trouve

un pâturage pour 5 troupeaux de chevaux. Chaque troupeau de chevaux contient 40 étalons et 200 juments, ce qui donne pour cette province un total de 1,640 étalons et de 8,200 juments; les chameaux sont 200 par troupeaux, mâles et femelles. Le soin de ces chevaux est confié à 370 mou-ting ou pâtres, qui sont gardés ensuite par les ouai-ouei des divisions de lou-yng cités ci-dessus, lesquels durant ce service sont appelés mou-fou, et par des officiers subalternes, mou-tchang, qui sont aussi sous la direction d'un haut officier des yng, détaché. Les chameaux sont gardés de la même manière[1]; ils sont élevés pour le service de la guerre.

Il ne nous reste plus qu'à parler des officiers militaires des tribus de l'ouest, au confluent de la rivière Jaune, au-dessus de Lan-tcheou-fou et en deçà des frontières du Kan-sou; ces officiers sont 8 chi-houi-chi (3 a.), 7 chi-houi-tong-tchi (3 b.), 8 chi-houi-tien-chi (4 a.), 8 tsien-hou (5 a.), 2 fou-tsien-hou (5 b.), 28 pe-hou (6 a.), 1 fou-pe-hou et 22 pe-tchang. Une partie de ces titres provient encore de la dy-

---

[1] Des dispositions analogues ont été prises à Tarbakataï et sur une large échelle dans l'I-li. Dans l'I-li neuf pâturages de chevaux sont sous la direction des tchahar de la province : il y en a quatorze dans celle des Elouth, en même temps qu'un pâturage de chameaux. Il n'y a qu'un troupeau pour chaque pâturage, et comme la proportion est la même que ci-dessus, nous avons un total de 920 étalons et de 4,600 juments avec 200 chameaux dans l'I-li; à Tarbakataï, où les tchahar gardent un pâturage, un troupeau, et chez les Elouth six troupeaux de 280 étalons et 1,400 juments.

nastie des Ming, quelques-uns sont décrits comme tsien-hou, pe-tchang, c'est-à-dire commandants de 1,000 ou de 100 familles. Ceux-ci reçoivent du ministère de la guerre leur commission ou patente, qui, dans presque tous les cas, est héréditaire. C'est tout ce que nous connaissons de leur organisation militaire.

Chan-si.

Dans le Chan-si, le fou-yuen réside à Si-ngan-fou, capitale de la province, qui est aussi le quartier général de la division à laquelle elle donne son nom. Mais le ti-tou demeure à Kan-yuen, dans le Kan-sou, et le tsong-ping de la division de Ho-tcheou reste à Ho-tcheou, dans la même province. Hing-ghan-fou, sur la frontière du Hou-pé, est le quartier général de la division de Chen-ngan, et Yu-lin dans le nord, dans la grande muraille, celui de la division de Yen-soui.

Le fou-piao, ou la division du gouverneur, détache des houan-fang à Kou-tché; les ti-piao, à Kou-yuen, à Yarkand, à Aksou et à Ou-si, et les ten-ting à Ou-si et à Tourfan. La division Yen-soui, ce qui est assez bizarre par rapport à sa position, fournit des détachements de houan-fang à Kashgar et à Kharasai, et des ten-ting à Tourfan; celle de Ho-tcheou détache des houan-fang à Yen-gi-hissar. La division de Sui-gan envoie à

Tourfan des ting-tchai, et celle de Chen-ngan en fournit également à Tourfan.

Cette dernière division, comme nous l'avons déjà observé, se réunit périodiquement avec les brigades Sui-ting et Houei-tcheou de la division de Tcheou-pé, le long de la frontière du Ssé-tchuen; la rencontre a lieu dans le deuxième mois. Le dixième mois, la division du ti-tou part de Ki-yuen pour battre les montagnes du Chan-si. Ki-yuen est située à l'ouest de Peling, mais nous n'avons rien qui nous permette de faire connaître la route parcourue par ces troupes. Toutes ces divisions, excepté celles du gouverneur et du tsong-ping de Chen-ngan, sont subdivisées en un grand nombre de petites stations, sin et piao, qui sont occupées par des postes subalternes permanents.

Yun-nan. — Kouei-tchou.

11° Les dernières troupes répandues dans les provinces et appartenant à l'étendard vert, sont celles du Yun-nan et du Kouei-tcheou. Dans la première de ces provinces, les divisions principales sont sous le gouverneur général, le gouverneur et le général en chef, et sont au nombre de six sous un tsong-ping. Dans le Kouei-tcheou se trouvent : une division sous un gouverneur, une sous un général en chef, et quatre sous le commandement d'un tsong-ping.

Le tou-piao du Yun-nan est au chef-lieu Yun-nan-fou, où réside aussi le fou-yuen; le ti-tou demeure à Ta-li-fou, vers la frontière nord-ouest de la province; plus loin, dans la même direction, à Ho-king-tcheou, est stationné le tsong-ping de la division de Ho-li, qui tire son nom du département ci-dessus mentionné et de la préfecture de Li-kiang-fou. Au sud-ouest, nous trouvons le quartier général d'une division, à Tang-yue-ting; dans le sud, celui d'une autre division, à Pou-eul; une autre à In-ngan-fou, qui, avec Yuen-kiang-tcheou, lui donne son nom, et enfin une autre à Kai-houa-fou. La dernière qui reste, celle de Tcheou-tong, est à l'extrême nord.

Les officiers supérieurs de la division Tang-yue reçoivent une solde plus forte, ainsi que les officiers inférieurs de la brigade long-ling de cette division. La position géographique des autres divisions indique suffisamment le pays qu'elles gardent, à l'exception de Kai-houi, qui touche à la frontière de la Cochin-chine, mais le fou-tsiang ou général qui la commande a son quartier général à Tsou-yong-fou, à 50 milles à l'ouest du chef-lieu.

Nous avons encore à parler des tribus tartares ou indépendantes, dont les officiers indigènes sont distingués par des titres appartenant aux lou-yng chinois (tou-kien), ou par d'autres qui ne sont plus en usage dans l'empire (tou-sse), et dont il a déjà été question. Parmi les premiers on trouve à Li-kiang-fou un cheou-

pi et 2 tsien-tsong; à Tchong-tien-ting, 2 cheou-pi,
5 tsien-tsong et 10 pa-tsong; à Wei-si-ting, 2 tsien-
tsong et 1 pa-tsong; à Yun-long, 4 tsien-tsong et
1 pa-tsong; 2 tsien-tsong à Pao-chan et à Yong-
tchang-fou, et 5 pa-tsong à Tang-yue-tcheou; il y a
aussi 3 officiers indigènes du 6ᵉ rang militaire, et 2
du 7ᵉ, résidant dans le Yun-nan. Les tou-sse sont à
Tang-yuen-tcheou, à Chun-ning-fou, à Yong-tchong-
fou, à Fong-ling-ting, à Tong-tchuen-fou, et en deçà de
la frontière du nord de la province, à Pou-eul-fou. Ils
comptent parmi eux 3 si-suen-yu-chi (3 *b*.), 4 siuen-
fou-chi (4 *b*.), 1 tsien-hou (5 *a*.) et 2 ngan-fou-chi (5 *b*.).
Un coup d'œil sur la carte indiquera où sont situées
les tribus en question. Dans le Kouei-tcheou, le fou-
yuen réside à Kouei-yang, le chef-lieu. Le ti-tou, au
sud, à Ngan-tchen-fou. La division de Ngan-i tire son
nom de la dernière ville mentionnée et de celle de
Ling-i; le quartier général de son tsong-ping est près
des Miao-tsée, sur les frontières du Kouang-si, à
l'extrémité orientale de la même ligne; à Li-ping est
le tsong-ping de la division de Pou-tcheou. La division
de Tchen-yuen est à l'extrémité orientale; celle de
Wei-ning est à l'extrémité occidentale de la province.
La dernière de ces divisions est immense; nous
pourrons nous former une idée de son étendue par
ce fait, que la brigade de Song-teou, sur la frontière
du Hou-nan et du Kin-tcheou, dans le nord de la
dernière province, et celle de Tou-yun, sont toutes
deux sous sa juridiction, qui, en vérité, peut être

regardée comme comprenant les trois quarts du Kouei-tcheou.

Parmi les officiers indigènes (tou-pien), il y a 44 tsien-song occupant Kouai-yang-fou, Ting-fou-tcheou, Lo-fa-tcheou, Tai-kong-ting, Tsing-kiang-ting, Houang-ping-tcheou, Kou-tcheou, Hia-kiang-ting, Lang-tai-ling, Po-ngan-tcheou, Po-tchin-ting, Tan-kiang-ting, Tou-kiang-ting, Ma-ha-tcheou et Tsing-ping-hien, plus 21 pa-tsong dans les mêmes districts, qui sont situés dans la partie sud-ouest de la province. Dans l'intérieur, ou près de la contrée des Miao-tsée, il y a en outre, comme dans le Yuen-nan, 2 officiers militaires du sixième rang et 5 du septième.

Les tou-ssé ont peu de désignations; ils sont au nombre de 64 tchang-kouan-ssée, dont 7 tchang-kouan (6 a.) et 17 tchang-kouan-ssée-fou-chang-kouan (7 a.); ils sont dispersés dans les districts ci-dessus et dans plusieurs autres au nord de ceux-ci, en y comprenant même Song-tou-king.

Dans la contrée des Miao-ssé, il y a des officiers de lou-yng détachés aux plantations comme dans le Hou-nan : ce sont 9 cheou-pi, 30 tsien-tsong, 60 pa-tsong, 112 wai-wei, tous avec la préfixe miao ; il y a aussi 10 miao-wei-tsien-tsong. Les troupes sous leur commandement présentaient, en 1842, un effectif de 9,339 ten-kiun, soldats des plantations. Le fou-yuen est inscrit dans cette organisation militaire comme ayant l'autorité générale sur ceux qui cultivent des terres le long de la frontière du Hou-nan et de Kou-tcheou, ce qui nous porte à inférer qu'un cheou-pi est stationné à Tong-yun-fou et tout le reste à Song-teou.

Nous venons de faire connaître très-sommairement le nombre et la disposition des troupes des lou-yng; nous dirons quelques mots maintenant de la nomination de leurs officiers.

CHAPITRE QUATRIÈME.

AVANCEMENT. — RÉCOMPENSES.

Nous avons dit précédemment que tous ceux qui avaient un rang héréditaire ou qui avaient obtenu un brevet de capacité à la suite d'un concours, avaient droit à une charge ou emploi [1].

Dans les lou-yng, un tsze et un nan, derniers ordres de la noblesse nationale, peuvent être inscrits sur la liste des candidats aux vacances de fou-tsiang; un king-tché-oey (3 *a.*) peut être promu tsan-tsiang ou yeou-ki; un ki-tou (4 *a.*) peut être nommé tou-ssé, un yun-ki-oey (5 *a.*) peut être promu cheou-pi; un yng-seng du quatrième rang, ayant passé trois ans dans les lou-yng, peut être nommé tou-ssé; un yng-seng du cinquième rang (*a*), tcheou-pi; celui du cinquième rang (*b*), cheou-yn; celui du sixième, tsien-tsong d'un yng ou d'un wei; celui du septième au huitième, pa-tsong ou wai-wei.

---

[1] Une direction nommée vou–siuen-li-sse est chargée d'examiner et de classer les rangs et les grades des mandarins militaires, de régler les droits aux promotions ou à l'avancement. C'est elle qui est chargée en même temps de déterminer l'emplacement des différentes garnisons et des campements le long des fleuves et des canaux ou sur les frontières.

Les yng-seng des bannières obtiennent des commissions dans les bannières d'un rang équivalent au leur et reçoivent un brevet.

Les Chinois des cinq ordres de la noblesse qui ont servi trois ans comme gardes peuvent être nommés fou-tsiang par Sa Majesté. Le king-tchou-tou-oey et les yu-ki-oey qui ont servi trois ans dans une division de lou-yng comme surnuméraires, peuvent être appelés à remplir le poste auquel ils ont droit en vertu de leur rang héréditaire ; les ngan-ki-oey peuvent être faits tsien-tsong.

Les tsin-tzée, militaires de l'ordre le plus élevé, lesquels sont au nombre de trois, peuvent être nommés gardes de première classe, les autres peuvent être nommés cheou-pi. Les kiu-jin des han-kiun peuvent devenir tsien-tsong des postes de wei employés pour le transport par les canaux. Un tsin-tzée, après avoir servi comme ti-tang pendant cinq ans, peut être nommé cheou-pi de lou-yng; les kin-ji, servant comme ti-tang, sont classés ; la première classe devient cheou-pi de yng ou wei; la deuxième classe, cheou-oey ou tsien-song des so pour le service du canal.

Les vacances sont distinguées en vacances de bannières, vacances de lou-yng, vacances de wei, ou vacances de poste. Les vacances de bannières (ki-kine) doivent être remplies ou par un candidat appartenant au tsan-ling ou commandement des officiers d'état-major, ou au tso-ling, compagnie de 150 hom-

mes dans lesquels elles ont lieu, ou bien par un
candidat pris en dehors de la même aile de la bannière, ou choisi en dehors des trois bannières supérieures ou des cinq inférieures, ou en dehors d'une
des deux bannières de la même couleur, avec et sans
bordures, ou en dehors de toutes les bannières ; les
Chinois sont ordinairement inéligibles pour une de
celles-ci ; mais les Mongols peuvent remplir les vacances mantchoues, et les Mantchoux, qui sont tous
candidats aux quelques emplois spécifiés comme
Mongols, empiètent largement sur les lou-yng. Sur
les frontières, les garnisons des lou-yng du Tchi-li et
du Chan-si ont toujours à leur tête 4 fou-tsiang, 3
tsien-tsiang, 6 yeou-ki, 21 tou-sse et 33 cheou-pi,
tous Mantchoux. Dans l'intérieur du Tchi-li, chaque
cinquième vacance de fou-tsian et de tsang-tsiang
est remplie par un Mantchou, et trois vacances sur
dix lui sont aussi réservées pour les grades d'yeou-ki,
de tou-szé et de cheou-pi. Dans le Chen-si et le Kan-
sou, et dans la division Song-pouan du Ssé-tchuen,
une vacance sur quatre de fou-tsiang et de tsan-tsiang,
une sur six de yeou-ki et de tou-szé et une sur cinq
de cheou-pi, sont occupées de la même manière. Les
termes indiquant les vacances parmi les troupes du
drapeau vert (yng-kiue) s'appliquent à celles des siun-
pou de la gendarmerie des troupes de terre et de mer
dans les provinces, dans les hou-ping ou cantonnements de rivière.

Les wei-kiue, vacances dans les lieutenances des

oüei et des so, au département du transport sur les canaux, ne sont remplies que par les Chinois.

Les men-kiue, vacances de postes, sont remplies, pour les postes de la ville, par des officiers subalternes qui ne sont pris que parmi les lan-kiun; les autres men-ling et men-li sont comptées parmi les ki-kiue.

Lorsqu'il s'agit d'une nomination, à moins que l'Empereur ne signifie sa volonté de voir appeler un officier à succéder au commandement d'une division de ti-tou ou de tsong-ping, des listes lui sont présentées par le ministère de la guerre; les 2 tsong-ping du Kouang-si et du Yuen-nan, comme nous l'avons remarqué, font exception à cette règle.

Quant aux fou-tsiang et autres officiers, jusqu'au grade de cheou-pi inclusivement, il existe dans les commandements ou cantonnements des différentes provinces un certain nombre de nominations qui sont ti-kue, c'est-à-dire faites sur la recommandation des autorités de la province; celles-ci présentent comme officiers de choix quelques officiers dont le temps de service exigé dans chaque grade n'est point tout à fait achevé, ceux qui ont acquis des titres à l'avancement par la durée de leur service ou qui sont désignés par leur qualification à remplir des emplois spéciaux. Les candidats susceptibles d'être appelés à ces vacances, depuis le tsan-tsiang, jusqu'au tsien-tsong inclusivement, peuvent être recommandés (oey-pao), avant d'avoir terminé leur temps de service, par les gouverneurs généraux, les gouverneurs, les généraux en chef et les généraux de division des provinces du Hou-nan, du Chen-si, du Kan-sou, du Ssé-tchuen, du Kouang-tong, du Kiang-si, du Yun-nan, du Kouei-tcheou et du Fou-kien. Deux candidats ainsi recommandés peuvent être présentés à l'Empereur par le ministre de la guerre, mais ils sont appelés à concourir pour ces emplois ultérieurement avec les officiers du même rang qui ont déjà été présentés par le ministère, choisis et envoyés par Sa Majesté dans les provinces où ils forment une réserve expectante. Le nombre de ces derniers est limité; il ne dépasse pas 2 fou-tsiang, 2 tsan-tsiang, 4 yeou-ki et 4 tou-ssé. En dehors de ces deux modes de nominations, il en existe un troisième dans lequel la promotion est faite parmi les officiers (yng-ching) dignes d'être promus (yng-pou) ou capables d'être employés; alors la première vacance qui se présente dans une province dans laquelle les trois modes de nomination sont en vigueur, peut être remplie par les oey-pao, la deuxième par les kien-fa, désignés comme postulants, et la troisième par les yng-ching ou yng-pou dignes d'être promus ou employés.

Quand il n'y a point de ki-kiue dans une province, le ministère désigne pour remplir les vacances, depuis le grade de fou-tsiang jusqu'à celui de tou-sse, les candidats (toui), alternativement avec les kien-fa. Lorsque les ki-kiue sont en petit nombre, le ministère fait une nomination sur trois de ti-kine. Un officier (kien-fa) succède au troisième emploi vacant. Le tsan-tsiang qui attend à Péking, après un deuil [1] ou au sortir d'une maladie, et qui pendant huit vacances n'a pas été présenté par le ministre pour en remplir une, peut être désigné et envoyé pour servir dans une province adjacente à la dernière dans laquelle il a été employé. Dans ce cas, lorsqu'une vacance du ki-kiue se présente, elle lui est donnée ; quand un tsien-tsong a achevé le temps de service exigé et qu'il a ainsi acquis des titres pour remplir une vacance de cheou-pi (ki-kue), s'il n'y en a pas dans la province, il peut succéder dans quatre ou cinq cas à un toui-kiue sous les auspices du ministère ; dans le cinquième cas, le candidat attend qu'un autre ki-kiue se présente.

Dans les localités de l'Etat, les officiers des rangs spécifiés ci-dessus peuvent être envoyés d'un poste à un autre sans augmentation de rang ou de solde, quoiqu'il y en ait quelquefois qui exigent une certaine responsabilité.

---

[1] On accorde un congé aux mandarins tartares pour aller au-devant de leur père, de leur mère ou de leur grand'mère qui reviennent malades des provinces, ou à la rencontre du cadavre de leur frère pour assister à ses funérailles. A la mort de leur père, de leur mère, de leur grand'père ou de leur grand'mère, tous les mandarins prennent le deuil, les Tartares pour cent jours et les Chinois pour trois ans. Ils ont le droit de demander à se retirer pour aller servir leurs parents lorsque ceux-ci ont passé soixante-dix ans, et on ne peut pas le leur refuser. Quand ils sont en voyage, à moins d'un ordre exprès de se presser, ils ont droit de se détourner de dix jours pour aller à la sépulture de leur famille.

Certaines nominations ont lieu à des périodes déterminées, par exemple lorsque les Mantchoux ont
des emplois dans les lou-yng.

En dehors des combinaisons dont nous avons parlé
ci-dessus, on tient encore compte des mois ou lunes.
Ainsi tel candidat à telle vacance ne peut être
nommé qu'à telle lune paire ou impaire. Les premières sont appelées lunes de grandes promotions,
les lunes impaires sont des lunes de promotion urgente. Aucune promotion n'a lieu dans la lune intercalaire. Les nominations et promotions des mandarins
mantchoux et mongols, ainsi que des mandarins
militaires chinois, ont lieu le cinquième jour de la
première décade (siun), celles des mandarins chinois
dans la dernière décade. Celles des pie-tie-chi a lieu
dans la deuxième décade de chaque lune, le vingtième
jour du mois pour les rangs inférieurs, les dixième
ou septième, les quatrième ou huitième, avec d'autres distinctions pour les rangs élevés; il y a aussi
des distinctions mettant une classe de candidats à
même de succéder dans un mois plutôt que dans
un autre. Depuis le tou-ssé et au delà, cette disposition affecte les candidats. Au-dessous, les candidats sont formés en classes par rapport au mois qui
leur est affecté, les vacances dans les derniers rangs
étant ordinairement plus nombreuses que dans les
rangs supérieurs. Dans les rangs supérieurs, et quelquefois dans les rangs inférieurs, s'il ne se présente
pas de vacance dans le mois affecté à un candidat, il

peut être appelé à remplir une vacance qui s'est présentée à la dernière période.

Les tsien-tsong, et tous ceux qui sont au-dessous d'eux, peuvent être choisis par le chef du gouvernement de la province dans laquelle ils servent.

Quelques officiers sont appelés à être nommés aussitôt que leur temps de service est expiré; cette règle n'est pas sans difficultés pour les postes des frontières. Il arrive quelquefois que des candidats sont désignés, à cause de leur mérite, par l'Empereur, pour remplir telle ou telle vacance; dans ce cas, ces vacances sont faites à des intervalles fixés. Le service en campagne donne à un officier le droit de combler les vacances qui se présentent dans le corps où il sert pendant la campagne, ou bien à remplir celle qui aura lieu dans son bataillon qui ne fait pas campagne; mais, dans ce dernier cas, les candidats combattants n'ont que la moitié des emplois.

Dans toutes les propositions concernant une promotion ou une nomination, l'ancienneté et la durée des services doivent être établies; certains services actifs sont comptés par jour et même par moitié de jour; les bons services et les distinctions obtenues accompagnent la proposition en même temps qu'une note sur l'aptitude générale et l'habileté, sur les fautes antérieures, sur l'âge, l'extérieur, la famille et le lignage. Toutes ces règles ont des nuances et des limites qu'il nous est impossible de donner faute d'espace.

Les employés civils des bannières, comme nous l'avons déjà dit, peuvent être appelés aussi à passer dans le service militaire; ainsi les censeurs de circuits, les vice-présidents de ministères, les intendants et les préfets, peuvent devenir fou-tsiang, tso-ling, ou gardiens des portes, tching-men-ling; les yuen-ouai-lang (5 *b*), sous-secrétaires de ministères, les sous-préfets et les magistrats des districts supérieurs, peuvent être nommés subalternes de la gendarmerie, ou sous-officiers du poste d'alarme. Les sous-secrétaires tcheou-sse (6 *a*), députés, sous-préfets, et les magistrats, peuvent devenir subalternes de la force payée des bannières hiao-ki-kiao; les bas officiers de la métropole (7) et les secrétaires-trésoriers des provinces, les juges ou préfets, les aide-magistrats des grands ou des petits districts et les pie-tie-chi peuvent être nommés tching-men-li ou clercs des postes.

Dans les autres garnisons des bannières, les pie-tie-chi de rang local honoraires, comme les tchou-ssé, peuvent devenir fang-oey, les surnuméraires pie-tie-chi, subalternes (hiao-ki-kiao).

De même dans la Mantchourie, les officiers des plantations, des greniers et des établissements de postes, les pie-tie-chi des ministères de Moukden et des garnisons peuvent devenir tsou-kiao, officiers employés à l'instruction littéraire du Kirin; kiao-si, employés semblablement dans le Saghalien et le Soui-yuen; les pie-tie-chi postulants, dans la Mantchourie, peuvent quitter le service militaire dans cette contrée et être employés à l'état-major général; les soldats des lou-yng peuvent être nommés caporaux, nghé-ouai-ouei et ouai-ouei ou pa-tsong.

Les cavaliers (ma-ping), sont choisis parmi les tchen-ping, soldats combattants; les tchen-ping parmi les cheou-ping ou soldats de garnison, qui sont recrutés parmi les y-ting, réserve de surnuméraires enrôlés volontairement et provenant du bas peuple. Dans tous les commandements dirigés par un fou-tsiang ou général, ou au-dessus, il y a 2 ma-ping sur 10 hommes qui doivent être exercés au tir du mousquet à pied et à cheval et au tir de l'arc. Les cavaliers que l'âge empêche de monter à cheval et de faire convenablement l'exercice du fusil, sont remis fantassins et payés comme tels. Les surnuméraires des bannières faisant le service dans les lou-yng, sont nommés concurremment avec ces derniers quand l'occasion s'en présente.

Afin de régler les droits à l'avancement des officiers, le ministère établit tous les cinq ans un contrôle général sur lequel ils sont tous portés, à l'exception de ceux qui ont un rang très-élevé dans les bannières ou ministères, et qui réunissent un emploi civil et militaire. Un registre comprend tous les tou-tong et fou-tou-tong de la métropole; un second les mêmes officiers des garnisons extérieures et quelques ministres des ling-toui; un troisième, les ti-tou et les tsong-ping des lou-yng. Les officiers au-dessous de ceux-ci dans les environs de la métropole sont notés

15.

par leur capitaine général, qui peut se faire aider des autres capitaines généraux. Ceux qui font partie de la suite de la noblesse impériale dans la cour du clan, et dans les garnisons extérieures des bannières, sont notés par leurs généraux, pourvu qu'ils soient au moins fou-tou-tong.

Dans le Ho-nan et à Taï-yuen, dans le Chan-si, ce rapport est fait par le gouverneur, et dans les neuf plus petites garnisons du cordon par les ministres visiteurs.

Dans les divisions de lou-yng, les rapports ne sont pas faits par les tsang-ping, mais par tous les autres généraux qui ont un commandement général, y compris les gouverneurs, etc.

Les notes des officiers des bannières doivent porter sur la conduite, l'habileté, l'adresse au manége et au tir de l'arc, et l'âge; elles doivent désigner le zèle, la discipline et l'habileté dans les exercices manuels et les manœuvres, en même temps que la ponctualité des payeurs. Dans les lou-yng, la forme est différente, mais le fond est le même.

Le nombre des bons certificats est limité; ils constituent un titre à l'avancement pendant trois ans. Ce titre n'est point annulé par une faute punie d'amende, ou bien lorsque cette faute n'a point été commise dans un intérêt personnel. Un rapport sur les progrès des militaires de rang héréditaire, et dans les exercices de guerre, est fait tous les trois ans, et des inspecteurs sont désignés à tour de rôle pour inspecter les villes et les provinces. Leur rapport est aussi transmis au ministère de la guerre.

Un tsong-ping inspecte sa division une fois par an, un ti-tou inspecte sa division et toutes les divisions de tsong-ping une fois par an, ou si celles-ci sont à une grande distance, une fois tous les deux ou trois ans. Formose est visitée annuellement, mais à tour de rôle, par le général des troupes des bannières et par les premières autorités de la province, ou par les chefs des lou-yng civils, militaires ou de la marine; le Tchi-li et le Chan-si sont visités par un haut inspecteur détaché des hauts officiers militaires des bannières, président des ministères, ou ministre du cabinet. Le Chan-si et le Ssé-tchuen sont visitées par un autre, ainsi que le Kan-sou; ces provinces sont inspectées la première année; la seconde année, le Houpé et le Hou-nan sont visités par un inspecteur, et le Yun-nan et le Kouei-tcheou par un autre la troisième année; le Fou-kien et le Tché-kiang par un autre, et les deux Kouang par un autre; mais ces fonctions sont souvent déléguées aux gouverneurs généraux et gouverneurs. Les rapports de ces inspecteurs entrent dans les moindres détails pour tout ce qui regarde la discipline, l'usage du bouclier, le nombre et la condition des armes, etc. Les lou-yng, comme les troupes des bannières, se servent de l'arc aussi bien que du fusil, et portent l'écu et la longue épée; ils s'exercent aussi à l'escalade avec ces dernières armes.

Disons un mot des priviléges et distinctions. Le ti-tou du Tchi-li peut visiter la capitale tous les deux ans, en alternant avec le gouverneur général; les tsong-ping des provinces, excepté ceux des divisions de Mo-lan et de Ta-ming, et les deux fou-tou-tong de Mi-yun, cinq officiers en tout, jouissent de ce privilége une fois tous les deux ans. Les ti-tou et les tsong-ping des autres provinces font la demande de cette faveur une fois tous les trois ans; quand elle leur est refusée, ils renouvellent leur demande l'année suivante. Les tsong-ping détachés dans l'I-li complètent cinq ans de service dans cette province, et lorsqu'ils sont relevés ils peuvent seulement alors solliciter une audience du souverain. A Formose, le tsong-ping ne peut pas demander à quitter son poste, mais il est présenté à Sa Majesté quand il est relevé ou promu. Dix-huit désignations particulières sont données aux classes supérieures et inférieures des neuf rangs, et les mandarins ont soin de les inscrire soigneusement sur leurs cartes de visite. En voici l'énumération :

1er degré : Kouang-lou-ta-fou, excellence au renom éclatant;

2e Yong-lou-ta-fou, excellence au renom glorieux;

3e Tsen-tching-ta-fou, excellence à l'administration méritoire;

4e Tchong-fong-ta-fou, excellence qui doit être reçue partout avec respect;

5ᵉ Tchong-y-ta-fou, excellence d'une considération universelle;

6ᵉ Tchong-y-ta-fou, excellence jouissant d'une considération moyenne;

7ᵉ Tchong-hien-ta-fou, excellence de modèle moyen;

8ᵉ Tchao-y-ta-fou, excellence considérée à la cour.

9ᵉ Fong-tching-ta-fou, excellence dont l'administration inspire le respect;

10ᵉ Fong-tchi-ta-fou, excellence dont la droiture a droit au respect;

11ᵉ Tching-te-lang, honorable d'une vertu assistante;

12ᵉ Pou-lin-lang, honorable de la classe des lettres, et i-te-lang, honorable d'une vertu convenable;

13ᵉ Wen-lin-lang, honorable des lin, et i-i-lang, honorable d'une considération convenable;

14ᵉ Tchang-sse-lang, honorable remplissant convenablement ses fonctions;

15ᵉ Sieou-tchi-lang, honorable s'occupant avec soin de son mandarinat;

16ᵉ Sieou-tchi-tso-lang, honorable en deuxième du précédent;

17ᵉ Teng-ssé-lang, honorable susceptible d'avancer en grade;

18ᵉ Teng-ssé-tso-lang, honorable en deuxième du précédent.

Les femmes ne sont pas oubliées dans l'assignation

de ces distinctions. Les officiers portant des plumes à cause de leur uniforme, et non point comme distinction de leur mérite, sont requis de les ôter lorsqu'ils quittent leur poste. Les officiers militaires ne peuvent pas, à moins de la permission de l'Empereur et en raison de leur âge ou de leurs infirmités, faire leur service en chaise ou voiture; ils ne peuvent pas non plus employer de soldats pour leurs commissions ou pour faire un service domestique.

Les récompenses des services militaires méritées par des militaires ou par des employés civils sont distribuées par le ministère de la guerre, qui, lorsqu'il s'agit des derniers, en avertit la couronne, et les fait parvenir au ministère des fonctionnaires civils. Des marques des différentes grandeurs sont données au tsien-tsong des bannières, et à tous ceux au-dessous de lui; les lou-yng, depuis le fou-tsiang et au-dessous, sont enregistrés honorablement; quatre enregistrements font monter d'un degré (kia-ki); on ne peut pas en obtenir plus de cinq.

Les officiers indigènes des tribus sauvages sont récompensés d'après les mêmes droits que les lou-yng; il existe aussi de minutieuses distinctions en faveur des officiers et soldats qui réussissent, seuls ou en troupe, à rompre une ligne de bataille, à emporter une ville d'assaut, à aborder et à capturer des bâtiments, ou à obtenir la reddition d'une place, d'un bâtiment, d'un corps de troupes. Une monnaie de sang ou des dons sont accordés à ceux qui reçoivent des blessures en combattant; ces blessures sont classées rigoureusement en trois degrés donnant droit chacun à une distinction spéciale [1].

Un officier ou soldat des bannières peut recevoir 50 taëls pour une blessure du premier degré, ou 40 taëls si cette blessure provient d'un boulet lancé de loin; les lou-yng reçoivent 30 taëls, lorsque les autres en touchent 50. Les marins en croisière qui s'échappent d'un naufrage reçoivent des honneurs, mais jamais d'argent. « Quand un officier civil ou militaire de l'empire mourra dans les fonctions de sa place, lorsque sa famille n'aura pas les moyens de retourner dans son lieu natal, le gouvernement en fera les frais.

---

[1] La sollicitude de l'État pour les gens de guerre est très-grande. On n'envoie jamais à la guerre, à moins d'un cas extraordinaire, ni les fils uniques, ni les fils de veuves âgées. Toute campagne de guerre est comptée pour deux années de service. Le mérite des actions de valeur, de courage et d'intrépidité est un titre d'avancement pour les fils et les frères de ceux qui sont morts avant d'en avoir reçu la récompense. Quand on propose un officier pour de l'avancement, on met dans les informations : « son aïeul reçut tant de blessures dans telle guerre, son grand-père mourut dans telle action, son père ou son frère aîné se sont distingués dans tant de combats; » mais on met aussi leurs torts et leurs fautes, quand ils ont eu le malheur de s'oublier. Le gouvernement fait porter des distances les plus éloignées, ou la tresse de cheveux, ou l'anneau pour lancer les flèches, ou l'arc de celui dont la mort a été très-glorieuse, et les fait remettre aux parents pour être enterrés dans la sépulture de la famille, à la place de son cadavre. On y joint, outre cela, son éloge, pour être écrit sur son tombeau, et cet éloge est proportionné à ses mérites et faits. Quant aux officiers, on fait porter ou leurs armures, ou leurs cendres, ou leurs ossements, selon le grade et la façon dont ils se sont distingués, et on fait élever leur tombeau aux frais de l'État. Le *Moniteur officiel* proclame leur nom, qui souvent est enregistré dans l'histoire de l'Empire.

Les officiers de tous les districts par où cette famille
aura occasion de passer, nommeront des officiers pour
l'accompagner, pourvoiront au nombre de voitures,
bateaux, porteurs et chevaux nécessaires pour son
transport, et prendront dans les magasins publics des
rations de provisions suivant le nombre des individus
composant ladite famille, après avoir reconnu par eux-
mêmes quelle quantité il en faudra. » (Ta-thsing-liu-
ly.) Les enfants de ceux tués dans une action sont très-
bien traités : ainsi le fils d'un kong, heou ou pé, d'un
capitaine général de la garde ou des bannières, d'un
général de la garnison des Mantchoux ou d'un tsée
de première classe, reçoit 1,100 taëls, presque deux
années de la solde de son père, si celui-ci a été tué
sur le champ de bataille. Il est donné dans ce cas à
la famille d'un cavalier des bannières 150 taëls, à
la famille d'un cavalier de lou-yng 70, à celle d'un
fantassin de lou-yng 50. En outre, des honneurs posthumes sont réservés au décédé. On tient compte de
sa renommée pour l'avancement de son fils. Les parents d'un soldat *privati* tué dans une action sont
entretenus par le gouvernement [1].

---

[1] Quand des officiers ou des soldats seront tués dans une bataille ou
mourront de maladie à leur poste, leurs parents seront nourris aux
frais du gouvernement, et il leur sera fourni le moyen de retourner
chez eux. Si les officiers des districts par lesquels lesdits parents auront
occasion de passer les y font rester un seul jour sans nécessité, ces
officiers seront punis de vingt coups de bambou et d'un degré plus sévère jusqu'à cinquante par chaque espace de trois jours de retard au
delà du premier.   (*Ta-thsing-liu-ly*.)

Quand les officiers ou soldats ont atteint un âge qui est constaté par le rapport de leurs officiers supérieurs, ou quand ils le désirent à cause de leurs blessures ou infirmités, et lorsqu'ils ont de bons états de service, il leur est alloué une certaine pension ; dans quelques cas les enfants sont renvoyés dans leur famille pour en être le soutien. Les commandants des divisions supérieures d'une province sont obligés de dresser un état de leurs subordonnés, depuis le foutsiang jusqu'au cheou-pi inclusivement, qui ont atteint l'âge de 63 ans l'année précédente. Un rapport est fait pour indiquer s'ils sont capables de continuer leur service tous les trois ans ; les commandants doivent faire également un rapport sur la manière de servir de leurs subordonnés, depuis le tsan-tsiang jusqu'au cheou-pi qui ont été déjà recommandés pour de l'avancement. Il en est de même des tsien-tsong, mais avec plusieurs limitations.

Les troupes des bannières et les lou-yng sont régis, pour les punitions, par des codes particuliers. Celui des derniers est appliqué aux hou-kiun ou Chinois servant dans la garde et aux louan-i-ouei, ainsi qu'aux Chinois de rang militaire héréditaire ou gradés.

CHAPITRE CINQUIÈME.

SOLDE DES DIFFÉRENTS CORPS DE L'ARMÉE.

Nous arrivons en dernier lieu à la paye de cette grande armée.

Les tableaux suivants nous donneront les noms de tous les officiers cités précédemment, avec la solde respective de chacun d'eux.

Tableau synoptique de tous les officiers avec leur rang et leur solde.

TITRES DES OFFICIERS.	SOLDE. (En taëls.) [1]	INDEMNITÉS.	SUPPLÉMENTS EXTRAORDINAIRES.	SOUI-KIA.	GRAINS. en.
1er rang. — Division supérieure (1 a).					
Ting-chi-wei-noui-ta-tchin, garde..................	605	9C0	»	384	»
1er rang. — Division infé·ieure (1 b).					
Noui-ta-tchin, garde..............................	605	400	»	48	»
bannières mantchoues..............	605	700	»	284	»
Tou-long ou capitaine général des d° mongoles...............	605	600	»	288	»
d° han-kiun...............	605	600	»	288	»
des troupes de Ie-ho...............	605	1200	1058	»	120
d° Tchahar et des tribus·	605	800	2903	»	120
d° Ourum-tsi............	605	2388	»	»	120
des tribus de Ko-ko-nor..............	605	»	1500	»	120
Pou-kiun-tong-ling ou Kicou-men-tchou..............	605	880	»	240	»
l'I-li...............................	605	40<0	»	»	120
Ching-king..........................	605	2000	»	»	120
Kirin et Sngbalien.................	605	1500	»	»	120
Tsiang-kiun ou général commandant les troupes de Kiung-ning...................	605	1300	40	»	120
Fou-tcheou.......................	605	1500	185	»	120
Tching-tou.......................	605	1500	60	»	120
Neng-tcheou	605	1500	22. 4	»	120
Kouang-tcheou...................	605	1500	150	»	120
King-tcheou	605	1500	120	»	120
Sin-ngan et Ning-hia............	605	1500	»	»	120
Soui-yuen	605	1500	17 1/2	»	120
Titou ou général en chef des lou-yng..........................	605	2500	»	»	120
à Ourum-tsi......................	605	2800	»	»	»
dans le Yun-nun..................	605	2500	»	»	»

[1] Le taël ou leang d'argent vaut 7 fr. 50 cent. de notre monnaie.

TITRES DES OFFICIERS.	SOLDE. (En taëls.)	INDEMNITÉS.	SUPPLÉMENTS EXTRAORDINAIRES.	SOUI-KIA.	GRAINS. CHI.
2e rang. — Division supérieure (2 a).					
Tsien-fong-tong-ling............................	511	600	»	288	»
Hou-kiun-tong-ling.............................	511	600	»	288	»
des bannières mantchoues............	511	500	»	192	»
d° mongoles et han-kiun.	511	400	»	144	»
des troupes de Ching-king...........	511	700	»	»	105
de Kirin et de Saghalien............	511	700	»	»	105
Tching-tou...........................	511	1060	»	»	105
Liang-tcheou..........................	511	800	»	»	105
Tcha-pou.............................	511	800	41. 2	»	105
Fou-tcheou...........................	511	700	»	»	105
Sin-ngan.............................	511	700	»	»	105
Fou-tou-tong.... { Mi-yun.............................	511	700	100	»	105
Kouang-tcheou et Ning-hia.........	511	700	»	»	105
Ourum-tsi, Pali-kouan et Kou-tching.	511	»	»	»	105
Kiang-ning...........................	511	600	»	»	105
King-keou............................	511	600	80	»	105
Hang-tcheou et King-tcheou.........	511	600	»	»	105
Kouei-houa-tching....................	511	600	»	»	105
Tsing-tcheou.........................	511	500	100	»	105
Tchahar.............................	511	500	»	»	105
Chan-hai-kouan......................	511	500	»	»	600 acres.
des lou-yng dans les provinces......	511	1500	»	»	»
Tong-ping ou général de division { de la gendarmerie..................	511	800	»	»	»
de Tang-yne dans le Yun-nan......	511	1700	»	»	»
d'Ourum-tsi..........................	511	2100	»	»	»
de Liang-tcheou.....................	511	1500	559 1/2	»	»
de Formose..........................	511	1700	»	»	»

TITRES DES OFFICIERS.	SOLDE. (En taëls.)	INDEMNITÉS.	SUPPLÉMENTS EXTRAORDINAIRES.	SOUI-KIA.	GRAINS. CHI.
2e rang. — Division inférieure (2 b).					
San-tsé-ta-tchin, garde..............................	443	400	»	24	»
Fou-tsiang { des lou-yng............................	377	800	»	»	»
de la brigade long-ling, dans le Yun-nan..	377	900	»	»	»
de la gendarmerie......................	377	900	»	»	12
de l'Ili-hani et Manof.................	377	1200	»	»	»
Tao-tang-chi-wei (1re classe), garde...........	243	»	»	»	»
Y-tchang de Ho-ki et Kien-yu..................	243	200	»	»	»
Chou-y-tchang................................	243	200	»	»	»
Y-oey de Pou-kiun.............................	243	400	48	»	»
Paoi, Hou-kiun-yng-long-ling..................	243	400	»	»	»
Yuen-ming-yuen-heu-kiun, yng-ying-tsong......	243	100	»	»	»
Miao-tsiang-yng-yng-tsong (des Ho-ki).........	243	»	»	»	»
Tsan-ling { de Tsien-fong.....................	213	»	46	»	»
de Kou-kiun.....................	245	»	»	»	»
de Miao-tsiang-hou-kiun.........	243	»	»	»	»
de Miao-ki.......................	243	»	»	»	»
King-tché-tou-oey (héréditaires), 1re, 2e, 3e classes.....	210, 185, 160	105	92 1/2, 80	»	»
Ling, tsin-tsong-kouan des Mausolées..............	243	»	»	»	»
Choui-sse-tsong-kouan de la marine en Mantchourie...	243	200	»	»	»
Tchahar-et-Wei-tchang-tsong-kouan des Yu-mou.......	243	»	»	»	»
Tching-choou-oey { des garnisons des bannières.......	243	»	»	»	»
à Tai-yuen.....................	243	208	»	»	»
Yu-wei (Chan-si).................	243	208	»	»	»
Pao-ting.......................	243	207	»	»	»
Kai-fong.......................	243	221	»	»	»
Chang-chi (suite de la noblesse impériale).............	243	»	»	»	»
Tsan-tsiang { lou-yng...........................	243	500	»	»	»
gendarmerie......................	243	600	12	»	»
Ourum-tsi......................	243	800	»	»	»

TITRES DES OFFICIERS.	SOLDE. (En taëls.)	INDEMNITÉS.	SUPPLÉMENTS EXTRAORDINAIRES.	SOUI-KIA.	GRAINS. CHI.
Chi-oui-chi (local)...................................	»	»	»	»	»
3ᵉ *rang.* — *Division supérieure* (3 *b*).					
Yuen-ming, Yuen-pao-i-yng-tsong................	231	»	»	24	»
Pao-i-hou-kiun, ou hiao-ki-tsan-ling (pao-i)...........	231	»	24	»	»
Pou-kiun-pang, pou-y-oey (gendarmerie)...........	231	»	»	»	»
Tsan-ling dans la Mantchourie-Tchahar...............	231	»	»	»	»
Hie-ling { des garnisons	231	»	»	»	»
{ de la marine Fou-tcheou..................	231	»	7	»	»
{ Chan-hai-kouan.....................	231	»	»	»	420 acres.
Hou-wei, 1ʳᵉ classe (suite des nobles)...............	231	»	»	»	»
{ lou-yng des provinces.....................	231	400	»	»	»
Oey-ki. { gendarmerie........................	231	500	»	»	»
{ Ourum-tsi....................	231	6' 0	»	»	12
{ Song-pouan dans le Ssé-tchuen	231	52.)	»	»	»
{ Hong-ling dans le Hun-nan............	231	450	»	»	»
Siuen-oey-chi (local).........................	»	»	»	»	»
Tchi-houl-tong-tchi (local).....................	»	»	»	»	»
Euhl-tong-chi-ouei (4ᵉ classe), garde...............	137	»	»	»	»
Tsien-fong-chi-ouei (Tsien-fong-yng)...............	137	»	»	72	»
Fou-tsan-ling (bannières).....................	137	»	»	72	»
Tao-ling dᵒ................................	137	»	»	21	»
Tso-ling dans les garnisons...................	137	»	»	»	60
dᵒ Chan-hai-kouan....................	137	»	»	»	360 acres.
Hie-oey (gendarmerie)........................	137	»	40. 8	»	»
Sui-pao-tsong-kouan (station d'alarme)............	137	»	»	»	»
Tsong-oey (han-yuen)........................	137	»	»	»	»
Ki-lou-oey (héréditaires).....................	137	»	»	»	»
Ling-tsin-y-tchang (Mausolées).................	137	»	»	»	»
Ling-tsin-sé-kong-tsiang (dᵒ)...................	137	»	»	»	»
Wei-tchang-y-tchang (pâturages)...............	137	»	»	»	»

TITRES DES OFFICIERS.	SOLDE. (En taëls.)	INDEMNITÉS.	SUPPLÉMENTS EXTRAORDINAIRES.	SOUI-KIA.	GRAINS. CHI.
Ma-tchouang-y-tchang (pâturages)	137	»	»	»	»
Ma-tchang-tsong-kouan (d°)	137	»	»	»	»
Min-yang-tsong-kouan (d°)	137	»	»	»	»
des bannières	137	»	»	»	»
San-ho et 9 places	137	»	3. 7	»	»
Fang-cheou-oey { Chun-y et 2 places	137	»	2. 4	»	»
Lo-ouan-yu	137	»	1. 2	»	»
Tsang-tchcou	137	»	0. 7	»	»
Choul-sse-yng-sse-pin-kouan (marine de la Manichourie)	137	»	»	»	»
Sse-y-tchang	137	»	»	»	»
des lou-yng	137	260	»	»	»
Fong-ling-hien (Yun-nan)	137	300	»	»	»
Tou-sséo { Ourum-tsi	137	380	»	»	»
Tong-ponan dans le Ssé-tchuen	137	340	»	»	»
Gendarmerie	137	300	»	»	»
Tchi-houi-tsien-see (local)	»	»	»	»	»
S'uen-oey-chi-sse-tong-tchi (local)	»	»	»	»	»
4° rang. — Division inférieure (4 b).					
Tching-mong-ling (gendarmerie)	137	»	»	»	»
Pao-i (fou-tsan-ling) (pao-i)	137	96	»	»	»
Pao-i (tso-ling) (pao l)	137	21	»	»	»
Tchahar-fou-tsan-ling et Tchahar-tso-ling	137	»	»	»	»
Tien-l du 4° rang (suite des nobles)	137	»	»	»	»
Hou-wei de la 2° classe (d°)	137	»	»	»	»
Siuen-hou-chi-fou-chi (local)	»	»	»	»	»
Siuen-fou-chi-sse-siuen-fou-chi (local)	»	»	»	»	»
San-tang-chi-ouci (garde)	90	»	»	»	»
Fou-oey (gendarmerie)	90	»	7. 2	»	»
Pou-kiun-kiao (d°)	90	»	3. 6	»	»
Kien-cheou-sin-pao-kouan (station d'alarme)	90	»	»	»	»

TITRES DES OFFICIERS.	SOLDE. (En taéls.)	INDEMNITÉS.	SUPPLÉMENTS EXTRAORDINAIRES.	SOUI-KIA.	GRAINS. CHI.
Fang-oey. { Bannière.....................	90	»	»	42	»
Chan-hai-kouan...................	90	»	»	300 acres.	»
Mausolées.......................	90	»	»	42	»
Yun-ki-oey (héréditaires).................	90	»	»	»	»
Pe-kouang-tso-ling (pao-i des bannières).............	90	»	»	»	»
Fou-tsang-kouan (pâturages).................	90	»	»	»	»
Kouan-keou-cheou-oey-se (gardes des barrières).....	90	»	»	»	»
Choui-sse-yng-wou-pin-kouan (marine de la Mantchourie).	90	»	»	»	»
Cheou-pi. { Iou-yng...................	90	200	»	»	»
Gendarmerie...............	90	240	»	12	»
Ourum-tsi.................	90	320	»	»	»
Long-ling (Yun-nan).......	90	280	»	»	»
Song-pouan (Ssé-tchuen)...	90	260	»	»	»
Wei-cheou-pi....................	90	de 240 à 500	»	»	»
Siuen-oei-chi-sse-tsien-sse (local).............	»	»	»	»	»
Siuen-fou-chi-sse-tong-tchi (d°).............	»	»	»	»	»
Tching-sien-hou................	»	»	»	»	»
5e rang. — Division supérieure (5 b).					
Sse-tang-chi-wei (garde)................	70	»	»	35	»
Wei-chou-tsan-ling (bannières)............	66	»	»	»	»
Pao-i-tsan-ling (5 bannières supérieures)...........	66	»	»	»	»
Wei-chou-chi-wei (Tsien-fong-yng)...........	60	»	»	»	»
Tien-i de la 5e classe (suite des nobles)............	66	»	»	»	»
Hou-wei de la 3e classe (d°)............	66	»	»	»	»
Tsien-tsong de Cheou-oey-so (service du transport des grains)............	66	24 à 340	»	»	»
Hie-pan-cheou-pi ou Hie-pi (travaux de rivières)........	66	100	»	»	»
Ngan-fou-chi-sse-ngan-fou-chi (local)..............	»	»	»	»	»
Tcheou-tao-chi-sse-tcheou-tao-chi (local)...............	»	»	»	»	»
Siuen-fou-chi-sse-fou-chi (local).................	»	»	»	»	»

TITRES DES OFFICIERS.	SOLDE. (En taëls.)	INDEMNITÉS.	SUPPLÉMENTS EXTRAORDINAIRES.	SOUI-KIA.	GRAINS. CHI.
Fou-tsien-hou (local)...............................	»	»	»	»	»
Lan-ling-chi-ouei (garde)...........................	70	»	»	»	»
Tsin-kiun-kiao (garde).............................	60	»	24 1/2	»	»
Tsien-fong-kiao (Tsien-fong-yng)..................	60	»	28 1/2	»	»
Hou-kiun-kiao (division de flanc)..................	60	»	28 1/2	»	»
Mao-tsiang-hou-kiun (artillerie)...................	60	»	28 1/2	»	»
Wei-chou-pou-kiun-kiao (gendarmerie).............	»	»	»	»	»
Hiao-ki-kiao ⎧ Hiao-ki-yng.....	60	»	28 1/2	»	»
⎨ des garnisons.....	»	»	36	»	»
⎩ Chan-hai-honan......	»	»	240 acres.	»	»
Ma-tchang-y-tchang (pâturages)...................	60	»	»	»	»
Choui-sse-yng-lou-pin-kouan (marins de la Mantchourie).	50	»	»	»	»
Mou-tsien-tsong (gendarmerie)....................	60	140	12	»	»
⎧ Iou-yng.....	48	120	»	»	»
Yng-tsien-tsong. ⎨ Ourum-tsi.....	48	160	»	»	»
⎪ Long-yng (Yun-nan).....	48	140	»	»	»
⎩ Song-pouan (Ssé-tchuen)......	48	160	»	»	»
Ho-tsien-tsong (travaux de rivières)...............	48	40	»	»	»
Chi-huen-fou-chi-sse-tien-sse (local)..............	»	»	»	»	»
Ngan-fou-chi-sse-tong-tchi (d°)..............	»	»	»	»	»
Tcheou-tao-chi-ssé-tcheou-tao-chi (local)...........	»	»	»	»	»
Tchang-kouan-sse-tchang-kouan (local)............	»	»	»	»	»
Pe-hou (local).....................................	»	»	»	»	»
6° rang. — Division inférieure (6 b).					
Tsien-i du 6° rang (suite des nobles)..............	48	»	»	»	»
Wei-tsien-tsong (service du transport des grains).......	48	»	»	»	»
Ngan-fou-chi-sse-fou-chi...................	»	»	»	»	»
Tching-men- li (gendarmerie).....................	36	»	»	»	»
Ngan-ki-oey (héréditaire).........................	3	»	»	»	»
Yu-mou-tching-oey (pâturages)......................	45	»	»	»	»

TITRES DES OFFICIERS.	SOLDE. (En taëls.)	INDEMNITÉS.	SUPPLÉMENTS EXTRAORDINAIRES.	SOUI-KIA.	GRAINS. CHI.
Yin-kien-song (héréditaires)...........	»	»	»	»	»
Pa-tsong. { lou-yng............	36	90	»	»	»
gendarmerie..........	36	100	12	»	»
Ourum-tsi............	36	120	»	»	»
Song-pouan (Ssé-tchuen).......	36	120	»	»	»
Long-ling (Yun-nan)........	36	100	»	»	»
Ho-pa-tsong (rivières)..........	36	78	»	»	»
Ngan-fou-chi-sse-tsien-sse (local)........	»	»	»	»	»
Tchang-kouan-sse-fou-tchang-kouang (local)..........	»	»	»	»	»
7e rang. — Division inférieure (7 b).					
Yu-mou-fou-oey (pâturages).................	36	»	»	»	»
Tsien-i (suite des nobles)............	36	»	»	»	»
8e rang. — Division supérieure (8 a).					
Yu-mou-y-tchang (pâturages).............	»	»	»	»	»
Yu-kien-seng (honoraires)............	»	»	»	»	»
Wai-wei-tsien-tsong { des lou-yng............	18	»	»	»	»
gendarmerie..............	20	»	»	»	»
Ourum-tsi...............	28	»	»	»	»
Long-ling (Yun-nan)...........	22	»	»	»	»
Song-pouan (Ssé-tchuen)........	28	»	»	»	»
8e rang. — Division inférieure (8 b).					
Tien (suite des nobles)-.........	»	»	»	»	»
Wei-chou-tsin-kiun-kiao (garde)............	»	»	»	»	»
Wei-chou-tsien-fong-kiao (Tsien-fong-yng)...........	»	»	»	»	»
Wei-chou-hou-kiun (Hou-kiun-yng)...........	»	»	»	»	»
Wei-chou-hiao-ki (Hiao-ki-yng)...........	»	»	»	»	»
Fou-hou-kiun-kiao (Yuen-ming-yuen)...........	»	»	»	»	»

TITRES DES OFFICIERS.	SOLDE. (En taéls.)	INDEMNITÉS.	SUPPLÉMENTS EXTRAORDINAIRES.	SOUI KIA.	GRAINS, CHI.
9e rang. — Division supérieure [1].					
Lou-ling-tchang...............................	»	»	»	»	»
Wai-wei-pa-tsong (tou-yng).................	»	»	»	»	»
9e rang. — Division inférieure (9 b).					
Ma-tchang-ory-chou-hie-ling................	»	»	»	»	»
Nghé-ouni-ouci (tou-yng)...................	»	»	»	»	»

[1] Les pic-tic-chi appartiennent au 7e, au 8e et au 9e rangs. Le nombre de ceux qui sont employés dans les *yamen* de la métropole n'est point connu. Ceux qui servent dans les provinces et dans les colonies touchent la solde des employés civils des trois rangs ci-dessus nommés, ainsi qu'une indemnité supplémentaire et des rations de grains.

Pic-tic-chi.	Taels.	Chi.
Des Tsiang-kiun des garnisons . . .	50	30
Id. de Fou-tcheou . .	134	30
Tou-tong de Tchahar.	50	30
Id. de Ye-ho.	50	30
Fou-tou-tong des garnisons . .	50	30
Tching-cheou-ocy des garnisons.	30	30
Fang-cheou-ocy des garnisons. .	30	30

La solde en espèces des mandarins militaires en station dans les garnisons est prélevée sur les contributions foncières converties en argent; le traitement en nature de ces mêmes mandarins est payé sur les produits des salines ou des marchandises diverses.

La solde d'un officier appartenant aux quatre rangs les plus élevés et dans la première classe du cinquième rang, est partagée en quatre divisions qui sont : 1° la solde proprement dite en espèces; 2° le chauffage et l'eau ; 3° les légumes, le charbon et la lumière, et 4° les plumes, encre, papier, etc. Dans la deuxième classe du cinquième rang, et dans les sixième et septième rangs, la solde de l'officier est bornée aux deux premières de ces divisions; celle des huitième et neuvième rangs n'est pas plus élevée que celle des cavaliers, mais ils reçoivent une petite indemnité supplémentaire.

Le montant de cette indemnité varie, comme nous le verrons, suivant les localités. La somme entière qui est allouée dans ce but aux bannières est de 86,000 taëls (1831), une partie revient à plusieurs employés civils remplissant des postes très-élevés du gouvernement central, qui sont confiés aux bannières, ainsi qu'à quelques-uns des membres de la noblesse nationale, dont le nombre ne nous est pas connu.

Les officiers indigènes reçoivent leur paye en argent ou en nature (kind); l'indemnité décrite comme supplémentaire dans les tableaux précédents est généralement employée pour le papier, encre et autres dépenses des ya-men [1].

Ne sont pas compris dans le tableau précédent : 1° le ministre résident du Thibet, qui reçoit 2,060 taëls à titre d'indemnité, et 500 de plus quand il y a une lune intercalaire dans l'année ; 2° le ministre de Ko-ko-nor, qui réside à Siuing et reçoit 2,000 taëls, destinés à couvrir ses dépenses publiques. Celles du ya-men, du tou-tong de Ko-ko-nor, sont estimées à 1,500 taëls.

Les nobles mongols énumérés ci-dessus reçoivent une solde et des rations de vivres ainsi qu'il suit : les dignités héréditaires et les titres de ceux qui en ont acquis dans l'armée chinoise sont compris dans ce tableau :

	Taëls.	Pièces de soie.
Khan de Kalkas.	2,500	40
Tsin-wang de Kou-tchin.	2,500	40
— des autres tribus. . . .	2,000	25
Chi-tsée.	1,500	20
Kiun-wang de Kou-tchin	1,500	20
— des autres tribus. . .	1,200	15
Tchang-tsée.	800	13

---

[1] Les rations de grains sont distribuées par chi ou par acres. 1 chi par mois est alloué aux officiers de la gendarmerie, depuis le fou-tsang jusqu'au pa-tsong, en supplément de leur solde réglementaire. Les autres mandarins qui ont droit à une ration touchent ou des *keou* ou le produit de *hiang* équivalant à 6 acres. Le keou vaut le quart du chi. Le tou-tong de Ye-ho et plusieurs autres officiers touchent 40 keou ou 120 chi par an. Le *hiang* est la plus grande de toutes les allocations ; le bénéficier paye, dans ce cas, une rente à la couronne ; dans quelques localités cette ration est payée en espèces, à raison de 1 taël par chi.

	Taëls.	Pièces de soie.
Bey-le.	800	13
Bey-tsée.	500	10
Tchin-kouo-kouang	300	9
Fou-kouo-kouang	200	7
Tai-ki.	100	4
1re classe de Tsé	205	
2e —	192 1/2	
3e —	180	
1re classe de Nan.	155	
2e —	142	
3e —	130	
King-tché-tai-oey. . 123, 105, 92 1/2, 80		
Ki-tou-oey.	55	
Yun-ki-oey.	42 1/2	

Nous trouvons dans le chapitre du Tai-tchin-hoei-tien qui traite des revenus et des dépenses de l'intendance de la cour, qu'au lieu de chaque pièce de soie 12 taëls sont donnés aux nobles ci-dessus.

Les hauts officiers ou ministres résidents dans les sin-kiang ou pays récemment soumis à la domination de la Chine, n'ont pas de rang comme tels; mais ils jouissent la plupart de plusieurs bénéfices et touchent la solde des différentes charges qu'ils remplissent pendant le temps de leur mission au delà de la frontière, en supplément des émoluments que leur donnent leurs derniers emplois.

Le livre rouge de 1849, annuaire civil et militaire, en fait un classement particulier.

L'énumération de ces officiers dans le code de 1831 est différente; leurs rangs et leurs allocations supplémentaires sont ainsi fixés : le tsong-li-ta-tchin, à Ou-tché, touche 500 taëls; les tsong-pou-ta-tchin, à

Yarkand et Kashgar, touchent respectivement 1,100
et 800 taëls; les tsan-tsan-ta-tchin, à I-li et Tarbagataï,
ont respectivement 1,100 et 1,500 taëls; les hie-pou-
ta-tchin, à Ou-tché, à Yarkand et à Kashgar, ont chacun
700 taëls; à Kou-tché et à Kharassar, chacun 600, et
à Hami et à Kour-kan-nao, chacun 400; un pou-sse-
ta-tchin, à Hami, a 700 taëls, et enfin les ling-toui-
ta-tchin, à I-li et à Tarbagataï, chacun 700, et à
Yarkand, à Khoten, à Kashgar et à Hen-gi-hissar,
chacun 700.

Nous ne ferons pas une grande erreur en disant
que Sa Majesté dépense de 16 à 18 millions de taëls
par an pour les forces des bannières employées dans
la métropole, les provinces de l'empire, la Mantchourie et les colonies.

Dans les lou-yng, la paye des officiers est propor-
tionnée à leur rang, comme dans l'armée des bannières; quant aux différences dans les allocations
supplémentaires, le lecteur devra se reporter au
grand tableau de solde.

Dans les rangs inférieurs, le règlement assigne
aux ma-ping ou cavaliers 2 taëls, au tchen-ping,
soldat combattant, au pou-ping, fantassin qui semble
former une autre classe, 1 taël et demi, et au cheou-
ping, soldat de garnison, 1 taël par mois. Dans plusieurs parties du Tchi-li, la solde de chacune de ces
classes est plus élevée, et d'après le code, le ministère
alloue un demi-taël par mois au yu-ting surnuméraire
dont nous n'avons pas compté le nombre. Les soldats

de marine reçoivent 1 taël par mois. Le montant de
la ration de grain est à peu près général : il est de 3
tao, ou le dixième d'un chi par mois ; cette règle s'applique à tous les cantonnements des lou-yng, excepté
à ceux du Chen-si, dont un grand nombre ne reçoivent
pas de rations, et dans le Kan-sou, où la ration de grain
n'est allouée qu'à 3 cantonnements de frontières appartenant géographiquement au Chen-si ; l'armée du
Ka-mou et les détachements de l'I-li peuvent être considérés comme n'ayant pas de rations. Les allocations
de fourrage sont très-embrouillées à cause des frac-
tionnements multipliés des rations et de la variété des
tarifs ; dans le Tchi-li, le Chen-si et le Kan-sou, et
dans plusieurs places, il a été nécessaire de fixer ce
tarif proportionnellement au nombre de chevaux des
cantonnements cités dans le tableau de solde du code,
afin de pouvoir en établir approximativement le total
pour toutes les provinces [1].

---

[1] Lorsque les soldats se mettent en campagne, on leur donne six
mois de solde d'avance, et tout le temps que la guerre dure, ils
touchent jour par jour une partie de ce qui leur est alloué, et l'autre
partie est distribuée à leur famille. Quand une calamité ou une grande
misère pèsent sur le pays, la caisse militaire leur fait des prêts en
grains ou en argent, et ces prêts, auxquels on donne le nom d'avances,
sont très-souvent de pures gratifications. On tient des rôles exacts de
ceux qui périssent en campagne, et selon qu'ils sont morts dans la
mêlée ou des suites d'une blessure ou de maladies contractées sous les
drapeaux, on assigne une certaine somme pour leurs veuves et leurs
enfants. Maintenant, s'ils sont arrivés à un certain âge et qu'ils soient
atteints d'infirmités qui les empêchent de rester au service, ils reçoivent une pension de retraite. Les soldats tartares et mongols jouissent
en outre de certains priviléges. Aussi, comme tous leurs enfants naissent
soldats, ils touchent la solde d'élèves fort jeunes ; ils reçoivent en outre

La solde des wei-vei, sergents du huitième rang et
des nghé-wai-wei-wai, sergents surnuméraires du
neuvième rang, qui reçoivent la paye des *ma-ping*,
cavaliers, n'est pas portée sur la liste du ministère
des finances, mais sur celle des officiers.

Il ne nous reste plus à parler que des généraux
résidents, des ministres et conseillers du Thibet, du
Turkestan, de l'I-li, de Tarbagataï et de Ko-ko-nor,
qui ne sont pas compris dans les estimations précédentes. Ces fonctionnaires coûtent environ 27,500
taëls par an. Les fonctionnaires du Kobdo, de Ouba-
rantai et de la frontière de Sibérie, ne sont point
portés sur le tableau de solde du ministère des finances. A juger de leur solde par analogie à celle des
officiers des mêmes titres et des mêmes fonctions,
ils peuvent coûter à peu près 10,000 taëls par an.

En résumé, les dépenses de l'armée, non compris
l'établissement postal, sous la direction du ministère
de la guerre, peuvent être ainsi distribuées :

Ministère de la guerre . . .	37,450	taëls.
Armée des bannières man-tchoues, mongoles et han-kiun.	15,963,450	»
A reporter. . . .	16,000,900	taëls.

---

deux mois de paye quand ils se marient, et le double pour subvenir aux
frais funéraires de leurs père, grand-père, etc. En tout temps la caisse
militaire est ouverte à tous les officiers et soldats. On leur prête à intérêt, proportionnellement à leur grade et aux circonstances. La solde
répond de la dette, mais à leur mort les enfants n'en sont point responsables.

Report. . . .	16,000,900	taëls.
Armée de l'étendard vert chinois.	14,662,650	»
Salaires, etc., des nobles mongoliens.	173,960	»
Allocations accordées aux résidents, conseillers, etc. . .	37,000	»
Total	30,874,510	taëls.

CHAPITRE SIXIÈME.

JUSTICE MILITAIRE.

Les militaires en Chine sont soumis aux mêmes lois que les autres classes de citoyens, pour tout ce qui regarde le respect dû aux personnes et à la propriété. Le code pénal ne fait point d'exception en leur faveur : ils sont dans tous les cas justiciables de leurs chefs. Tous les trois ans, un examen approfondi de la conduite des mandarins a lieu à Péking, en même temps que les grandes assises triennales, que l'on nomme ta-ki, grande instruction générale. Les points principaux sur lesquels portent ces examens sont au nombre de six; savoir : négligence, insouciance, paresse dans le service; 2° défaut de dignité et de gravité dans la conduite; 3° légèreté de caractère, conduite inconsidérée; 4° incapacité par rapport aux fonctions exercées; 5° grand âge; 6° infirmités. Les mandarins avaricieux et pleins de convoitise (than), ceux qui sont durs et cruels (kio), ne sont point classés dans les catégories précédentes. On statue à part sur leur compte.

Les fou-tou-tong, et tous ceux qui sont au-dessus d'eux dans l'armée des bannières, les tsong-ping, et tous ceux qui sont au-dessus d'eux dans l'armée des lou-yng, peuvent se dénoncer eux-mêmes à l'Empereur; leurs inférieurs peuvent également se dénoncer. Cet aveu diminue la faute et quelquefois en motive le pardon. Les tribunaux appelés à prononcer sur les délits ou fautes des officiers, tiennent exactement compte des antécédents du coupable. Les amendes méritées pendant le cours d'une campagne ne sont infligées qu'à l'issue de cette campagne. Les fautes entraînant la perte d'une commission ou la dégradation sont punies immédiatement; mais le mandarin peut par sa conduite et son zèle recouvrer sa position avant la fin de la guerre.

Les délits des soldats sont punis ordinairement comme ceux du bas peuple, ou bien par une privation de solde. Mais les punitions pour des fautes commises dans le service actif sont réglées par un code comprenant 40 articles, suivant le Ta-tsin-hoei-tien. Ce code, publié en 1734, la neuvième année du règne de l'empereur Yong-tching, n'est qu'un appendice du Ta-thsing-liu-ly. Le dernier s'étend davantage sur les lois et règlements constitutifs de l'armée, et sur les devoirs généraux des officiers et des soldats en campagne. Nous avons pensé que le lecteur nous saurait gré de lui faire connaître les principales sections de cet intéressant ouvrage, et nous avons consacré quelques pages à leur reproduction :

« Quand les commandants en chef de la cavalerie ou de l'infanterie, en garnison dans les villes et dans

les places fortes, qui gardent les postes militaires ou
qui campent sur les frontières de l'État, seront infor-
més qu'on aura découvert des symptômes d'insurrection dans quelque lieu de leurs commandements
respectifs, ils dépêcheront aussitôt quelqu'un d'intelligent, pour s'assurer si le rapport qu'on leur aura
fait est bien fondé et jusqu'à quel point les circonstances exigent l'emploi de la force armée.

« Si le compte qui leur sera rendu des informations
prises par la personne qu'ils auront envoyée confirme
le premier rapport, ils en transmettront les particularités à leur supérieur immédiat, au quartier général,
pour que cet officier les mette sous les yeux de Sa
Majesté l'Empereur, dont il requerra les ordres sacrés
sur l'adoption de la mesure qu'il lui soumettra, de
détacher, dans les cas ordinaires, un corps de troupes
capable d'arrêter l'insurrection et qui punisse les
révoltés.

« Lorsque le cas ne l'exigera point, si un commandant en chef, sans avoir d'abord transmis à son supérieur les circonstances de l'événement, ou lui ayant
fait passer son rapport sans attendre, en réponse, ses
ordres sur l'emploi de la force qu'il aura sous les
siens, se permet de faire assembler son infanterie ou
sa cavalerie, ce commandant et les officiers des postes et des garnisons qui auront fourni des troupes
conformément à sa réquisition, seront tous sujets à
recevoir chacun cent coups et à subir le bannissement militaire perpétuel en un lieu éloigné.

« Si une force armée est en marche sur un des districts de l'Empire ; si une révolte se manifeste avec violence dans quelque ville ou poste militaire, ou si les progrès qu'aura faits l'ennemi ou une insurrection obligent à ne pas attendre le retour d'un messager rapportant les ordres demandés à un officier supérieur, le commandant du district menacé par l'ennemi ou dont une des villes sera insurgée, pourra légitimement assembler à l'instant les troupes de tous les postes qui seront sous sa direction et les employer aux moyens que les circonstances lui feront juger être les meilleurs pour défaire les attaquants, ou dissiper les rebelles ou s'en rendre maître. Si une insurrection devenait assez considérable par le nombre des coupables et l'étendue du pays qu'elle embrasserait, pour rendre nécessaire de faire coopérer les troupes postées dans les districts voisins, aux mesures à prendre contre les révoltés, le commandant des forces serait autorisé à requérir le secours desdites troupes, quoique étant dans des lieux hors des limites de son commandement ordinaire ; mais tous les commandants des districts qui donneront ou requerront assistance ne manqueront, en aucun de ces cas, de faire connaître leurs opérations à leurs supérieurs respectifs, pour qu'ils puissent en informer Sa Majesté Impériale.

« Si dans de pareilles circonstances, l'officier commandant du district qui est en état d'insurrection, et l'officier commandant du district voisin dont on a

requis le secours, ne rassemblent pas leurs forces
pour en disposer comme le cas l'exige, ou s'ils n'informent pas leurs supérieurs respectifs de leurs opérations, ou si enfin les officiers qui commandent immédiatement les troupes ne les font point agir suivant les ordres de leurs supérieurs, la peine qu'ils
encourront sera celle qui a été établie plus haut,
pour le cas où l'on emploie la force militaire sans
nécessité, et qui concerne aussi ceux qui en disposent
sans y être autorisés par leurs supérieurs.

« Les ordres que le commandant d'un district
pourra recevoir de son officier supérieur ou des ministres de l'État, pour détacher les troupes qui seront
sous sa direction, ne porteront jamais, dans les cas
ordinaires, sur l'emploi de ces forces hors des limites
de ce district, où on les a établies pour le protéger,
à moins que lesdits ordres n'aient été donnés pour
obéir au commandement formel et sacré de l'Empereur. De même, les ordres relatifs aux promotions,
mutations, dégradations ou jugements des officiers
militaires en exercice, ne seront point suivis, s'ils
n'ont pas été donnés en exécution d'un commandement exprès et sacré de Sa Majesté, et quiconque
obéira à ces ordres non sanctionnés ainsi, sera puni
comme dans les autres cas rapportés plus haut.

« Lorsqu'un officier qui commandera un détachement ou une division de la force armée en marche
pour une expédition, d'après les ordres du général
et commandant en chef, l'aura dirigé sur des forts

ou autres places tenues par des rebelles en armes, aussitôt qu'il se sera emparé desdits forts ou places et qu'il aura mis fin à l'objet de sa destination, il dépêchera sur-le-champ un messager au quartier général, pour en instruire le commandant en chef, qui, par le même courrier et avec une égale promptitude, communiquera sa correspondance au conseil suprême des affaires militaires. Le commandant en chef, de son côté, fera un rapport de l'événement, et le présentera à Sa Majesté Impériale.

« Si la force et le nombre des rebelles se trouvent être assez considérables pour que les troupes destinées à marcher contre eux par le commandant en chef ne soient pas suffisantes pour les réduire, le commandant du détachement dont il a été parlé ci-dessus transmettra cet état des affaires audit commandant en chef, qui fera partir du quartier général un renfort d'infanterie ou de cavalerie tel qu'il sera nécessaire pour opérer la défaite des insurgés et pour s'en emparer. Quand l'officier commandant le détachement aura omis d'instruire de la susdite insuffisance de moyens le commandant en chef, celui-ci décidera la peine à lui infliger suivant que les circonstances du cas pourront l'exiger; mais si les opérations militaires du gouvernement ont manqué contre les rebelles par suite de cette omission, la rigueur de la peine que subira l'officier qui l'aura commise sera déterminée d'après la loi qui est spécialement applicable à ce cas, et qui est établie ailleurs.

« Quand des révoltés se rendront d'eux-mêmes au détachement ou au dépôt des forces, l'officier commandant ces troupes les enverra sous escorte au commandant en chef, qui informera respectueusement l'Empereur de cette circonstance, et demandera les ordres de Sa Majesté sur le traitement qu'on devra faire à ces prisonniers.

« Si ledit officier commandant un détachement veut s'emparer de ce qui appartient aux rebelles qui se sont rendus volontairement à lui, et que dans cette vue il les tue, il les blesse; ou si, en les maltraitant, il prétend les porter à fuir, et qu'ils tentent ou effectuent leur évasion, il sera mis en prison le temps ordinaire et décapité. S'il les a pillés sans les tuer, les blesser ni les porter à s'évader par les violences, il subira seulement la peine qu'ordonne la loi sur les vols.

« Quelles que soient les dépêches renfermant des informations relatives aux affaires de la guerre, que recevront les gouverneurs des villes de premier et second ordre, venant des districts, postes et gouvernements qui dépendront de leurs juridictions respectives, il sera fait un rapport de leur contenu, adressé par des courriers spéciaux aux vice-roi, trésorier, juge et autres chefs de département dans les provinces, et ensuite aussi au commandant des forces du district, ainsi qu'au commandant en chef de la province que ces dépêches concerneront.

« Les commandants des postes militaires adresseront leurs dépêches relatives aux affaires de la guerre seulement, au commandant des forces de leurs districts, au commandant en chef des troupes, au vice-roi et au sous-vice-roi de la province où ils sont employés.

« Quand des dépêches arriveront au bureau des vice-rois, sous-vice-rois, commandants en chef et autres officiers militaires du premier rang, ils transmettront un compte des circonstances qu'elles contiendront au conseil suprême des affaires militaires, et ils adresseront à Sa Majesté l'Empereur un rapport respectueux sur les mêmes circonstances. Si lesdits officiers supérieurs, après avoir délibéré sur l'objet de ces dépêches, conviennent d'en cacher la connaissance, et que conformément à cette résolution ils n'en fassent point à temps le rapport à Sa Majesté, ils seront tous punis de cent coups, privés de leurs offices, et déclarés incapables de posséder à l'avenir aucun emploi public. Si cette même résolution des officiers supérieurs fait que les opérations militaires qu'on aura commencées ne soient pas continuées comme il l'aurait fallu, ils subiront l'emprisonnement pendant le temps ordinaire et la mort par décollement.

« Quand une personne sera en possession des secrets de l'État, tels que l'emploi projeté des troupes ou toute autre mesure prise par l'Empereur, ou par le commandant en chef, pour attaquer ou prendre par surprise des tribus étrangères, ou pour vaincre des insurgés et s'en saisir, si cette personne trahit

ou fait connaître de quelque manière que ce soit
ces secrets d'État, de sorte qu'ils viennent à être sus
de l'ennemi ou des révoltés, elle sera décapitée après
avoir subi l'emprisonnement pendant le temps accoutumé.

« De même, si une personne trahit ou divulgue,
d'une façon quelconque, le contenu des rapports
adressés des frontières à Sa Majesté par les généraux
des troupes, en sorte que l'ennemi vienne à en
avoir connaissance, elle sera punie de cent coups et
bannie pour trois ans ; mais lorsque dans ce cas,
ainsi que dans le précédent, la personne coupable de
la divulgation sera convaincue d'avoir agi par des
motifs perfides, elle subira une peine plus sévère,
conformément à la loi établie ailleurs.

« La personne qui aura divulgué la première un
secret de l'État subira toute la rigueur de la peine
ordonnée par la loi comme principal coupable, et
chacune de celles qui le répéteront ensuite, subiront
la peine mitigée qu'on inflige aux coupables secondaires, c'est-à-dire aux complices.

« Quiconque ouvrira secrètement toute dépêche
munie d'un sceau officiel, sera punie de soixante
coups au moins lorsqu'on découvrira son délit ; mais
si elle est relative à des affaires militaires importantes, il recevra cent coups et subira un bannissement
de trois années, comme celui qui divulgue un secret
de l'État sans motif de perfidie.

« Si un des officiers du gouvernement ayant un

emploi dans le service immédiat près la personne de Sa Majesté, divulgue un secret important de la cour, il subira aussi la mort par décollement, après avoir été mis en prison pendant le temps usité; et lorsqu'il divulguera des secrets concernant les affaires ordinaires, il sera puni de cent coups, privé de sa place, et déclaré incapable de remplir des fonctions publiques.

« De quelque manière qu'on manque de grain, d'argent ou de munitions, aux postes des frontières, l'officier qui commandera ces postes enverra un courrier au trésorier de la province où les troupes se trouvent établies, pour lui en donner connaissance, et adressera en même temps aux vice-roi, sous-vice-roi et officiers militaires en chef de ladite province, des lettres officielles requérant l'envoi ultérieur d'approvisionnements. Les autorités en chef de cette province feront connaître au conseil suprême de ce département à Péking, l'emploi auquel on destinera lesdits approvisionnements, leur nature et leur quantité, et ce conseil, en dernier lieu, informera de tout Sa Majesté Impériale, pour qu'elle donne ses ordres relativement à leur sortie des magasins publics et à leur envoi aux postes qui en manqueront.

« Si les relais sur les routes conduisant aux postes les approvisionnements qui leur manquent, ou l'emploi qu'on en devra faire, sont retardés sans nécessité; si l'Empereur n'est pas informé qu'on les ait employés aussitôt qu'ils auront été reçus, ou si l'officier commandant ces postes-frontières n'en fait pas l'emploi régulier toutes les fois que cela sera nécessaire, l'individu qui n'aura pas rempli son devoir dans ces occasions sera puni de cent coups, privé de son état et déclaré incapable d'exercer un office public.

« Si, par suite des délits ci-dessus il se trouvait un tel déficit dans les approvisionnements d'un poste sur la frontière, au moment ou l'ennemi viendrait à l'attaquer, que cela fît manquer les opérations du gouvernement pour la défense, les délinquants seraient condamnés à l'emprisonnement pendant le temps ordinaire et à être décapités.

« Quand les troupes de l'État seront sur le point de se mettre en marche pour un service public, si les armes, les munitions, les fourniments et les provisions requises de toutes espèces ne se trouvent pas complets à l'époque qui aura été fixée à l'avance, l'officier du gouvernement par la faute de qui ce retard aura été causé, soit en n'ayant pas transmis les ordres nécessaires pour l'arrivée de ces approvisionnements, soit en n'ayant pas exécuté ceux qu'il aurait reçus pour le même objet, sera puni de cent coups.

« Si ce retard, causé par la négligence, apporte un déficit dans les articles susdits, quand les troupes seront près d'avoir un engagement avec l'ennemi; si les commandants de troupes qui auront reçu l'ordre de coopérer à la défense commune, attendent l'issue des événements au lieu de réunir leurs forces pour marcher au jour et au lieu marqués, ou enfin si ceux qui auront reçu l'ordre de rassembler des troupes pour la cause qui vient d'être énoncée ne l'exécutent point à temps, d'après la réquisition qu'ils en auront reçue, toute erreur ou faute nées, pour les opérations militaires, de ces torts ou de ces négligences, rendront ceux qui en auront commis les délits sujets à être décapités, après avoir été mis en prison durant le temps usité.

« Lorsqu'un certain nombre d'officiers aura été choisi pour faire un service particulier, avec des troupes sous leur commandement, aussitôt qu'approchera la saison de commencer les opérations militaires portées dans leurs instructions, un jour leur sera fixé pour quitter leur quartier ou leur garnison; et quand viendra l'époque où ils devront marcher, un seul jour de retard rendra les coupables de ces délits sujets à recevoir soixante-dix coups, et cette peine augmentera d'un degré par autant de trois jours de retard au delà du premier, pour tout individu, officier, cavalier ou fantassin, qui l'aura méritée.

» Si quelqu'un se blesse, s'estropie, ou simule une maladie ou une infirmité pour ne pas marcher dans l'occasion susdite, la peine qu'il subira accroîtra d'un degré et même plus, jusqu'à cent coups, suivant le nombre de jours qu'il aura tardé à suivre la troupe. Le coupable de ces actions sera forcé de rejoindre l'armée en marche, à moins qu'il ne se soit estropié de manière à ne pouvoir plus servir; mais alors son district sera obligé d'envoyer un homme qui le remplace.

« Après que les troupes seront arrivées au lieu où elles doivent agir, quiconque, sous aucun prétexte, s'absentera un jour au delà de l'époque fixée pour garder son poste, sera puni de cent coups; et quiconque s'absentera trois jours dans la même circonstance, quand les opérations militaires ne devraient point en souffrir, sera emprisonné pendant le temps ordinaire et décapité suivant la volonté du commandant en chef. Si ce coupable est en état de racheter son honneur et sa vie par un zèle assidu à remplir ses devoirs à l'avenir, le commandant en chef qui en jugera ainsi aura le pouvoir de lui remettre la peine qu'il a méritée, et il l'emploiera comme il le trouvera convenable.

« Quand un militaire, au lieu de se rendre à l'armée lorsqu'il en sera requis, y envoie quelqu'un qu'il a payé pour le remplacer sous son nom, ce substituant sera puni de quatre-vingts coups, et celui qui l'aura entraîné à ce délit de cent coups.

« Tout militaire qui payera quelqu'un pour servir à sa place pendant qu'il s'absentera de l'armée, sera sujet, ainsi que son substituant, à une peine plus forte de deux degrés que celle qui est fixée pour le premier délit.

« Néanmoins, si le fils, le petit-fils, le neveu, le frère cadet ou un autre parent habitant avec la personne qui devra servir, s'offre volontairement et sans vue mercenaire à la remplacer, il en obtiendra la permission, pourvu que la personne remplacée soit incapable de servir par son grand âge et à cause de ses infirmités.

« L'individu s'offrant de servir pour un autre adressera à l'officier commandant l'exposition de la circonstance, et cet officier, après en avoir reconnu la vérité, accordera la dispense qu'on lui aura demandée.

« Si les médecins qui seront requis pour exercer leur profession à l'armée éludent le devoir de s'y rendre en se faisant remplacer par des charlatans ambulants ou par des personnes ignorantes, tous deux recevront quatre-vingts coups, et l'argent ou les présents qui auront été donnés et reçus seront confisqués au profit de l'État.

« Lorsque des villes, des forteresses ou autres places de guerre, confiées à des officiers généraux ou tous autres commandants militaires, seront attaquées par les rebelles et que lesdits officiers abandonneront leurs postes; ou lorsque ces généraux ou ces commandants laisseront prendre les susdites villes, forteresses ou places sous leurs ordres par des révoltés, ayant négligé les mesures propres à les défendre, ils seront mis en prison pendant le temps ordinaire, et décapités dans l'un et l'autre cas.

« Si, lorsque l'armée sera dans le voisinage des lignes de rebelles ou de celles des ennemis, les

gardes avancées postées sur les hauteurs qui en do-
minent le camp n'instruisent pas de leurs mouvements, et qu'en conséquence d'une telle omission
les places dénommées soient prises par les révoltés,
ou les troupes de l'État vaincues par eux dans une
attaque inattendue, ceux qui auront été détachés
comme sentinelles ou vedettes seront sujets à la
peine de mort par décollement, après avoir passé en
prison le temps accoutumé.

« Si l'oubli des précautions qu'aurait dû prendre
le général, ou la négligence des avis que les gardes
avancées avaient à donner, ne sont pas suivis de la
perte des villes ou des places citées plus haut, ou
d'événements nuisibles aux forces de l'État, mais
qu'elles aient été pour les révoltés l'occasion de
sortir de leur camp pour ravager le pays et en piller
les habitants, celui dont le délit aura causé ces mal-
heurs sera puni de cent coups, et subira un bannissement perpétuel militaire dans un lieu éloigné.

« Quand les troupes de l'État sortiront des villes
ou places fortes pour combattre l'ennemi ou des révoltés en bataille rangée, ou pour en investir les
lignes, si un des officiers ou soldats donne l'exemple
de la désertion, il subira l'emprisonnement pendant
le temps usité et perdra la vie par décollement.

« Tout commandant de troupes en campagne ou
dans une place frontière qui autorisera ses soldats
à en sortir pour aller piller les habitants des territoires voisins, sera puni de cent coups, privé de son

emploi, et condamné à un bannissement perpétuel
dans un lieu éloigné.

« Si les autorités supérieures des provinces autorisent les officiers militaires à un tel brigandage,
elles subiront ladite peine à un degré de moins ; et
si les officiers civils ne s'y opposent point, la même
peine à leur infliger sera encore diminuée pour eux
de deux degrés.

« Ceux qui autoriseront le pillage seront seuls sujets à en être punis : ainsi, les soldats qui commettront ce délit avec la permission de leurs supérieurs
n'en subiront pas la peine, comme n'étant pas responsables.

« Si des cavaliers ou fantassins sortent de leurs
quartiers ou garnisons pour piller les pays environ-
nants, sans en avoir obtenu l'autorisation de leurs
officiers supérieurs, les chefs militaires des corps
coupables de ce délit seront punis de cent coups, et
chacun de leurs soldats en recevra quatre-vingt-dix.
Si, dans ce cas, les soldats blessent des habitants,
le chef de leur corps sera mis en prison, puis décapité, et chacun de ses soldats sera puni de cent
coups et subira un bannissement militaire éloigné,
ainsi que les coupables du premier cas ; quand, dans
ces occasions, le supérieur immédiat des soldats qui
auront commis les délits ci-dessus sera convaincu
d'avoir négligé de tenir sa troupe dans une bonne
discipline, il subira soixante coups, mais il gardera
sa place.

« Lorsque des soldats dont le corps sera posté sur des frontières de l'Empire, s'insurgeront et passeront sur le territoire étranger, la loi autorise les officiers à détacher de leurs gens pour courir après les insurgés et les faire rentrer dans le devoir.

« Si, en aucun temps, des troupes commettaient le pillage dans les limites de l'État ou dans celles des pays conquis, ceux des militaires qui s'en rendraient coupables seraient décapités, après l'emprisonnement ordinaire, sans distinction des criminels principaux et de leurs complices.

« Quand les supérieurs immédiats des soldats coupables de pillage seront, pour ce cas, susceptibles d'être accusés de n'avoir pas tenu leurs subordonnés dans une exacte discipline, ils recevront quatre-vingts coups, mais conserveront leur place.

« Si le commandant ou d'autres officiers de troupes sont prévenus du projet que quelques-uns de leurs soldats ont l'intention de piller un canton et ses habitants, dans l'intérieur de l'Empire ou hors de ses limites, et qu'ils soient de connivence à cet acte criminel en permettant de le commettre, ils seront sujets à la même peine que leurs soldats, excepté la réduction d'un degré, qui est ordinaire dans les cas capitaux.

« Si l'officier commandant un poste militaire, soit sur les frontières de l'Empire, soit ailleurs, ne maintient pas la discipline ordonnée par la loi; s'il n'exerce pas ses troupes; s'il ne veille pas à l'en-

tretien des bâtiments et des fortifications de la place
qui lui est confiée, ou s'il n'a pas soin que les habill-
lements, les armes offensives et défensives et les
munitions soient dans l'état convenable, il recevra
quatre-vingts coups dans chaque cas pour la première fois, et cent pour la seconde.

« Si des officiers, en se relâchant de la discipline
nécessaire ou en usant mal de leur autorité militaire dans la dispensation des peines et des récompenses, portent les troupes qui seront sous leur
commandement à se mutiner où à déserter à l'ennemi, ces officiers recevront chacun cent coups;
leurs familles seront dégradées, et eux-mêmes envoyés dans un exil perpétuel militaire éloigné.

« Lorsque par suite de la mutinerie ou de la désertion des troupes, quelque officier abandonnera
son poste en partageant les délits et qu'on se saisira
de sa personne, il subira la mort par décollement,
après avoir été mis en prison jusqu'à l'époque ordinaire.

« Si des officiers militaires du gouvernement, auxquels leur place donne du pouvoir sur le peuple,
n'usent pas d'indulgence envers lui, et au contraire
exercent leur autorité sur lui d'une manière opposée
aux lois et aux usages de l'Empire; qu'ils le forcent
enfin à s'assembler tumultueusement, à entrer en
rébellion ouverte et à sortir de la ville siége du gouvernement, ces officiers seront mis en prison pendant le temps ordinaire et perdront la vie par décol-

lement. Si les révoltés ne vont pas jusqu'à s'emparer du poste confié à ces officiers, ceux-ci seront assimilés dans ce cas à l'officier qui est cause d'une mutinerie, par la négligence criminelle qu'il a apportée à faire observer la discipline militaire; mais l'étendue de la peine à infliger demeurera à la décision de Sa Majesté.

« Toutes les fois que les troupes de l'État prendront des chevaux sur l'ennemi, on rendra compte de leur nombre total à l'officier commandant en chef, sur le champ de bataille même. Si un soldat vend de ces chevaux à des particuliers, pour des marchandises ou de l'argent, il sera puni de cent coups; et si c'est un officier du gouvernement qui se rend coupable de ce délit, il sera privé de sa place après avoir subi la même peine.

« L'acheteur desdits chevaux recevra aussi quarante coups; les chevaux, ainsi que le prix de leur vente, seront confisqués au profit du gouvernement.

« Quand l'acheteur sera un officier ou soldat de l'État, il ne subira aucune peine corporelle, mais l'argent qu'il en aura payé au vendeur sera confisqué au profit du gouvernement; les chevaux seront aussi confisqués, lorsque l'acheteur sera un officier inférieur en rang au vendeur ou un soldat de sa division, attendu qu'ils seront supposés avoir été à même de connaître l'illégalité du marché.

« Si un soldat vend à un particulier des habillements, des armures, des épées, des lances, des pa-

villons, des drapeaux ou d'autres articles d'équipement militaire à lui confiés par le gouvernement,
et reçoit en échange quelques objets de prix, il sera
puni de cent coups et subira un bannissement perpétuel militaire en un lieu éloigné. Quand un officier
militaire du gouvernement se rendra coupable du délit énoncé, il sera condamné à recevoir le même
nombre de coups, à être dégradé et à subir un bannissement militaire dans un lieu peu éloigné.

« L'acheteur sera puni de quarante coups, quand
l'objet qu'on lui aura vendu sera du nombre de ceux
qui ne sont pas prohibés; mais s'il fait partie de
ceux-ci, la peine à infliger à cet acquéreur sera la
plus grande de celles qu'ordonne la loi contre les
individus qui gardent en leur possession lesdits objets, c'est-à-dire que, suivant les circonstances,
l'acheteur recevra de quatre-vingts à cent coups et
sera banni à perpétuité à 3,000 ly de sa résidence
habituelle.

« Les équipements militaires vendus ainsi illicitement et l'argent compté par ceux qui les auront
achetés, seront toujours confisqués au profit du gouvernement; mais quand cet acquéreur sera un officier ou un soldat de l'État, il ne sera sujet à aucune
peine et la confiscation ne tombera alors que sur le
prix reçu par le vendeur.

« Lorsque après une expédition militaire l'officier
qui en aura eu le commandement ne remettra pas,
dans l'espace de dix jours, à l'officier du gouverne-

ment que concernera cette partie du service public,
toutes les armes et tous les articles d'équipement
qu'il en aura reçus en dépôt ou comme supplément,
il sera puni de soixante coups. Cette peine augmentera d'un degré jusqu'à cent coups, à raison d'un
degré par chaque espace de dix jours qu'il différera
au delà des dix premiers à rendre les susdits articles.

« Si, après qu'un officier commandant aura terminé une expédition militaire, il perd ou détruit volontairement quelque effet d'équipement, il sera puni
de quatre-vingts coups et d'un degré de peine plus
sévère pour chaque effet qu'il aura perdu ou détruit
jusqu'au nombre de deux cents; quand ce nombre
excédera, il subira la prison pendant le temps ordinaire et sera décapité.

« Quand cet officier perdra ou détruira un ou plusieurs effets d'équipement par inadvertance, la peine
qu'on lui infligera sera moindre, dans tous les cas,
de trois degrés que celle qui atteint les coupables du
délit précédent. Si le coupable était un simple soldat,
la peine qu'il encourrait serait encore diminuée d'un
degré.

« La valeur des effets d'équipement perdus ou
détruits sera certifiée avec exactitude dans tous les
cas mentionnés plus haut, afin que le coupable de
ce déficit puisse être requis de la représenter au gouvernement.

« Lorsque, toutefois, quelques provisions ou effets
d'équipement militaire se seront perdus ou détruits

par le service habituel ou dans une bataille, personne n'en demeurera responsable, et par conséquent aucune indemnité n'en sera exigée.

« Si un particulier garde chez lui une armure d'homme ou de cheval, des boucliers, des canons, des pavillons, des étendards impériaux, enfin tous autres objets réservés exclusivement à l'usage militaire, il sera puni de quatre-vingts coups, quand il n'aurait qu'un de ces objets, et d'un degré plus sévère par chaque objet de cette sorte qu'il se trouvera posséder. S'il a fabriqué lui-même lesdits objets, la peine à infliger augmentera d'un degré dans chaque cas, jusqu'à cent coups, et il sera banni à perpétuité jusqu'à 3,000 ly.

« Lorsque lesdits objets trouvés chez un particulier ne seront pas achevés de manière à pouvoir s'en servir, la personne qui les aura dans sa maison, ni celle qui les aura faits, ne seront sujettes à être punies, mais elles livreront au gouvernement ces objets imparfaits.

« La prohibition portée par cette loi ne s'étend pas aux arcs, aux flèches, aux frondes, aux lances, aux couteaux, ni à tous les ustensiles ou instruments de pêche ou d'agriculture.

« Si un commandant en chef, un officier inférieur ou un sous-officier d'un régiment souffrent que leurs soldats s'éloignent de plus de 100 ly de leur poste sous prétexte de commercer, ou si ces officiers ou sous-officiers requièrent lesdits soldats pour des ser-

vices qui leur fassent interrompre leurs exercices et
leurs fonctions militaires, les coupables envers cette
loi seront punis en raison du nombre de soldats ainsi
mal employés; c'est-à-dire qu'ils ne recevront que
quatre-vingts coups s'il ne s'agit que d'un homme
détourné de ses devoirs, et qu'ils recevront un degré
plus sévère de peine par le nombre de trois hommes
en contravention aux présentes en sus du premier,
jusqu'à ce que cette peine monte à cent coups, auquel cas les coupables seront privés de leur commandement ou de leurs emplois. Si les mêmes officiers ou sous-officiers se sont laissé corrompre par
des dons, en vue de telles infractions à la discipline,
la peine qu'on leur fera subir augmentera autant que
pourra le prescrire la loi contre la corruption employée
pour faire réussir des projets illégaux, appliquée aux
cas de la présente loi. Le soldat criminel qui se re-
lâchera lui-même de la discipline en s'absentant de
son corps ou en consentant à être employé d'une
manière incompatible avec ses devoirs militaires,
sera puni de quatre-vingts coups.

« Si un officier ou un sous-officier envoient un
soldat au delà des frontières ou hors du poste de son
corps, et qu'en conséquence de la commission dont
ils l'auront chargé il perde la vie ou soit pris par
l'ennemi ou par les révoltés, lesdits coupables seront
punis de cent coups, dégradés et bannis militairement à perpétuité dans un lieu lointain. Si le nombre
de soldats ainsi perdus pour le service de l'État s'élève

à trois ou davantage, les mêmes coupables subiront la mort par strangulation après le temps ordinaire de l'emprisonnement.

« Si le commandant d'un poste ou d'un camp, ou les officiers servant sous ses ordres, aident avec connaissance de cause à cacher les circonstances susdites, en concourant avec les officiers ou sous-officiers en défaut à attribuer à la nature la mort des soldats perdus ainsi pour le service de l'État, ou leur absence à la désertion dans un rapport au gouvernement, lesdits commandant et officiers sous ses ordres subiront la même peine que les premiers coupables, à l'exception de la mort.

« En général, quand le commandant d'un corps, un officier ou un sous-officier de ce corps causeront ou autoriseront l'abandon ou la négligence des fonctions militaires ou des exercices ordonnés pour les troupes ; lorsque le.commandant d'un poste ou d'un camp connivera à ces délits contre la discipline militaire en y consentant au lieu d'en prendre.connaissance ; ou quand, dans le cas où ledit commandant commettra lui-même de tels délits, le commandant en second, les officiers et sous-officiers des troupes desdits postes ou camps qui, en étant instruits, n'en porteront pas plainte et n'informeront point contre lui, la partie agissante sera punie, comme la partie connivente, de la manière établie plus haut.

« Si, par suite de la négligence que pourront mettre les officiers et sous-officiers à maintenir parmi

leurs troupes la rigueur de la discipline, des soldats
en transgressent la loi relativement à ce qui a été dit
ci-dessus, quand leurs supérieurs ne les y auraient
point autorisés, ou si ces soldats s'étant conduits irrégulièrement par l'inattention de leurs supérieurs,
ceux-ci ont connivé à leur délit en les cachant, l'é-
tendue de la peine à infliger aux coupables sera réglée
sur les proportions suivantes :

« Le wai-wei sera puni de quarante coups quand un
seul de ses inférieurs aura transgressé la loi sur la
discipline militaire.

« Le pa-tsong subira la même peine quand cinq de
ses soldats l'auront transgressée.

« Le tsien-tsong recevra aussi quarante coups quand
dix soldats l'auront transgressée.

« Enfin le commandant d'un poste ou d'un camp
sera sujet à la même peine quand cinquante hommes
l'auront enfreinte.

« Le sous-officier subira cinquante coups quand il
y aura deux transgresseurs de la loi, le pa-tsong de
même lorsqu'il y en aura dix, le commandant d'un
corps quand il y en aura vingt, et le commandant
d'un poste ou d'un camp aussi quand il y en aura
cent.

« Aucuns officiers ou sous-officiers ne perdront
leur état pour les causes susdites que dans le cas
particulier où tous les soldats qui serviront sous leurs
ordres respectifs seraient prouvés avoir transgressé
à la fois la loi sur la discipline.

» Si un officier employait un soldat à son service particulier, quand il ne le dispenserait pas du service public ou des exercices militaires, il serait toujours puni de cent coups, et cette peine augmentera progressivement jusqu'à quatre-vingts coups, à raison d'un degré par autant de cinq hommes employés illégalement par lui au delà du premier. De plus, cet officier payera au gouvernement, par forme d'amende, les gages desdits employés, quels qu'ils aient été convenus, à 8 fen, 5 ly et 5 hao par jour pour chaque homme.

« Néanmoins l'officier qui se servira de ses soldats pour des cérémonies funèbres ou pour des réjouissances sera exempt des peines ordonnées par cette loi.

« Il est défendu aux princes et à la noblesse héréditaire de demander l'assistance des officiers et des troupes de l'État ou de les employer à leur service particulier, s'ils n'y sont expressément autorisés par un édit émané de l'Empereur.

« Le premier et le second délit de cette nature seront pardonnés, mais les magistrats prendront connaissance du troisième, dont la peine ou la rémission sera soumise à la décision de Sa Majesté.

« Quand des officiers militaires du gouvernement accorderont les demandes illégales ci-dessus, ou lorsque, n'étant point engagés dans un service actuel, ils monteront la garde aux portes du palais d'un prince ou de la maison d'un noble héréditaire pour leur faire honneur, chacun de ceux qui auront agi ainsi sera puni de cent coups, outre la dégradation et le bannissement militaire perpétuel et éloigné. — Les simples soldats qui commettront ce délit subiront la même peine.

« Quand on découvre que des soldats en garnison dans les villes frontières et autres places fortes ont formé le dessein de déserter et de se rendre chez l'ennemi, l'officier commandant les fera mettre en prison et les traduira, pour être jugés, devant son supérieur immédiat, qui, après avoir examiné avec soin les charges, en fera le rapport au vice-roi ou sous-vice-roi de la province, lequel après s'être assuré qu'il n'y a ni injustice dans l'accusation ni partialité dans le rapport, portera sans délai la sentence que dicte la loi, et soumettra ensuite toutes les pièces concernant le jugement à Sa Majesté.

« Lorsque l'armée est en campagne et qu'un soldat entreprend ouvertement de déserter, s'il est pris, il sera envoyé à la mort immédiatement, ce qui sera fait légalement, attendu l'urgence du cas. On peut se dispenser de suivre cette disposition de la loi dans une telle circonstance, mais il faut toujours faire parvenir le rapport des pièces à l'Empereur.

« Si un officier ou un soldat choisis pour une expédition militaire, ou détachés pour un service particulier, abandonnaient leur poste, soit pour retourner chez eux, soit pour aller ailleurs, ils seraient punis de cent coups et forcés de reprendre leur destination primitive, pour le premier délit; s'ils récidivaient, ils subiraient l'emprisonnement pendant le temps usité, et la mort par strangulation.

« Toute personne qui, sachant qu'une autre est coupable du crime de désertion, la retirera chez elle pour la première ou la seconde fois, recevra cent coups et sera sujette au bannissement militaire.

« Si l'habitant principal du district où est né un déserteur, et celui du district dans lequel il se sera caché, connaissent le fait dont il est coupable et n'en informent pas le gouvernement, ils subiront la peine de cent coups.

« Si après un engagement qu'auront eu des troupes un militaire quitte ses drapeaux pour retourner chez lui avant le licenciement de l'armée, il sera puni de cinq degrés de moins que dans le dernier cas, c'est-à-dire qu'il recevra cinquante coups; mais si, pour éviter ce châtiment, il déserte alors tout à fait, il sera sujet à subir quatre-vingts coups.

« Tout militaire qui désertera de la métropole recevra quatre-vingt-dix coups pour ce premier délit; les militaires en garnison dans les autres villes ou les places fortes de l'Empire, seront punis de quatre-vingts coups pour la première fois; la seconde désertion, soit de Pé-king, soit d'autres villes ou places fortes, fera encourir la peine de cent coups et le bannissement militaire perpétuel dans un lieu éloigné; pour le troisième délit, dans chacun des cas ci-dessus, on subira la mort par strangulation, après le temps usité de l'emprisonnement.

» En général, toute personne qui donnera asile à des déserteurs en les connaissant pour tels, sera punie de même qu'eux, excepté que, dans les cas où l'on inflige la peine de mort et celle d'un bannissement éloigné, le recéleur d'un coupable de désertion subit seulement la peine de l'exil militaire simple dans l'endroit le moins éloigné.

« Si l'habitant principal du district où le déserteur aura trouvé retraite est prévenu d'un tel fait et qu'il n'en informe pas le gouvernement, il sera sujet à la peine établie contre la personne qui recèle un coupable du crime de désertion, mais moindre de deux degrés dans tous les cas.

« Lorsqu'un sous-officier, sachant que quelques-uns de ses hommes doivent déserter, ne l'empêchera pas, la peine qu'il subira sera la même que la leur, excepté que dans aucun cas elle n'excédera pas cent coups, la dégradation et le bannissement militaire le moins éloigné.

« Quand les déserteurs de l'armée rejoindront d'eux-mêmes leurs drapeaux dans les cent jours écoulés à partir de celui où ils les auront quittés, ils recevront leur pardon; passé ce temps, leur retour volontaire ne leur donnera droit qu'à la réduction de deux degrés dans la peine encourue par eux.

« Un déserteur qui se repentira volontairement de son crime, pourra toutefois se rendre à tel poste militaire que ce soit, et l'officier commandant ce poste aura plein pouvoir de l'y admettre, soit en lui remettant toute la peine qu'il aura méritée, soit en ne lui en faisant subir qu'une partie, suivant les circonstances qui auront accompagné sa désertion.

« Tout soldat qui désertera de son corps pour entrer dans un autre, sera sujet à subir toute la rigueur des peines portées contre son délit, d'après la nature du cas où il se trouvera.

« Quiconque, sans être muni d'un passe-port en règle, arrivera, par eau ou par terre, à un poste établi à une barrière, sera puni de quatre-vingts coups ; quiconque, pour éviter d'être visité à une barrière, passera par d'autres chemins, canal ou gué, que ceux qu'on prend ordinairement, en sortant du lieu d'où il partira, recevra quatre-vingt-dix coups.

« Quiconque, arrivé sans passe-port à un poste établi par le gouvernement sur une frontière, ne s'y soumettra pas à la visite ordinaire, sera puni de cent coups et banni pour trois ans.

« Si quelqu'un, après avoir traversé le poste ci-dessus sans passe-port et éludé la visite accoutumée, communique ensuite avec les nations étrangères, il subira l'emprisonnement usité et la mort par strangulation.

« Quand l'officier chargé de faire la visite des voyageurs dans le poste traversé par l'individu dont on vient de parler, le laissera passer outre, connaissant son intention, cet officier subira la même peine que ledit individu, excepté que dans les cas capitaux

la peine de mort sera commuée à son égard en celle
du bannissement.

« Les officiers du gouvernement qui, chargés de
visiter les voyageurs, ne répondront point aux vues
qui ont dicté cette loi en s'acquittant de leurs devoirs
avec inexactitude, seront sujets dans chaque cas à
la même peine que le premier coupable, mais moindre de deux degrés, et cette peine à leur infliger n'excédera jamais cent coups.

« Les militaires en sous-ordre qui seront de garde
le jour où cette loi aura été transgressée de la manière
susdite, subiront un degré de moins de peine, dans
chaque cas, que leurs supérieurs, suivant la nature
du délit à punir.

« Quiconque obtiendra de traverser un poste établi
à une barrière, en présentant le permis donné à une
autre personne, sera puni de quatre-vingts coups.

« Quand les domestiques d'une famille ou les parents commettront le délit ci-dessus, le chef de cette
famille en sera responsable et puni en conséquence.
L'officier visiteur du poste, s'il a connu ladite fraude,
sera puni de même comme complice du délit; mais
s'il ne l'a pas connue, il n'en répondra en aucune
façon.

« A l'arrivée des bâtiments dans les ports et rades
de l'intérieur de l'Empire où il y aura un poste de
barrière, les officiers dont ce sera le devoir en feront
aussitôt la visite, et prépareront les passe-ports et les
acquits nécessaires suivant leur cargaison, et les au-

tres objets relatifs à ces bâtiments, pour les mettre en
état de continuer leur route dans le plus bref délai
possible. Si lesdits officiers arrêtent un seul jour sans
nécessité le départ de ces bâtiments et des personnes
qui y auront pris passage, ils seront punis de vingt
coups et d'un degré plus sévère jusqu'à cinquante,
par chaque jour qu'ils les retiendront en sus du premier : quand ils exigeront ou demanderont de l'argent sous prétexte d'une plus prompte expédition, ou
pour ne pas faire une visite exacte, la peine à leur
infliger augmentera conformément à la loi applicable
à ces cas.

« Si des officiers ou des soldats de garde à Pé-king
aident en aucune manière des femmes ou des filles
de déserteurs à s'évader de ladite ville, ils seront
condamnés à mourir par strangulation; mais cette
peine pourra se réduire à celle du bannissement;
quand des particuliers s'en rendront coupables, on
les punira de cent coups.

« Si des officiers ou des soldats de service au poste
d'une ville ordinaire, ou dans les colonies établies
dans la Tartarie, favorisent l'évasion des femmes ou
des filles de déserteurs desdits postes, ils seront punis
chacun de cent coups et d'un bannissement pour trois
ans; les particuliers qui commettront ce délit recevront quatre-vingts coups.

« Quand le coupable d'un tel délit sera convaincu
d'avoir accepté des présents ou reçu des promesses
pour transgresser cette loi, il se rendra sujet à l'aggra-

vation de peine applicable à la corruption en vue de
faire réussir des projets illégaux.

« Si un officier de garde à une porte de ville ou
de place forte, sachant que des femmes ou des filles
de déserteurs doivent s'évader, connive à ce délit en
les laissant passer par son poste, il subira la même
peine comme complice de leur évasion. — Si cet officier ne peut être convaincu que de manque de vigilance, la peine qu'il encourra perdra trois degrés et
n'excédera cent coups en aucun cas. Dans chacun
des cas ci-dessus, la peine que subiront les simples
soldats de garde aura un degré de moins que celle de
leur commandant.

« Si dans des postes principaux établis sur les
frontières, dans les passages importants à garder, ou
des places de conséquence sises dans l'intérieur, il se
trouve des conspirateurs qui cherchent à porter chez
les nations étrangères les productions et les inventions du pays, ou des espions qui s'y introduisent
du dehors pour instruire leur gouvernement des
affaires de l'Empire, ces conspirateurs et ces espions, quand on les aura découverts, seront conduits
par-devant les tribunaux de l'État et là interrogés sévèrement, et aussitôt qu'ils auront été convaincus
des crimes ci-dessus, comme d'avoir machiné les
moyens de sortir eux-mêmes ou d'en faire sortir
d'autres de l'Empire, ainsi que d'y avoir introduit
des étrangers, ils seront tous condamnés à être emprisonnés le temps ordinaire et à être décapités, sans

distinction entre les principaux coupables et les complices des délits reconnus.

« Si les officiers du gouvernement préposés à la visite des voyageurs dans les différents postes des barrières par où les criminels ci-dessus auront passé, ont connu leurs projets, ou y ont connivé en cachant leur arrivée ou leur départ, ils seront aussi coupables qu'eux et punis de même, excepté que la peine capitale se commuera en celle du bannissement pour lesdits officiers. Si l'on ne peut imputer à ces officiers que de la négligence dans la visite qu'ils ont faite des criminels ci-dessus, la peine à leur infliger sera limitée à cent coups, et celle des soldats qui étaient de garde le jour où lesdits criminels auront passé à leur poste sera de quatre-vingt-dix coups.

« Quiconque exportera clandestinement, par terre ou par mer, au delà des limites de l'Empire, des chevaux, du bétail, du fer ouvragé pouvant servir à faire des armes militaires, de la monnaie de cuivre, des soies, des gazes ou des satins pour les vendre, sera puni de cent coups. Les marchandises exportées clandestinement seront confisquées au profit de l'État, moins trois dixièmes. Quiconque exportera à l'étranger, par terre ou par mer, toute arme ou tout équipage militaire, subira la prison pendant le temps ordinaire et sera ensuite décapité. Lorsque les officiers, commandants ou visiteurs d'un poste ou d'un port seront complices de l'exportation clandestine des marchandises, armes ou équipages ci-dessus, ou quand, l'ayant connue, ils ne l'empêcheront point, ils subiront la même peine que la personne qui les aura exportés.

« Si le défaut de vigilance ou le manque d'examen sont seulement à imputer auxdits officiers, commandant ou visiteur, la peine à leur infliger sera moindre de trois degrés que celle de la personne qui aura exporté les objets ci-dessus.

« Les soldats qui étaient de garde au jour où l'exportation clandestine a eu lieu, subiront une peine moindre d'un degré que celle de leurs supérieurs, quelle que soit la punition qui leur sera infligée, et eux, ainsi que lesdits supérieurs, dans le cas de corruption, seront sujets à être punis suivant la rigueur de la loi relative à ce dernier délit.

« Dans toutes les juridictions civiles ou militaires où il y aura des soldats attachés particulièrement à des postes du gouvernement, ou des ouvriers employés aux travaux publics, toutes les fois que ces personnes tomberont malades, l'officier commandant en avertira dûment et en bonne forme l'officier de santé, dont le devoir est de fournir les médicaments et de porter des secours aux malades. Si ledit commandant manque à donner cet avis, ou que, l'ayant donné, l'officier de santé ne porte pas l'assistance nécessaire, celui qui aura négligé son devoir sera sujet à recevoir quarante coups, et cette punition ira jusqu'à quatre-vingts si un malade vient à mourir par suite de cette négligence. »

Les quarante articles du code militaire de 1731, dont nous avons parlé plus haut, sont les suivants :

Art. 1er. — Tout militaire qui dans une action n'avancera pas quand le tambour ou le gong battront, sera condamné à être décapité [1].

Art. 2. — Tout militaire qui dans un mouvement en avant restera en arrière ou murmurera dans les rangs, sera condamné à la peine de mort.

Art. 3. — Tout militaire qui dans une action refusera d'obéir à l'ordre donné de battre ou de cesser de battre le gong ou le tambour, sera décapité.

Art. 4. — Tout militaire qui étant chargé secrètement par un général de la transmission d'un ordre osera en augmenter ou en diminuer la teneur, ou portera un ordre qu'il n'aura point reçu, sera décapité.

Art. 5. — Tout militaire qui ayant reçu d'un général un ordre secret compromettra une entreprise par sa divulgation, sera décapité.

Art. 6. — Tout militaire, officier ou soldat, qui tuera un sujet dévoué à l'État, et après ce crime l'accusera de trahison, sera décapité.

Art. 7. — Tout militaire qui s'appropriera le mérite d'un autre, inventera des histoires sur de pré-

---

[1] D'après ce code, les militaires des bannières peuvent être frappés avec le fouet ou le petit bout du bambou; les lou-yng avec un bâton ou le gros bout du bambou. Le nombre de coups ne dépasse jamais cent. Les autres châtiments corporels sont la décapitation et le percement de l'oreille ou du nez au moyen d'une petite flèche.

tendus hauts faits ou exagérera les services qu'il aura rendus durant la campagne, sera décapité.

ART. 8. — Tout militaire qui étant en campagne et en marche opprimera la population indigène ou étrangère, la forcera de vendre ou d'acheter ce qu'elle ne voudra pas, causera des dommages sérieux à sa propriété ou violera des femmes, sera décapité.

ART. 9. — Tout militaire qui effraiera ses camarades par des histoires mensongères sur les esprits ou sur les démons, sera décapité.

ART. 10. — Tout militaire qui simulera en campagne une maladie sera décapité. Mais s'il était réellement incapable de marcher et qu'il n'ait point été examiné par le médecin du corps, et si l'officier commandant n'a pas reçu de rapport, les sous-officiers de la compagnie à laquelle appartiendra le malade recevront de quarante à cinquante coups, et les caporaux seront condamnés à avoir les parties supérieure et inférieure de l'oreille traversées par une flèche.

ART. 11. — Tout militaire qui rôdera autour du quartier général dans le but de découvrir les conférences secrètes tenues par le général avec les officiers durant la campagne, sera décapité.

ART. 12. — Tout militaire qui envoyé en reconnaissance aura peur de marcher, et par une fausse information fera manquer une entreprise, sera décapité.

Art. 13. — Tout militaire qui tuera un cheval égaré dans le but de le manger ou de le vendre, sera décapité; mais celui qui le gardera pour son usage recevra de quarante à cinquante coups, aura l'oreille percée par une flèche, et sera promené dans le camp.

Art. 14. — Tout militaire qui désertera avec un cheval dans une action, sera mis à mort. Si la désertion a eu lieu dans le camp, la peine sera de quatre-vingts à cent coups.

Art. 15. — Tout soldat qui se querellera ou s'enivrera dans le camp recevra de dix à vingt coups, et si la faute a des conséquences graves, il aura l'oreille percée par une flèche.

Art. 16. — Tout soldat qui murmurera dans un service commandé dans le camp recevra de soixante à soixante-dix coups; la même faute dans une action ou réitérée dans le camp, entraînera la peine de mort.

Art. 17. — Tout soldat qui donnera volontairement une fausse alerte pendant la nuit sera décapité. Ce délit sera puni de quarante à cinquante coups lorsqu'il sera commis dans le jour.

Art. 18. — Tout soldat qui recevant un ordre d'un officier répondra insolemment ou fera un geste inconvenant, sera puni de quarante à cinquante coups. Dans une action, toute désobéissance grave est punie de mort.

Art. 19. — Tout militaire qui devant l'ennemi mettra le feu à des fourrages par sa négligence, sera décapité; dans toute autre circonstance, le même délit sera puni de quatre-vingts à cent coups.

Art. 20. — Tout sous-officier ou soldat qui devant l'ennemi détruira par le feu des armes ou des effets d'équipement, sera décapité. Le même délit dans le camp sera puni de quarante à cinquante coups; mais s'il a été commis près d'un magasin de poudre, la peine sera double et les délinquants auront l'oreille percée par une flèche.

Art. 21. — Tout soldat qui entendant un de ses camarades parler dans son sommeil, lui répondra et causera ainsi du désordre dans le camp, recevra de soixante à quatre-vingts coups. Les sous-officiers auront l'oreille percée par une flèche et seront promenés dans le camp. Si l'on est en présence de l'ennemi, la peine pour tous sera la décapitation.

Art. 22. — Tout homme de garde devant l'ennemi qui laissera pénétrer dans le camp une personne non autorisée, sera décapité. En temps ordinaire la peine sera de soixante à soixante-dix coups.

Art. 23. — Quiconque refusera de recevoir un déserteur qui demandera à être conduit devant le commandant pour donner des renseignements sur la position de l'ennemi, sera décapité. Dans tout autre cas la peine sera de quatre-vingts à cent coups. La simple négligence de n'avoir pas rapporté les offres d'un déserteur sera punie de soixante à soixante-dix coups.

Art. 24. — Tout militaire qui après une victoire pillera les bagages de l'ennemi sans l'autorisation du général en chef, aura l'oreille percée par une flèche

19.

et sera promené dans le camp. Si ce délit a causé du désordre dans le camp ou dans les rangs, il entraînera avec lui la peine de mort.

Art. 26. — Tout militaire qui dans le camp conduira un cheval à l'abreuvoir et le laissera troubler l'eau, recevra de quatre-vingts à cent coups.

Art. 27. — Quiconque fera un mauvais emploi des rations de grain, sera puni de quatre-vingts à cent coups.

Art. 28. — Tout militaire qui quittera la ligne de marche et détruira des fourrages recevra de quatre-vingts à cent coups. Seront passibles de la même peine les conducteurs de chevaux, chameaux, bœufs ou moutons; de plus, ces conducteurs auront l'oreille percée par une flèche et seront promenés dans le camp.

Art. 29. — Tout soldat qui étant de service d'escorte volera des grains ou la ration de grain d'un de ses camarades, ou abîmera des sacs de grain, recevra de quatre-vingts à cent coups.

Art. 30. — Tout soldat qui perdra son carquois ou son sabre, ou se présentera devant ses chefs sans ses armes, ne les payera pas, mais recevra de quatre-vingts à cent coups. Le sous-officier du délinquant sera puni de trente à quarante coups, et le caporal aura l'oreille percée.

Art. 31. — Tout soldat qui ayant trouvé une arme n'en fera pas la déclaration ou cherchera à se l'approprier, recevra de trente à quarante coups, aura l'oreille percée par une flèche, et sera promené dans le camp.

Art. 32. — Tout soldat qui fera galoper un cheval sans raison, recevra de quarante à cinquante coups.

Art. 33. — Tout soldat qui faisant partie de l'arrière-garde ou du centre d'une colonne se mêlera avec ceux de l'avant-garde, recevra de trente à quarante coups et sera promené dans le camp.

Art. 34. — Toute sentinelle qui permettra à une personne du camp d'en sortir sans raison de service après le commencement des veilles, sera puni de trente à quarante coups. Les sous-officiers auront l'oreille percée par une flèche.

Art. 35. — Toute ordonnance qui ne portera pas ses dépêches avec vivacité pendant la nuit, tout homme de garde ou faisant partie d'une patrouille qui s'endormira ou commettra quelque irrégularité dans la manière de frapper les veilles ou dans les relèvements de faction, recevront de quatre-vingts à cent coups. Les sous-officiers seront punis de quarante à cinquante coups, et devant l'ennemi ils seront tous décapités.

Art. 36. — Tout sous-officier ou soldat qui se conduit d'une manière inconvenante ou irrespectueuse envers un officier peut avoir le nez ou les oreilles percés par une flèche et être promené dans le camp.

Art. 37. — Tout soldat qui par négligence ne garantit pas sa poudre de l'humidité, ou étant en route ou en campagne l'use inutilement, est passible de quarante à cinquante coups. Les sous-officiers ont l'oreille traversée d'une flèche et sont promenés dans le camp. Tout soldat qui perd sa poudre est puni de quatre-vingts à cent coups, et ses sous-officiers sont promenés dans le camp.

Art. 38. — Tout soldat qui se sert de balles qui ne sont point du calibre de son fusil est puni de quarante à cinquante coups. Si ce délit est découvert dans un exercice ordinaire, le délinquant est exposé à avoir l'oreille percée par une flèche, ainsi que ses sous-officiers, et de plus à être promené dans le camp. Si ce délit est reconnu dans une action, le soldat peut être condamné à la décapitation, et ses sous-officiers sont exposés à recevoir cent coups. En outre, le yng-tsong, le tsan-ling, le tsan-tsiang ou le cheou-pi sont déclarés responsables, et mention est faite de cette faute sur leurs notes.

Art. 39. — Tous ceux qui sont chargés des chevaux ou des chameaux et les font paître à des heures défendues ou les laissent manger au moment de s'en servir, seront punis de quatre-vingts à cent coups. Les sous-officiers auront l'oreille percée par une flèche.

Art. 40. — Tout soldat qui dans une marche laissera son cheval gâter une source et la boucher, sera puni de quatre-vingts à cent coups.

L'empereur *Kien-long* a fait ajouter à ces règlements trois sections, la treizième année de son règne, et dix autres trente-six ans après. Les premières condamnent à mort tout général qui étant en campagne sera convaincu : 1° d'avoir frivolement et volontairement traîné la guerre en longueur, d'avoir manqué d'énergie et fait de faux rapports sur les opérations ; 2° d'avoir rejeté ses fautes sur un autre dans le but de lui nuire et par jalousie, et d'avoir ainsi retardé la fin de la guerre et causé des dépenses inutiles à l'État ; 3° d'avoir poussé les troupes à se disperser par un langage alarmant lorsqu'il lui était possible de vaincre l'ennemi, et d'en avoir accusé un autre. La première des autres sections tend à pénétrer le soldat des avantages qu'il a de combattre au lieu de fuir. Les honneurs et les récompenses l'attendent d'un côté et la mort de l'autre. S'il est tué dans un combat, l'État a soin de ceux qu'il laisse après lui. La deuxième ordonne d'avoir un soin constant des armes, et indique le moyen d'avoir un feu régulier devant l'ennemi. La troisième apprend au soldat le soin qu'il doit avoir de ses armes et de ses munitions sous la tente et en marche. La quatrième engage les soldats à combattre avec plus de fureur si leur commandant vient à tomber, et à faire tous leurs efforts pour l'arracher à la mort. La cinquième blâme ceux qui pillent les bagages ennemis après la victoire. La sixième fait connaître la vigilance et le silence que doivent observer les gardes, patrouilles et sentinelles. La septième rejette sur l'homme et sur l'officier les mauvais traitements infligés dans une marche à des sujets dévoués à l'État. La hui-

tième avertit de se tenir en garde contre les prétentions non fondées et prescrit de n'avoir égard qu'au
mérite militaire. La neuvième indique le soin que
l'on doit avoir pour les chevaux et pour les chameaux.
La dixième montre les moyens de prévenir un incendie dans un camp.

La cinquante-deuxième année du règne de Kien-
long parut une section supplémentaire ou plutôt un
ordre général dans lequel de justes récompenses
sont promises aux braves, et une mort ignominieuse
réservée aux lâches. Ces dernières sections sont des
appels au patriotisme et aux sentiments du devoir
plutôt que des articles de loi.

CHAPITRE SEPTIÈME.

Garde municipale.

Il y a, dans chaque district, une force instituée pour veiller à la sûreté générale, maintenir l'obéissance, conserver l'ordre et la paix. On appelle cette force armée *hou-wei-kiun* ou garde municipale. On appelle les gardes municipaux ou les gardes du district *thou-ping*, quelquefois *min-tchouang*.

La garde du district est placée sous l'autorité du *tchi-hien* ou du gouverneur; elle est commandée, dans les grands districts, par un *cheou-pi* ou capitaine; dans les petits districts, par un *tsien-tsong* ou lieutenant, qu'on nomme vulgairement *lao-tsiang*. Le service de la garde est intérieur ou extérieur; elle fournit le nombre d'hommes nécessaire pour la police de la ville, pour le maintien ou le rétablissement de l'ordre; elle fournit le nombre d'hommes nécessaire pour escorter le *siun-kien* ou commissaire, lorsque celui-ci fait ses tournées dans les communes du district, etc.

Chaque garde municipal reçoit deux taëls par mois. En dehors du service, qui est à peine une occupation, il peut s'appliquer à un petit commerce. On les trouve dans les grandes rues de la ville, sur les places publiques, où ils vendent des marchandises; puis il existe parmi eux des hommes de métier, des sculpteurs, des peintres, des teinturiers, des vernisseurs, etc.; ces artisans trouvent presque toujours de l'emploi et gagnent de l'argent.

Les *thou-ping* n'ont point, à proprement parler, d'uniforme qui les distingue soit des artisans, soit des marchands. Cependant les *theng-pai-ping* portent un bonnet particulier et sont habillés de jaune. Les *thou-ping* commandés pour le service revêtent un *khan-kien* ou une espèce de casaque sans manches, sur laquelle on lit les deux caractères *thou-ping* ou *min-tchang*.

Les gardes municipaux ne peuvent ni prendre les armes ni se rassembler sans l'ordre des *wai-wei* ou des sergents; le chef du corps ou le *lao-tsiang* ne peut transmettre cet ordre aux *wai-wei* sans une réquisition du *tchi-hien* ou du chef du district.

La garde municipale est répartie dans chaque district en compagnies de fantassins qu'on appelle *tchi*. Cette répartition n'est pas arbitraire; il existe autant de compagnies qu'il y a d'armes différentes. Ainsi on distingue :

1° La compagnie des *miao-thsiang-ping* ou des fusiliers; la force ordinaire de cette compagnie est de 180 à 190 hommes. Il y a un *hou*, espèce de caporal, pour 6 hommes.

2° La compagnie des *tchang-thsiang-ping* ou des lanciers, dont l'arme principale est la lance ; la force ordinaire de cette compagnie est de 60 à 80 hommes. Il y a un hou pour 10 hommes.

3° La compagnie des *theng-pai-ping* ou des fantassins, dont l'arme défensive est un bouclier de bambou ; la force ordinaire de cette compagnie est de 24 à 36 hommes. Il y a un hou pour 16 hommes.

Les gardes des trois compagnies portent un *yao-tao* ou un sabre.

En temps de paix la garde municipale d'un petit district se compose à peu près comme il suit :

     1° tsien-tsong   1
     2° pa-tsong   3
     3° wai-wei   6
     4° hou   42
     5° ping (soldats).   306
                                         ———
                                         358

En temps de guerre, il y a dans les districts des *y-yong* ou des volontaires, dont nous avons déjà parlé page 18. L'organisation de ces corps dans les communes, lorsque le pays est menacé d'une invasion, est dévolue aux *pao-tching*.

Du service des postes.

En Chine, le service des postes est fait par des détachements de cavalerie placés dans tous les relais, et administrés par un bureau spécial dépendant d'une des quatre directions du ministère de la guerre, nommée *tche-kia-thsing-li-sse*. Ce bureau n'est chargé que de la surveillance du transport des dépêches officielles du gouvernement. Les particuliers ne peuvent faire parvenir leurs dépêches que sous le couvert des mandarins.

Le service des postes impériales[1] se partage en quatre grandes routes partant de Pé-king et se rendant aux différentes extrémités de l'Empire. Des relais sont établis à des distances convenables et protégés par un poste militaire. Les dépêches, portées par des cavaliers tartares revêtus des insignes du service impérial qui inspirent le plus grand respect, sont transmises avec une rapidité extraordinaire entre les points les plus éloignés. Les lettres et les paquets sont renfermés dans une caisse de bambou, carrée et

---

[1] Ce service, loin d'être, comme en France et dans la plupart des États européens, une source d'importantes recettes, est très-onéreux aux contribuables chinois. Les dépenses qu'il occasionne sont prélevées sur les fonds des caisses provinciales provenant de l'impôt foncier. Chaque année les dépenses en argent sont ordonnancées par le trésorier ou receveur général de chaque province réuni au grand juge. Le bordereau détaillé des dépenses, rédigé par eux, est envoyé au ministère de la guerre et renvoyé ensuite, approuvé simplement ou portant les modifications qu'on a trouvé convenable d'y faire; la répartition de ces charges n'est pas la même pour chaque province, les dépenses générales sont, en argent, de 195,791 taëls.

Riz, 22,877 chi.

Fourrage, 53,808 bottes.

Farine de froment, 8,657 kin.

Ce qui équivaut à peu près à 16,000,000 de francs.

(Pauthier.)

large, portant un fond doublé et assujettie avec des
rotins qui la croisent dans tous les sens. Elle est fer-
mée, et la clef est donnée en garde au sous-officier qui
l'accompagne et dont l'office est de la délivrer au
maître seul de la poste. La caisse est attachée sur le
dos du courrier avec des courroies; elle est ornée
tout à l'entour d'un grand nombre de petites son-
nettes, lesquelles, agitées par le mouvement du cheval,
produisent une espèce de carillon qui annonce l'approche de la poste. Quatre gardes à cheval et un
sous-officier escortent le courrier pour empêcher
qu'on ne le vole ou qu'on ne l'insulte.

Le Ta-thsing-lin-ly donne les principaux règlements concernant ce service. En voici les plus sail-
lants :

« Les soldats des postes militaires qui seront chargés de la transmission des ordres et des dépêches du
gouvernement, feront 300 ly dans un jour et une
nuit; s'ils excèdent de trois quarts d'heure le temps
qui leur est fixé pour faire ces 300 ly ils recevront
vingt coups, et un accroissement de punition à raison d'un degré pour chaque retard additionnel de
trois quarts d'heure, jusqu'au taux de cinquante
coups.

« Dès que les dépêches du gouvernement seront
parvenues à un poste militaire, l'officier commandant
ne manquera pas de les faire partir de suite, en quelque nombre qu'elles soient, par les soldats qui seront
sous sa juridiction pour cet effet.

« Si, au lieu d'envoyer de suite lesdites dépêches aussitôt qu'elles seront arrivées, le commandant préposé du poste en attend d'autres pour les faire partir toutes à la fois, il recevra vingt coups.

« Si lesdits soldats salissent ou déchirent un peu l'enveloppe d'une dépêche du gouvernement qui leur sera confiée, mais que le sceau n'en soit pas rompu, ils seront punis de vingt coups, et cette punition s'accroîtra progressivement d'un degré, par autant de trois enveloppes salies ou déchirées dans le paquet, en sus de la première, jusqu'à soixante coups.

« Si les enveloppes desdites dépêches sont totalement déchirées, sans que le sceau en ait été rompu, le coupable de ce délit recevra au moins quarante coups, et cette peine augmentera progressivement jusqu'à quatre-vingts coups, à raison de deux degrés pour chaque enveloppe déchirée, ainsi qu'il vient d'être dit, au delà de la première.

« Si une dépêche est supprimée ou détruite tout à fait, et que le sceau mis dessous ait disparu ou ait été rompu, la punition à infliger à celui qui aura commis ces délits montera à soixante coups, et s'accroîtra progressivement jusqu'à cent, à raison de deux degrés par chaque dépêche disparue ou détruite en sus de la première.

« Dans le dernier cas, si les dépêches étaient de nature à rester secrètes, ou concernaient des opérations militaires, la peine ne serait pas moindre de cent coups, n'y aurait-il eu qu'une seule dépêche de soustraite, détruite ou ouverte, et ladite peine passera cent coups, comme l'ordonne ainsi un autre article des lois, qui aggrave la peine en raison de l'importance du délit.

« Quand les officiers maîtres de poste ne feront point de rapport à leurs supérieurs sur les soldats qui seront sous leur juridiction et qui auront commis les actes criminels ci-dessus spécifiés, ils subiront la même peine que ces soldats; et si ce rapport ayant été remis auxdits officiers, ils éludent de prendre connaissance des faits, la peine qu'on leur infligera aura deux degrés de moins que celle fixée plus haut.

« L'officier maître de poste général établi dans chaque district de l'Empire surveillera avec soin les actions de tous les maîtres de poste particuliers et de tous les soldats attachés à son département, et l'officier visiteur, ainsi que ses commis établis aussi dans chaque district, inspecteront tous les postes une fois par mois.

« Si le nombre des moindres délits, qui consistent à retarder le départ des dépêches, à en salir ou déchirer un peu les enveloppes, et auxquels les susdits officiers auront connivé en ne surveillant pas leurs subordonnés, excède le nombre de dix, le maître de poste général du district où on les aura commis subira la peine de quarante coups; les commis de l'officier visiteur seront punis de trente coups, et l'officier visiteur lui-même en recevra vingt.

« Quand lesdits officiers, pour n'avoir point sur-

veillé leurs subordonnés, conniveront à de plus
grands délits, tels que ceux de déchirer totalement
des dépêches, de les soustraire et d'en détruire tout
à fait les enveloppes, en faisant disparaître les sceaux
qui y avaient été apposés, le maître de poste général
du district subira la même peine que les soldats employés au service des postes aux lettres, et en la manière dite plus haut relativement à ces principaux
délits. Les commis des officiers visiteurs seront punis
à un degré de moins que lesdits maître de poste général et soldats; les officiers visiteurs à un degré de
moins que leurs commis, et les gouverneurs des
villes de premier et second ordre, à un degré de
moins que les officiers visiteurs, quand ils auront rempli les fonctions d'officiers inspecteurs en
chef.

« Quand un officier du plus grand ou du plus
petit conseil ou tribunal de province enverra, d'une
manière légale, une adresse d'information ou de
plainte à Sa Majesté l'Empereur, si son supérieur
empêche cette adresse de parvenir à sa destination
en envoyant un messager aux différents postes militaires par lesquels elle devra passer pour arriver en
cour, avec des ordres auxdits postes de la retenir,
les maîtres des postes et les soldats employés à leur
service qui auront reçu ces ordres en feront aussitôt le rapport au gouverneur de leur district, qui en
fera le sien à l'officier supérieur de la province;
celui-ci s'acquittera du même devoir envers le con-

seil suprême des affaires militaires à Pé-king; enfin
les membres de ce conseil informeront sur les circonstances du fait en question, et présenteront à l'Empereur le résultat de leurs opérations. Si la charge
portée contre l'officier supérieur susdit est prouvée,
il sera condamné à la prison pendant le temps ordinaire et à la mort par décollement.

« Si les maîtres de poste et les soldats susdits se
rendent complices desdits ordres illicites, en cachant
qu'ils les ont reçus lorsqu'ils en auront connu l'illégalité, ils seront punis individuellement de cent
coups; le gouverneur du district où ce fait aura eu
lieu subira la même peine, s'il n'en prend pas connaissance après qu'un maître de poste de son arrondissement lui en aura fait le rapport.

« De même, si un officier supérieur empêche d'arriver à sa destination ou intercepte lui-même une
dépêche légalement adressée par son inférieur à l'un
des conseils suprêmes de l'État, à Pé-king, la peine
qu'on infligera à cet officier supérieur sera moindre
de deux degrés que celle ordonnée pour les cas relatés plus haut, comparés à ceux où il se trouvera.

« Quoique cette loi soit expressément rendue pour
défendre aux officiers supérieurs d'intercepter les
plaintes que leurs inférieurs pourraient avoir à porter
contre eux, ou pour empêcher lesdits supérieurs de
faire arrêter en chemin ces plaintes, elle est également applicable aux cas où des officiers inférieurs se
permettraient d'intercepter ou d'empêcher la trans-

mission des charges alléguées contre eux par leurs
supérieurs.

« Quand les bâtiments d'un poste militaire par
lequel il est ordonné que les courriers doivent passer
menaceront de tomber en ruine, si tout ce qui sera
nécessaire pour les réparer n'est pas mis dans l'état
convenable; ou quand l'établissement des soldats
employés au service des postes manquera de quelques objets qui sont indispensables pour faire le service, si l'on n'y remédie pas entièrement, ou même
encore si des hommes âgés et valétudinaires sont
employés à ce genre de service, le maître de poste
général du district où l'on aura commis ces négligences sera puni, dans chacun desdits cas, de cinquante coups, et le président, ainsi que les membres
du conseil ou tribunal qui a l'inspection sur cette
partie de l'administration générale dans le district
susdit, subiront chacun la punition de quarante
coups.

« Quand les officiers et les employés des conseils
ou tribunaux du gouvernement voyageront, ils ne
pourront, même pour le service public, employer
les soldats attachés aux dépêches, dans les postes
militaires qui se trouveront sur les routes qu'ils auront à faire, pour transporter d'un lieu à un autre
tout objet formant partie de la propriété du gouvernement, ou leur propre bagage, ou leurs provisions
de voyage.

« Pour chaque délit que lesdits officiers ou em-

ployés auront commis en contrevenant à cette loi,
ils seront sujets à la punition de quarante coups, et
à payer au gouvernement, par forme d'amende, le
montant du salaire des soldats susdits, à raison de
8 fen [1] 5 ly 5 hao, environ 65 centimes par jour
pour chaque homme.

« Tout soldat de cavalerie légère qui sera dépêché pour des affaires ordinaires, fera sa route dans
le temps prescrit par la loi, suivant la distance qu'il
aura à parcourir et selon d'autres circonstances. S'il
excède ce temps d'un jour, il recevra vingt coups,
et cette punition s'accroîtra d'un degré jusqu'à
soixante, par chaque addition de trois jours de retard au delà du premier. Si la dépêche confiée audit
cavalier concernait des affaires militaires importantes, la punition qu'il encourrait serait, dans chaque cas, plus forte de trois degrés que celle qui
vient d'être établie.

« Si le retard mis dans la transmission des dépêches fait manquer des opérations militaires déjà
avancées, les courriers qui en seront coupables subiront la mort par décollement, après avoir été mis
en prison pendant le temps usité. Si quelques-uns
des officiers des postes de cavalerie qui seront sur

---

[1] Le leang ou taël d'argent vaut 7 fr. 50 c. de notre monnaie :

1 leang.	10 tsien.
1 tsien.	10 fen.
1 fen	10 ly.
1 ly.	hao.

la route desdits courriers mettent en réserve les
meilleurs chevaux, ou refusent sous quelque prétexte de les leur donner, et qu'il en résulte un retard tel que celui à l'occasion duquel la punition
ci-dessus a été statuée, les circonstances de ce fait
seront soigneusement recherchées ; et si les susdits
officiers sont trouvés coupables, le courrier sera dé-
chargé de sa responsabilité, et la peine qu'il aurait
subie s'infligera à ceux qui auront mis en réserve
ou refusé les chevaux pour le service à faire plus
promptement.

« Quand une inondation ou tout autre empêchement inévitable arrêteront les courriers dans leurs
routes et les forceront à outre-passer le temps qui
leur est prescrit par la loi, si les empêchements de
ce retard sont bien constatés, ils ne seront sujets à
aucune punition.

« Si un soldat de cavalerie légère expédié en
courrier et chargé d'une dépêche du gouvernement
se trompe de route, et qu'en conséquence ne l'ayant
point remise à sa destination, il ne répare pas ensuite
son erreur en la portant où elle devait aller dans
le temps prescrit, suivant la loi, pour la transmettre
convenablement, la punition qu'il subira dans les
cas ordinaires sera de deux degrés moins forte que
celle qu'on inflige pour un retard mis à dessein ; mais
dans les cas extraordinaires, c'est-à-dire lorsqu'il
s'agira d'opérations militaires importantes, la punition
encourue pour le retard de la dépêche sera aussi

forte pour celui qui en sera coupable par erreur que
pour celui qui aura employé ce retard à dessein ;
mais on ne l'infligera qu'à la personne qui aura été
cause de ce retard, qu'il soit imputable au courrier
lui-même ou aux officiers de cavalerie dont les postes seront sur les routes qu'on devra suivre. D'un
autre côté, lorsque le retard viendra de ce que la
dépêche confiée au courrier aura eu une fausse
adresse, la punition tombera sur la personne qui
aura mis une suscription pour une autre.

« Si un courrier ou un officier dépêché pour un
service formel, avec autorisation de se servir des chevaux de poste ou des bateaux du gouvernement employés à cet usage, prend un cheval ou un bateau de
plus qu'il n'a besoin, il subira la peine de quatre-
vingts coups, et le surcroît d'un degré pour chaque
cheval ou bateau qu'il aura pris de trop au delà des
premiers. Si ce courrier ou cet officier se sert de chevaux lorsqu'il n'aurait dû employer que des ânes, d'a-
près son autorisation, ou s'il insiste pour qu'on lui
donne les meilleurs chevaux du poste où il arrivera,
quand ceux d'une bonté ordinaire ou inférieure lui
auraient suffi, il sera puni de soixante-dix coups.

« Si, en soutenant ses prétentions vis-à-vis de
l'officier de cavalerie d'un poste, un messager le
frappe ou le blesse, la peine à infliger à ce dernier
sera plus forte d'un degré que celle fixée ci-dessus ;
mais si les suites du coup qu'il aura donné ou de la
blessure qu'il aura faite peuvent devenir sérieuses,

la peine qu'il subira se réglera d'après la loi rendue
sur les disputes dans les cas ordinaires.

« Si ledit officier accorde la demande illégale susdite, il subira la peine encourue pour la transgression de cette loi, à raison d'un degré de moins que
celle à infliger au messager qui aura fait cette demande.

« La peine ordonnée plus haut ne sera infligée
qu'à l'officier du poste de cavalerie quand il donnera
des chevaux d'une bonté ordinaire ou inférieure aux
messagers qui auront droit à réclamer les meilleurs,
à moins qu'il n'en ait point de bons sous son commandement; ce qui le rendra exempt de punition, lui et
le messager qui ne serait pas autorisé à prétendre aux
meilleures montures.

« Si des messagers quittaient les routes qu'ils de-
vaient suivre en droiture pour éviter les postes qui
y sont établis, ou si quand ils sont arrivés à ces
postes ils ne changeaient pas les chevaux qui les y
ont amenés pour en prendre de frais, ou leurs bateaux contre d'autres à équipages nouveaux, ils
seraient punis de soixante coups; et si, à raison de
ce détour ou de cette omission, les chevaux du gouvernement qu'ils ont montés venaient à mourir de
lassitude par leur faute, la peine qu'ils subiraient
augmenterait d'un degré, et ils payeraient au gouvernement, sous forme d'amende, une somme égale
à celle que valaient les chevaux tués par eux.

« Si des messagers, dépêchés par le gouvernement pour les affaires ordinaires, sans être coupables du détour ou de l'omission susdite, montaient les chevaux du gouvernement de manière à occasionner leur mort, ils payeraient à l'État la valeur desdits chevaux ; mais leur mort ne les rendrait sujets à aucune punition.

« Quand cependant des messagers seront expédiés pour des affaires militaires urgentes, et qu'il arrivera que parmi les postes militaires où ils se rendront, il s'en trouvera qui seront dépourvus des chevaux ou des bateaux nécessaires au service dont ils sont chargés, ni le détour, ni l'omission, ni la mort des chevaux surmenés dont il a été parlé plus haut, ne les exposeront à subir la peine corporelle ni l'amende ci-dessus fixées, pourvu qu'ils justifient des circonstances qui les auront obligés à forcer lesdits chevaux.

« Si des officiers ou courriers dépêchés pour un service public formel demandent sur leur route plus d'argent en supplément ou de provisions que les lois ne les y autorisent, ils seront punis en proportion de la somme ou de la valeur desdites provisions qui excéderont le taux fixé, suivant l'échelle établie par la loi concernant les corruptions acceptées pour des projets qui ne sont point illégaux en eux-mêmes.

« L'officier du gouvernement qui accordera de tels suppléments subira la même peine que celui qui les aura reçus, mais à un degré de moins dans chaque cas.

« Si les officiers ou courriers susdits extorquent par violence ces suppléments illégaux, ils seront punis en proportion du montant de l'excédant, d'après le plus fort degré, réglé par la loi rendue contre les corruptions reçues pour des projets illégaux [1]; mais alors l'officier à qui lesdits suppléments auront été pris de force ne sera point sujet à punition.

« Tous les ordres de l'Empereur relatifs à l'emploi des forces militaires, toutes les communications urgentes d'intelligences militaires importantes parties de la cour pour les postes-frontières, et toutes les adresses sur les affaires militaires urgentes, dépêchées à Sa Majesté par les différents conseils publics ou tribunaux de l'Empire, seront portés par des exprès; quiconque omettra à dessein d'envoyer aux premières postes les dépêches de cette nature, avec ordre de les faire partir successivement aussitôt qu'elles arriveront à un relai, au lieu de les envoyer par un exprès, sera puni de cent coups; mais si cette omission faisait manquer les opérations militaires auxquelles se rapportaient les dépêches non remises ou retardées, l'individu coupable de ce délit serait mis en prison pendant le temps accoutumé et perdrait la vie par décollement.

« Toutes les adresses annonçant à l'Empereur d'heureux événements publics, l'informant de cas extraordinaires et de calamités, ou renfermant des demandes de secours pour des provinces qui souffriraient de la disette des grains, seront envoyées par des exprès, de même que les communications relatives aux munitions dont l'armée manquerait, et, en général, toutes les adresses concernant des affaires d'une importance semblable. Quiconque omettra à dessein de faire partir ces dépêches de la manière susdite, subira la peine de quatre-vingts coups, et, comme dans le cas précédent, répondra en outre des conséquences que pourrait entraîner l'omission dont il se sera rendu coupable.

« Ceux qui à dessein feront porter par des exprès montant les chevaux des postes des dépêches du gouvernement qui, n'étant relatives qu'à des affaires ordinaires, ne doivent pas être transmises ainsi, seront punis de quarante coups.

« Dans tous les cas où le service public exigera que des prisonniers ou des exilés et leurs effets soient transportés d'un lieu à un autre par des bestiaux et autres animaux faisant partie de la propriété du gouvernement, le soin de ce transport sera confié à une personne que le gouvernement emploiera particulièrement à ce service, et qui s'engagera à faire ledit transport dans le temps fixé par la loi ; si, par quelques retards, elle passe ce temps d'un seul jour, elle recevra vingt coups, et elle sera sujette à une punition qui augmentera progressivement jusqu'à cinquante coups, à raison d'un degré par autant de trois jours de retard en sus du premier. Tout retard semblable dans le transport des provisions et des munitions destinées à l'armée quand elle sera en campagne, rendra sujet celui qui l'aura encourue à subir une peine plus sévère de deux degrés que celle qui vient d'être statuée, et cette dernière peine pourra être portée jusqu'à cent coups.

« Si, en conséquence dudit retard, le manque de munitions nécessaires au moment d'un engagement avec l'ennemi était si grand que les opérations militaires dépendant de ce supplément attendu en vain prissent une tournure fâcheuse, celui qui aurait commis un tel délit serait emprisonné pendant le temps ordinaire et décapité.

« Si l'individu à qui aura été donnée la charge des transports susdits, passe le temps réglé pour faire ce service, sans mauvaise intention, mais pour avoir mal compris les ordres qui lui auront été remis par écrit à ce sujet, et qu'en conséquence il ait perdu le temps en faisant prendre à son convoi une autre direction que celle qui devait le conduire à sa véritable destination, la peine qu'on lui infligerait aurait deux degrés de moins que celle fixée en dernier lieu ; mais si le devoir qu'il aurait à remplir se rapportait à des opérations militaires, tout retard lui ferait encourir la peine entière ci-dessus ordonnée, quand ledit retard aurait été causé soit par erreur, soit à dessein.

« Si la fausse direction susdite provient de ce que les ordres qu'on aura donnés par écrit étaient eux-mêmes erronés, la peine tomberait sur la personne qui les aurait écrits, au lieu de celle qui se serait chargée, pour le compte du gouvernement, du déplacement des personnes, des animaux, des effets et des munitions dont il a été parlé dans le courant de cette loi.

« Si des courriers ou des officiers ordinaires, dépêchés pour un service public, prétendent occuper les principaux appartements des postes établis sur les routes de l'Empire ou s'en servir à tout autre égard, ils recevront cinquante coups ; les appartements d'honneur, dont fait partie la salle principale de réception, seront réservés pour loger les officiers du gouvernement et autres personnes de grades supérieurs, lorsqu'ils se présenteront à ces postes.

« Les officiers et courriers dépêchés pour le service public, et ayant droit par là à employer les chevaux de poste du gouvernement, pourront porter avec eux des effets pesant dix kin outre leurs habits et autres vêtements nécessaires; s'ils portent davantage ils seront punis de soixante coups ; cette peine s'accroîtra d'un degré pour chaque poids additionnel de dix kin qu'ils porteront, jusqu'à cent coups.

« Quand les messagers susdits se serviront des mulets ou des ânes appartenant au gouvernement, au lieu de chevaux, et qu'ils les surchargeront comme il a été dit, ils subiront dans chaque cas une peine moins forte d'un degré que celle ci-dessus établie.

« La valeur des effets transportés au delà du poids que la loi autorise, sera confisquée au profit du gouvernement.

« Si les animaux surchargés au delà de ce que porte le règlement viennent à en mourir, la peine à infliger au coupable de ce délit s'accroîtra autant que le veut la loi rendue relativement à de tels cas.

« Si des officiers ou clercs d'un tribunal, ou des membres faisant partie d'un des départements du gouvernement, ainsi que des officiers ou messagers, emploient les habitants de leurs districts à porter leurs chaises ou palanquins (excepté dans le cas motivé ci-après), ils seront punis de soixante coups, et les officiers surintendants de ces districts qui conniveront à cette contrainte en ne l'empêchant pas ou l'autoriseront, subiront la même peine comme en ayant été les complices que celui qui s'en sera rendu coupable.

« Si des individus particuliers se fondant sur leur crédit et leurs richesses, emploient des ouvriers ou des laboureurs à porter leurs palanquins sans les payer de leur peine, ils seront punis comme il vient d'être dit.

« Dans tous les cas ci-dessus on sera obligé de payer pour salaire aux porteurs qu'on louera 8 fen 5 ly 5 hao par jour à chacun d'eux.

« Toutes les fois que les habitants auront été régulièrement loués et payés pour porter les chaises susdites, cette loi demeurera sans effet.

« Quand un officier civil ou militaire de l'Empire mourra dans les fonctions de sa place, lorsque sa famille n'aura pas les moyens de retourner dans son lieu natal, le gouvernement en fera les frais; les officiers de tous les districts par où cette famille aura occasion de passer nommeront des officiers pour l'accompagner, pourvoiront au nombre de voitures, bateaux, porteurs et chevaux nécessaires pour son transport, et prendront dans les magasins publics des rations de provisions suivant le nombre des individus composant ladite famille, après avoir reconnu par eux-mêmes quelle quantité il en faudra.

« Tout officier de district qui négligera de pourvoir aux besoins de cette famille et de veiller à son retour chez elle en la manière dictée par les présentes, sera puni de soixante coups.

« Si toute personne qui se sera chargée du transport des effets appartenant au gouvernement ou du déplacement des prisonniers, des exilés et des bestiaux ou autres animaux faisant partie de la propriété publique, au lieu de faire le service personnellement, loue un substitut pour s'acquitter du devoir qu'elle a à remplir, elle subira la peine de soixante coups; et si par suite de cette substitution la propriété du gouvernement souffre du dommage ou se perd, ou qu'un des prisonniers ou exilés confiés à sa garde vienne à s'évader, il sera sujet à la peine la plus forte que statue la loi rendue contre ceux qui négligent de surveiller les personnes dont ils répondent.

« Quiconque aura osé se donner à loyer ou se prêter de quelque manière que ce soit pour servir de substitut à un autre, d'après toutes les raisons ci-

dessus déduites, participera à la peine due au délit
qui sera commis, à raison d'un degré de moins que
celle subie, dans chaque cas, par la personne dont
il aura entrepris de faire le service.

« Toutes les fois qu'un service de la nature de celui qui vient d'être spécifié sera confié à deux personnes ou plus de deux personnes ensemble, si elles
se remplacent mutuellement, étant convenues de le
faire tour à tour, elles seront punies de quarante
coups, et dans le cas où elles se seraient donné de
l'argent pour remplir leur engagement réciproque,
elles subiront une peine aussi sévère que peut le
prescrire la loi relative aux présents ou promesses
acceptés pour des projets qui n'ont rien d'illégal en
eux-mêmes.

« Lorsque la convention des personnes susdites
aura des conséquences fâcheuses, telles que le dommage ou la perte des effets ou des animaux appartenant au gouvernement, ou la fuite des prisonniers
ou exilés mis sous leur garde, elles seront condamnées
à subir la peine la plus sévère voulue par la loi
dont les dispositions sont particulièrement applicables
aux circonstances du délit de ces personnes. En général, dans les cas où plusieurs personnes seront
chargées d'un service qu'elles devront faire conjointement, celle qui s'absentera et celle qui s'acquittera du devoir prescrit à toutes, encourront la
même peine, qui ne sera point mitigée en faveur de
l'absente comme n'étant qu'accessoire dans le délit,

ainsi que c'est l'usage légal dans d'autres circonstances. Les individus qui en auront été instruits, et par là y auront participé, subiront seuls l'aggravation de peine encourue dans les cas susdits pour fraude ou connivence dans une fraude.

« Tous ceux qui étant chargés d'un service public seront autorisés à employer, pour faire leurs routes, les chevaux, les bêtes à cornes, les mulets, les ânes et les chameaux appartenant à l'État, mais qui ne voyageront pas avec les marques distinctives des personnes à qui il est permis de se fournir d'animaux aux postes munies à cet effet, ne pourront faire porter auxdits animaux plus de dix kin pesant d'effets à eux, outre leurs habits et leurs autres vêtements ordinaires ; s'ils excèdent le taux de cinq kin, ils recevront dix coups, et cette punition augmentera progressivement d'un degré par chaque addition de dix kin pesant aux dix premiers en sus du poids légal, jusqu'à ce qu'elle soit montée à soixante coups.

« Toutes les personnes autorisées pour les causes ci-dessus à se servir en voyage des voitures et des bateaux du gouvernement, se restreindront à dix kin pesant pour leur bagage, et s'ils excèdent ce poids de dix kin, ils seront punis de dix coups, et d'une augmentation progressive jusqu'à soixante-dix, d'un degré pour chaque addition de vingt kin aux dix premiers passant le taux légal. Les maîtres, et non leurs domestiques, subiront la peine ordonnée pour le délit.

« Quand ce seront des effets appartenant à d'autres

que les personnes ci-dessus désignées qui causeront les susdits excédants de poids, le propriétaire de ces effets qui les aura donnés pour les faire transporter par animaux, voitures ou bateaux de l'État, subira la peine ordonnée contre la personne autorisée à s'en servir et ayant excédé le taux; et, dans chaque cas, les effets transportés ainsi illicitement seront confisqués au profit du gouvernement.

« Les officiers inspecteurs des districts où ces délits se seront commis encourront la même peine que lesdits délinquants, lorsqu'ils en auront eu connaissance et ne les auront point empêchés, mais non autrement.

« Lorsque cependant toute une famille sera transportée d'un lieu à un autre aux frais du gouvernement, comme dans le cas où l'État fait ramener chez eux les parents des soldats et des officiers civils et militaires morts au service ou en fonctions, le poids où pourra s'élever celui de leurs effets ne sera point limité.

« Aucun officier d'un poste de cavalerie ne pourra employer pour son service particulier ou prêter à d'autres les chevaux de poste du gouvernement; le prêteur et l'emprunteur subiront pour chaque délit la peine de quatre-vingts coups, et un degré de moins lorsqu'on prêtera ou empruntera des ânes.

« On estimera la somme qui sera due par jour pour le loyer de ces animaux; cette somme sera payée au gouvernement sous forme d'amende, et la peine en-

courue pour les délits ci-dessus sera sujette à l'augmentation que se trouvera prescrire l'échelle réglée
par la loi rendue contre les torts pécuniaires, à deux
degrés de plus que ne le marque cette échelle, et en
raison des cas où se trouveront les contrevenants à
la présente loi.

————··☺◦◦◦◦◦◦☺◦◦◦◦◦◦··—— ——

ADMINISTRATION CIVILE

DE LA CHINE.

CHAPITRE UNIQUE.

DES MANDARINS CIVILS.

Autrefois le gouvernement de la Chine était féodal ; mais depuis l'an 248 avant Jésus-Christ, il est monarchique absolu. L'Empereur est censé tenir du ciel son mandat souverain. Son pouvoir, sa puissance, sont immenses ; tout dérive de lui et dépend de lui. Son autorité est environnée des signes les plus nombreux et les plus éclatants d'une vénération en quelque sorte infinie. Nulle part la majesté du trône ne brille d'autant d'éclat. Tous ses sujets, à l'exception de l'impératrice mère, se prosternent et s'agenouillent en sa présence. Il est le chef de la religion de l'État ; il fait les lois et les abroge à sa volonté ; seulement il doit respect et obéissance aux principes immuables de la constitution fondamentale de l'Empire, aux usages et aux rites consacrés par les siècles. Ce qui fait que ce monarque tout-puissant, devant qui tremblent tant de millions d'habitants, jouit de moins de liberté que le dernier homme du peuple en France.

La couronne est héréditaire en Chine. L'Empereur a le droit de choisir son successeur parmi ses enfants mâles, parmi ses proches ou même dans une famille étrangère. Outre son épouse légitime, qu'il choisit généralement parmi les filles de rois et qu'il élève au rang d'impératrice, il peut, selon le Li-ki, quatrième des livres canoniques, avoir cent trente concubines, dont trois portent le titre de fou-jin ou reines. Tous les princes du sang sont régis par un ministère spécial, dont le président est proche parent de l'Empereur : des priviléges et des charges sont affectés à leur rang.

En Chine, l'Empereur règne et gouverne; ses ministres sont responsables. Il est éclairé et secondé par un conseil privé, dont les membres sont appelés kiun-ki-ta-tchouan, ou préposés à la direction de la machine gouvernementale. Ces grands mandarins, au nombre de trente-deux, se rendent tous les jours dans l'enceinte du palais impérial, interdit au public, pour y être à la disposition du souverain. Lorsqu'ils arrivent en présence de Sa Majesté, ils étendent par terre une natte sur laquelle il leur est permis de s'asseoir. Ils reçoivent ensuite les différentes cédules sur lesquelles les ministres du cabinet (nei-ko) ont exprimé leurs décisions. Chacun donne alors son avis, en indiquant la décision qui lui paraît préférable, et l'Empereur fait connaître sa volonté par l'empreinte du pinceau de vermillon. Chaque fois que des édits, manifestes de la volonté impériale, des décisions sur une demande importante, sur une pétition, doivent être promulgués, après avoir été rédigés dans les formes voulues par le conseil des ministres d'État, ils sont dans le cas où ils doivent être tenus secrets et expédiés [1], scellés et remis au bureau du ministère de la guerre chargé du service des dépêches. S'il n'y a pas urgence, ces pièces sont transmises au cabinet (nei-ko). Les membres de cette chambre législative sont chargés de prendre connaissance de tous les documents officiels qui arrivent de la province, soit directement, soit par l'entremise des ministres; ils délibèrent sur leur contenu; chaque décision est inscrite à part sur une cédule, classée par ordre méthodique et remise à l'Empereur, qui la communique à son conseil privé.

Les détails de l'administration générale sont confiés à six ministères, qui sont comme les six grandes branches de l'autorité publique. C'est par eux, suivant le langage des Chinois, que l'Empereur voit,

---

[1] Aucun acte n'a force de loi ni de jugement sans l'apposition du sceau de l'Empereur. Ce sceau est d'environ 0m15 carrés. Il est d'un jaspe fin, sorte de pierre précieuse fort estimée en Chine. Le souverain seul a le droit d'avoir un sceau de cette matière. Ceux qu'il accorde par honneur aux princes sont d'or; ceux des vice-rois et des grands mandarins sont d'argent; ceux des magistrats d'un ordre inférieur ne peuvent être que de cuivre ou de plomb. La forme en est plus ou moins grande, selon le rang qu'ils tiennent dans l'ordre des mandarins et dans les tribunaux.

entend et agit. Ces branches se divisent en autant
de rameaux qu'il y a de préfectures dans l'Empire.
Ainsi, dans les provinces, dans les départements,
dans les arrondissements, dans les districts, partout
où il y a une préfecture, on trouve six bureaux, *lou-
fang*, dans lesquels les services publics sont répartis
de la même manière que dans les six li-pou ou ministères à Pé-king. Les li-pou, prototype de l'ordre
administratif en Chine, centralisent tous les services.
Tous les ordres et instructions diverses adressés aux
fonctionnaires de l'Empire émanent d'eux; ils sont
chargés en outre de veiller à l'exécution des lois,
décrets et ordonnances. Chaque li-pou, comme chaque lou-pou, a sa spécialité et ses attributions. Cependant nul d'entre eux n'a de pouvoir absolu dans
son ressort. Ses décisions ne peuvent avoir d'effet
que par le concours de quelque autre ministère et
souvent de plusieurs. En voici un exemple : le ping-
pou, ou ministère de la guerre, a sous sa direction
toutes les troupes de l'Empire, et cependant c'est le
hou-pou, ou ministère des finances, qui préside à leur
payement, et c'est du kong-pou, ou ministère des
travaux publics, que dépendent les armes, les tentes,
les chariots, les barques, et un grand nombre d'objets qui servent aux opérations militaires. La direction des affaires militaires est ainsi liée à l'administration civile. C'est pour cette raison que nous avons
été souvent appelé, en traitant de l'organisation de
l'armée, à nommer les titres officiels de plusieurs

mandarins civils. Ces nombreuses citations nous ont engagé à réunir dans un recueil alphabétique ces différents titres, et à les faire suivre d'une notice sur chacun des fonctionnaires qui en est revêtu. Nous avons pensé que ce travail, tout en servant à l'intelligence des pages précédentes, serait très-utile aux personnes que leurs intérêts ou des circonstances fortuites pourraient amener en présence des mandarins, dont les attributions sont si peu connues en Europe. Dans un pays comme la Chine, où tout est cérémonial, une méprise peut avoir de graves conséquences.

Le cadre restreint de ce petit recueil ne nous a point permis d'entrer dans tous les détails des fonctions et de la vie publique de chaque mandarin. Le lecteur qui désirera les connaître n'aura qu'à consulter les ouvrages [1] et les intéressants mémoires de deux savants sinologues, MM. Bazin et Pauthier, dans lesquels les rangs, les droits, les revenus, la juridiction et les préséances respectives de tous les fonctionnaires de l'empire chinois, sont tracés avec autant de vérité que de netteté et de clarté.

Chao-tchin-sse.

Inspecteurs adjoints des travaux académiques

---

[1] 1° *Chine moderne;* — 2° *Recherches sur l'histoire, l'organisation et les travaux de l'Académie impériale de Pé-king.* — 3° *Recherches sur les institutions municipales et administratives de la Chine;* — 4° *Notice historique sur le collége médical de Pé-king* (A. Bazin) (*Univers pittoresque, Chine moderne*) (Pauthier).

(3e rang, 2e classe). Ils sont au nombre de deux,
un Tartare et un Chinois.

Cheou-pi.

Capitaine commandant la garde municipale d'un
grand district. Le service de cette garde municipale,
nommée hou-wei-kiun, est intérieur ou extérieur.
Elle fournit le nombre d'hommes nécessaire pour la
police de la ville, pour le maintien ou le rétablissement de l'ordre. Chaque garde municipal ou thou-
ping reçoit deux taëls par mois, ou environ dix
sous par jour. En dehors de leur service, qui est très-
doux, ils peuvent exercer quelque métier. Le cheou-
pi ne peut rassembler sa compagnie sans l'autorisation du chef du district.

Chi-kiang-hio-sse.

Ministres d'État, orateurs impériaux, membres
du conseil des ministres. Comme les lecteurs impériaux, ils sont particulièrement chargés de réciter
les prières toutes les fois que l'Empereur offre un
sacrifice, les morceaux d'éloquence et de poésie
composés par les académiciens, les compliments, les
oraisons funèbres, etc., etc. (4e rang, 2e classe). Ils
sont au nombre de cinq, deux Tartares et trois Chinois.

Ching-mao-kai-sse.

Prêtre attaché au temple de Confucius.

Ching-mao-sse-y.

Directeur de la musique du temple de Confucius.

Chi-tou.

Assistants lecteurs impériaux du cabinet (nei-ko). Ils sont au nombre de seize, dont quatorze Mantchoux et deux Chinois (5ᵉ rang, 2ᵉ classe).

Chi-tou-kio-sse.

Ministres d'État, lecteurs impériaux, membres du cabinet. Ils reçoivent et lisent tous les documents que l'on adresse au conseil des ministres (nei-ko); ils font part à l'Empereur du contenu de ces documents (4ᵉ rang, 2ᵉ classe); ils étaient autrefois au nombre de cinq, deux Tartares et trois Chinois; maintenant ils sont huit, dont six Tartares.

Choui-ta-sse.

Receveur d'octroi et inspecteur des douanes. Il y en a dix par département, quatre par arrondissement, et sept par district (9ᵉ rang, 2ᵉ classe).

Choui-y.

Commis de l'octroi.

Chou-ki-sse.

Académiciens stagiaires. Les nouveaux académiciens font un stage de trois ans, et subissent un examen avant d'être inscrits sur le tableau des académiciens titulaires.

Chou-tchang-kouan-kiao-si.

Professeurs chargés d'instruire les chou-ki-sse. On les prend parmi les ministres d'État (9e rang, 2e classe); ils sont au nombre de deux, un Tartare et un Chinois.

Chun-tien-fou-fou-yin.

Maire de Pé-king; il est le gouverneur civil de la capitale; il est dans le département de Chun-tien le dépositaire unique de l'autorité administrative et judiciaire. Membre du cabinet, il assiste aux séances du conseil; il est, après le souverain pontife, le principal ministre du culte officiel ou de la religion de l'État; il exerce la grande sacrificature; il surveille l'exécution des lois et règlements qui concernent les cérémonies religieuses; il indique le jour et l'heure où une cérémonie doit avoir lieu; il y convoque les premiers corps de l'État, il désigne les places que les divers fonctionnaires doivent occuper; il prescrit les abstinences, conformément aux décisions du Tai-tchang-sse ou de la Cour des sacrifices; il a l'inspection des victimes, des pierres précieuses, des étoffes de soie, des grains et généralement de tous les articles qui servent dans les grandes cérémonies religieuses. Quand l'Empereur sacrifie sur les than ou dans les mao, c'est le maire de Pé-king qui fait les invocations et récite les prières. Au printemps et à l'automne, il offre personnellement un grand sacrifice à Confucius, dans le temple qu'on nomme Sien-mao.

S'il y a une éclipse de soleil ou une éclipse de lune, il offre un sacrifice de propitiation sur l'autel du Dragon noir. Il sacrifie dans les temples de Kouan-yu et de Wen-thien-siang. Il dirige les préparatifs des fêtes et des cérémonies, et y fait observer les règlements minutieux du Tai-tsing-hoei-tien. Il veille à ce que le buffle d'argile (buffle que l'on doit promener le jour de la fête) ait très-exactement quatre pieds chinois (tchi) de hauteur, pour figurer les quatre saisons, et huit pieds de longueur pour figurer les huit divisions de l'année; il reconnaît, avec une attention scrupuleuse, si la queue du buffle est véritablement longue de douze pouces chinois (un tchi et deux tsun), pour figurer les douze mois de l'année. Il reconnaît si le mannequin d'osier qui sert à représenter l'esprit des épis a trois tchi six tsun et cinq fen ou trois cent soixante-cinq fen pour figurer les trois cent soixante-cinq jours de l'année; si le fouet que l'on doit mettre dans la main de cet esprit est véritablement long de deux tchi et quatre tsun, pour figurer l'année astronomique ou les vingt-quatre demi-mois nommés ki. Le jour de la fête du printemps, il sort de l'hôtel de ville pour aller dans le faubourg oriental à la rencontre du Printemps; sa tête est couronnée de fleurs, son cortége est magnifique. Du faubourg oriental il revient dans le palais de l'Empereur, puis, assisté des soixante-douze principaux fonctionnaires de la ville, des présidents et des vice-présidents du li-pou ou du ministère des rites, des membres de l'Observatoire impérial, il reçoit le Printemps dans la partie du palais qu'on nomme Ta-ney; il prononce le discours d'usage et fait l'éloge de l'agriculture. Dans la grande cérémonie du labourage, le maire de Pé-king ordonne tous les préparatifs et maintient l'exécution des règlements. Revêtu de ses ornements, il marche à la tête du cortége. Lorsque l'Empereur laboure lui-même, c'est le maire qui lui présente le fouet; deux vieillards conduisent le bœuf et deux laboureurs soutiennent le manche de la charrue. Lorsque l'Empereur quitte le manche de la charrue, le maire de Pé-king, avec sa suite, avec les vieillards et les laboureurs, achève de labourer le champ. Dans les festins publics qu'on nomme hiang-yen, le maire de Pé-king est l'hôte qui reçoit. Délégué du pouvoir administratif, il exécute les règlements promulgués par les ministères et les cours suprêmes. Délégué du pouvoir judiciaire, il examine toutes les procédures, tous les jugements des tribunaux inférieurs. Il est tenu d'écouter les plaintes, d'accueillir les justifications. Quand une sentence prononce la peine capitale, l'instruction du procès est renouvelée à Pé-king par une cour d'assises. Cette cour est composée : 1° des principaux fonctionnaires du hing-pou ou du ministère de la justice ; 2° des principaux fonctionnaires du tou-tcha-youen ou du tribunal des censeurs ; 3° et des principaux fonctionnaires du ta-li-sse ou de la cour d'appel. Il fait opérer le recouvrement des contributions directes et des contributions indirectes; il est l'ordonnateur des impôts, mais il n'en est point le percepteur. Il partage avec le gouverneur militaire de Pé-king le droit de recevoir les rapports, les dénonciations et les plaintes concernant le transport des subsistances dans les greniers publics. Il constate le prix des grains dans la capitale, le prix de l'argent à la fin de chaque mois; il transmet au gouvernement les mercuriales authentiques des marchés. Il est chargé de l'entretien de l'hôtel de ville ou de l'édifice affecté à la mairie. Il est l'administrateur général du Pou-tsi-thang ou de l'hospice de la vieillesse, et du Yu-tang ou de l'hospice des enfants. Il maintient l'exécution des statuts concernant : 1° les examens des districts (hien-khao) ou les examens préparatoires du premier degré, qui ne confèrent aucun grade; 2° les examens du département (fou-khao) ou de l'hôtel de ville, c'est-à-dire les examens préparatoires du deuxième degré qui constatent la capacité requise pour subir l'examen définitif; 3° les examens de la chancellerie (youen-khao) ou les examens définitifs qui confèrent le premier grade ou le baccalauréat; 4° les concours généraux (hoei-chi), pour les grades supérieurs. Le maire inspecte ou fait inspecter les loges du kong-youen ou du palais des concours. Il reçoit les plaintes et les communications des présidents et des vice-présidents des examens ou des concours. Il assiste à la réception des kin-jin, ou des candidats qui ont obtenu la licence. Il doit le salut aux nouveaux

licenciés. Chaque fois qu'on proclame un nom, le
maire fait au candidat nommé trois grandes saluta-
tions. Il remet à chaque licencié le chapeau, la robe
et les bottines prescrits par le code des examens publics et des concours. Il ordonne les préparatifs du
somptueux banquet qu'on offre aux tchouang-youen.
Enfin, il est chargé de la police des cimetières. Le
maire est choisi et nommé directement par l'Empereur (3ᵉ rang, 1ʳᵉ classe) [1].

Chun-thien-fou-fou-tching.

Adjoint au maire de Pé-king, ses fonctions sont ordinaires ou extraordinaires : 1° il est chargé de vérifier les registres des districts intérieurs de la capitale
(ta-hing et wan-ping) et contenant les noms, la profession et l'âge de tous les habitants qui ont acquis
leur domicile dans la capitale; de surveiller la répartition de l'impôt, de signaler au tchi-tchong les faits
dont le maire trouve la vérification utile; de maintenir l'exécution des lois et des règlements qui concernent les actes translatifs de la propriété immobilière;
de fixer les dépenses qu'occasionnent les examens
publics et les concours de la capitale; de délivrer
des diplômes; de dresser la liste des licenciés auxquels le gouvernement accorde des subsides; de présenter, dans la grande cérémonie du labourage, le
coffre à semences, qui doit être de couleur verte; de
maintenir dans les festins publics l'exécution des règle-

---

[1] *Recherches sur l'organisation municipale de la Chine* (BAZIN).

ments concernant la préséance, les prérogatives de l'âge et le rang des personnes. En cas d'absence ou d'empêchement, le maire est remplacé par l'adjoint; celui-ci jouit de toutes les prérogatives du fou-yin; cependant il n'assiste pas aux séances du conseil (nei-ko). L'adjoint au maire de Pé-king est nommé par l'Empereur (4ᵉ rang, 1ʳᵉ classe).

Fan-tai.

Employé des finances en province.

Fen-tchang-fan-y

Traducteurs.

Fou-chou-ta-sse.

Sous-inspecteurs des douanes et contrôleurs des contributions indirectes; il y en a douze par ville.

Fou-jin.

Concubines de l'Empereur, au nombre de trois, sont regardées comme de véritables épouses, quoique de second ordre; elles jouissent d'un rang et d'honneurs qui les élèvent au-dessus des autres femmes du palais, dont le nombre va jusqu'à cent trente. Sous la dynastie actuelle, les fou-jin ou reines sont presque toujours des filles de rois; elles ont chacune un palais, une cour, des dames d'honneur et un grand nombre de femmes attachées à leur service. La magnificence éclate dans leur demeure et dans tout ce qui est à leur usage : rien n'est épargné pour leur procurer toutes les douceurs de la vie. Les enfants qu'elles ont de l'Empereur sont légitimes.

Fou-piao.

Employés du lieutenant-gouverneur.

Fou-tou-yu-sse.

Censeurs ou informateurs impériaux, adjoints de la droite et de la gauche; leur devoir est de signaler à l'Empereur tout ce qui se passe de scandaleux, non-seulement dans Pé-king, mais dans tout l'Empire. Ils ont également le droit de s'enquérir de toute exaction, prévarication, déni de justice, abus et infraction faits aux lois; ils peuvent aller siéger en personne dans plusieurs tribunaux et cours de justice, mais uniquement comme inspecteurs et non comme juges. Leur attention embrasse tout l'Empire; ils peuvent s'informer de tout et faire toutes les recherches qu'ils jugent nécessaires; c'est à eux de veiller à ce que le peuple soit secouru promptement dans les temps de calamité, les pauvres, les vieillards, les veuves et les orphelins assistés en tout temps, et les malheureux aidés et soulagés selon les termes de la loi et les ordres de l'Empereur. En résumé, leur office est d'être les censeurs de tous les fonctionnaires civils et militaires; les surveillants des citoyens de tous les ordres et les défenseurs continuels des lois (3ᵉ rang, 1ʳᵉ classe); il y a quatre censeurs adjoints de gauche, dont deux Mantchoux et deux Chinois. Les lieutenants-gouverneurs, les gouverneurs ou intendants des fleuves et rivières de la navigation intérieure, sont de droit officiers censeurs adjoints de droite.

Fou-tchi-sse.

Employés principaux des préfets (9ᵉ rang, 1ʳᵉ classe).

Fou-tchou-hao.

Examinateurs adjoints des candidats des provinces.

Fou-tsoui-so.

Employés du ministère de la guerre chargés de l'arriéré des affaires avec différents lan-tchong et autres des quatre directions (sse), détachés à tour de rôle.

Fou-yuen-fou-tai.

Lieutenants-gouverneurs (2ᵉ rang, 1ʳᵉ classe); sont au nombre de 18.

Fou-yuen-ouen-tsan-po.

Chef du cabinet civil du lieutenant-gouverneur.

Fou-yuen-vou-tsan-po.

Chef du cabinet militaire du lieutenant-gouverneur.

Han-lin-youen-tchang-yèun-hio-sse.

Chanceliers de l'Empire, directeurs ou présidents de l'académie impériale des han-lin; ils dirigent les affaires de l'État. Ils proposent les lois dans les séances du conseil. Ils déterminent et arrêtent la forme

22

des ordonnances, des décrets, des proclamations et
des lettres patentes qui émanent de l'autorité souveraine. Ils promulguent, au nom de l'Empereur, les
décrets qui font loi. Comme présidents de l'académie
impériale, ils rassemblent les candidats qui aspirent
aux honneurs académiques et se présentent pour
subir l'examen impérial que l'on nomme tchhao-khao.
Ils soumettent à l'approbation de l'Empereur : 1° la
matière du mémoire que les candidats doivent composer; 2° le sujet de l'instruction morale que les as-
pirants doivent écrire ; 3° le texte de la paraphrase
qu'ils doivent faire; 4° le thème sur lequel ils doivent
composer une pièce de vers. Ils font partie du grand
jury d'examen dont l'Empereur est le chef et remet-
tent eux-mêmes aux candidats élus le bonnet et la
ceinture des académiciens; ils informent du résultat
du concours les tien-pou ou archivistes de l'académie chargés d'inscrire sur un registre particulier les
noms des chou-ki-sse ou des nouveaux académiciens.
2° les ti-thao ou économes de l'académie chargés de la
distribution des subventions. Les nouveaux académiciens sont après ces formalités introduits dans l'école
préparatoire Chou-tchang-kouan, où ils font un stage
de trois années avant d'être nommés académiciens
titulaires. Les présidents de l'académie dirigent les
travaux des académiciens. Dans les questions administratives et dans un grand nombre d'affaires, ils sol-
licitent, pour être publiés, les avis de l'académie,
avis qui font de ce corps politique et savant le flam-

beau de l'administration. Ils se concertent avec le
ministère des rites, l'intendance de la maison impériale, l'intendance de la musique et l'intendance
du cérémonial de la cour, pour les mesures à prendre
lorsque l'Empereur doit visiter l'académie. Ils font
élever dans la grande salle de l'académie un trône
pour l'Empereur; lorsque l'Empereur entre dans la
salle, ils l'invitent à monter sur ce trône. Quand le
souverain offre le thé, la collation ou le vin, ils jouissent du privilége d'exécuter le cérémonial d'usage
après les membres de la famille impériale. Quand
l'Empereur sort de la capitale, ils l'accompagnent
jusqu'au delà du King-tching ou de la ville tartare.
Quand il y rentre, ils vont au-devant de lui jusqu'au
Tso-ngan-moù ou jusqu'à la porte gauche de la Paix.
Comme pontifes, ils fixent la liturgie et les obser-
vances que l'on doit suivre dans les sacrifices de la
capitale et des provinces, sacrifices dont quelques-
uns sont réglés par l'académie des han-lin. Ils offrent
eux-mêmes dans les temples de la capitale tous les
sacrifices qu'ils jugent à propos d'y faire. Ils exami-
nent attentivement les formules d'oraison, chou-wen,
que l'académie compose et que les orateurs impériaux récitent à haute voix quand on offre les sacrifices du premier ordre. Deux fois par an, au printemps
et en automne, avant que l'Empereur, comme souverain pontife, interprète les livres sacrés dans la
grande salle nommée Wen-hoa-thien, ils lui présentent une liste de candidats, parmi lesquels celui-ci

choisit les orateteurs impériaux tartares et les orateurs impériaux chinois, dont les fonctions consistent
à solliciter l'interprétation d'un passage des King, à
recevoir respectueusement et à proclamer dans les
deux langues mantchoue et chinoise la décision impériale, ou, si l'on veut, pontificale; c'est la cérémonie
religieuse que l'on nomme king-yen. Les chanceliers
de l'Empire, directeurs ou présidents de l'académie
impériale des han-lin, sont au nombre de deux, un
Tartare et un Chinois (2ᵉ rang, 2ᵉ classe); ils sont
nommés par l'Empereur, et peuvent être choisis parmi
les ta-hio-sse ou les chang-chou-chi-lang (Bazin).

Han-lin-youen-kong-mou.

Archivistes de l'académie.

Hao-fang.

Concierge de la préfecture : il inscrit les noms des
individus qui se présentent à la préfecture et solli-
citent une audience du préfet (tchi-hien). Il indique
à celui-ci l'objet dont on veut l'entretenir. Les con-
cierges sont pourvus d'un brevet qu'ils achètent.

Heou-fey.

Concubines de l'Empereur. Leur nombre n'est pas
limité; cependant, d'après le Li-ki, elles ne doivent
pas dépasser cent trente; on ne les voit jamais; elles
n'ont aucune communication avec leurs parents;
toutes les relations au dehors sont sévèrement pro-

scrites; elles jouissent dans l'intérieur du palais de tout ce que le luxe peut procurer à des femmes.

Hing-pou-chang-chou.

Présidents du ministère de la justice : sont chargés de tout ce qui concerne l'administration de la justice dans l'Empire. Les différentes espèces de châtiments et de supplices; les circonstances où on peut les adoucir ou permettre aux coupables de s'en rédimer au moyen d'argent; les principaux crimes qui arment la justice d'un glaive et les circonstances qui les augmentent, les diminuent, les étendent aux parents, les resserrent dans les seuls complices; tout ce qui a rapport à la révolte, à la sédition, à la désobéissance, aux émeutes et aux outrages faits à l'autorité de l'Empereur ou de ses officiers; les droits des pères sur leurs enfants, des maîtres sur leurs esclaves; les devoirs réciproques des parents et des époux, des inférieurs et des supérieurs, les partages des biens, successions, héritages et la police générale des familles; les différentes fautes des mandarins civils et militaires dans l'administration des affaires, dans l'exercice de leurs emplois et dans l'usage de leur autorité; la culture et le défrichement des terres, les ventes et achats des biens meubles et immeubles; les empêchements qui rendent les mariages illégitimes, les conditions requises pour qu'ils soient valides, les fiançailles et épousailles, les divorces; les cas où il est permis de prendre une concubine, les

prééminences et droits de l'épouse légitime; les mal-
versations dans la régie des greniers, dans la perception des impôts et des douanes, dans les foires et
marchés, dans les poids et mesures, dans les contre-
façons et monopoles; tout ce qui est contre la religion et le culte impérial; les désordres des casernes
et les différentes fautes des gens de guerre; les vols,
larcins, brigandages, friponneries, filouteries; les
meurtres, assassinats, empoisonnements, injures,
libelles, satires, les fausses accusations, calomnies,
faux témoignages, viols, incestes, adultères, enlè-
vements, etc.; les divinations, sortiléges, magies,
superstitions, assemblées d'idolâtres; tout ce qui
trouble le bon ordre, la subordination et la tranquillité publique; les formalités des procédures et
exécutions criminelles, etc.; tous ces différents détails rentrent dans les attributions du ministère de
la justice. Les affaires importantes sont transmises
au cabinet (nei-ko); les autres affaires sont expédiées directement. Les présidents de ce ministère
sont du 1er rang, 2e classe; ils sont au nombre de
deux, l'un Chinois et l'autre Tartare.

Hing-pou-che-leang.

Vice-présidents du ministère de la justice (2e rang,
1re classe) : sont au nombre de quatre, deux Mantchoux et deux Chinois.

Hien-tching.

Assesseur du district : est l'adjoint du tchi-hien

(préfet du district). En cas d'absence, de maladie ou d'empêchement, le préfet du district est remplacé par l'assesseur. Ce fonctionnaire est responsable personnellement des mesures qu'il ordonne, des actes qu'il signe et des procédures qu'il instruit. Dans les petits districts, il n'y a pas d'assesseur (8ᵉ rang, 1ʳᵉ classe). — 350.

Hie-pan-ta-hio-sse.

Grands chanceliers coadjuteurs, membres du conseil (nei-ko). Dirigent les affaires de l'État, délibèrent sur le gouvernement et l'administration de l'Empire, promulguent les décrets qui font loi et en surveillent l'exécution. En général, ils veillent à ce que les fonctions respectives des différents pouvoirs soient maintenues dans leurs justes limites, afin d'aider l'Empereur dans la direction des affaires de l'État (2ᵉ rang, 1ʳᵉ classe). Ils sont au nombre de deux, un Mantchou et un Chinois.

Hio-sse.

Membres du cabinet (nei-ko). Dirigent les affaires de l'État, délibèrent sur le gouvernement et l'administration de l'Empire, promulguent les décrets qui font loi et en surveillent l'exécution. En général, ils veillent à ce que les fonctions respectives des différents pouvoirs soient maintenues dans leurs justes limites, afin d'aider l'Empereur dans la direction des affaires de l'État. Lorsqu'il y a chambre du conseil,

un des dix hio-sse reçoit des lecteurs assistants la
liasse des documents (pétitions, demandes, dépêches, etc.) décachetés et ouverts, et les dépose si-
lencieusement sur la table du conseil; puis, lorsqu'ils
sont classés dans un certain ordre méthodique, il les
remet à un des membres du conseil (ta-hio-sse),
chargé de faire part de leur contenu à l'Empereur
(2ᵉ rang, 2ᵉ classe). Ils sont au nombre de dix, six
Tartares et quatre Chinois.

Hiun-tao.

Censeur du district : est l'adjoint du kiao-yu ou
recteur, qu'il remplace au besoin; dans les petits
districts, il n'y a point de hiun-tao (8ᵉ rang, 2ᵉ classe).
A Pé-king, il y a deux hiun-tao, un Mantchou et un
Chinois, qui sont les adjoints des kiao-cheou ou recteurs (7ᵉ rang, 2ᵉ classe).

Hio-tching.

Administrateurs des études dans les provinces.

Hoang-ty.

Empereur. Il est censé tenir du ciel son mandat
souverain; ses droits, son pouvoir et sa puissance
sont immenses; tout dérive de lui et dépend de lui;
son autorité suprême n'est limitée que par la crainte
de passer pour un tyran; le titre de père et mère du
peuple indique quelle est l'étendue de ses devoirs,
que Confucius a définis ainsi : « Tous ceux qui sont

préposés au gouvernement des empires ou des royau-
mes ont neuf règles invariables à suivre : la première
est de travailler constamment au perfectionnement
de soi-même ; la deuxième est de révérer les sages ;
la troisième est d'aimer ses parents ; la quatrième,
d'honorer les premiers fonctionnaires de l'État ou les
ministres ; la cinquième, d'être toujours en parfaite
harmonie avec les autres fonctionnaires et magistrats
de l'Empire ; la sixième, de traiter et chérir le peuple
comme un fils ; la septième, d'attirer près de sa personne les savants, les artistes et les artisans de mérite ; la huitième, d'accueillir avec cordialité les
hommes qui viennent de loin, c'est-à-dire les étrangers ; la neuvième, enfin, de traiter avec amitié les
grands vassaux (tchong-yong). » Voici encore com-
ment sont formulés les principaux devoirs du souverain, d'après le Hiao-king-yen. L'Empereur doit :
1° veiller sur la santé, le contentement et le bonheur
des auteurs de ses jours, en même temps que sur
l'éducation de ses enfants ; 2° manifester son amitié
pour ses frères ; 3° chérir tous les princes de son
sang ; 4° honorer ceux qui en son nom sont chargés
de gouverner l'Empire ; 5° aimer le peuple ; 6° protéger l'agriculture et la rendre florissante, diminuer
les impôts et les dépenses, secourir les peuples dans
les calamités ; 7° prévenir tous les crimes, en éloi-
gner l'occasion, en inspirer de l'horreur et en tarir
la source ; 8° s'intéresser de cœur aux gens de guerre.
Les devoirs du respect filial sont aussi étendus que

ceux de son amour, et se résument à honorer ses
parents, à craindre, servir et adorer le Chang-ti; à
rendre à ses ancêtres le culte qui leur est dû; à
imiter les exemples de vertu que lui ont donnés ses
prédécesseurs de sa famille; à veiller avec soin sur
l'enseignement public de la jeunesse; à conserver et
augmenter les dépôts de la doctrine; à faire observer
aux mères et aux épouses les devoirs qui leur sont
imposés; à s'assurer que les fonctionnaires de l'État
apportent dans leurs emplois le zèle et l'intégrité qui
sont nécessaires pour le bien public; à profiter des
représentations de ceux qui sont appelés à lui faire
connaître la vérité; à maintenir sans cesse les trois
kiang et les cinq ki, c'est-à-dire les obligations réciproques du père et du fils, du prince et du sujet, du
mari et de la femme, ainsi que les devoirs mutuels
des pères, des mères et des enfants, des parents,
des maîtres et des écoliers, des supérieurs et des inférieurs, et enfin des amis entre eux; à honorer les
gens de bien et à flétrir les méchants; à pourvoir à
l'entretien de sa famille et de son peuple, et, en
dernier lieu, à bonifier et perfectionner les mœurs
publiques. Toutes les fois qu'un prince régnant perd
l'affection de la grande majorité du peuple, en agissant contrairement à ce que ce dernier regarde
comme le bien général, ce prince est rejeté et dés-
avoué par le ciel et peut être détrôné par celui qui, au
moyen d'un saint et généreux accomplissement de ses
devoirs, a gagné le cœur de la nation. L'Empereur est

le chef de la religion ou du culte de l'État, le souverain pontife des Chinois. Comme chef de la religion, sà suprématie est limitée par les droits et les priviléges que les statuts de la dynastie confèrent (tai-tchong-sse) à la cour des sacrifices. Comme souverain pontife et comme père de la grande famille, il a le privilége exclusif de sacrifier au ciel et à la terre : il est donc le chef du culte de l'État; mais, comme homme privé, il a le droit de choisir la religion qui lui convient. Aujourd'hui Hien-fong, d'origine tartare, professe la religion de Bouddha. La personne de l'Empereur est inviolable et sacrée, et ses ministres en sont responsables. Malheur au censeur qui s'oublierait un peu en manquant de respect envers le souverain ; celui-ci n'aurait qu'à révéler sa faute pour le rendre l'objet de la haine et de l'exécration publique. L'autorité de l'Empereur, en Chine, est environnée des signes les plus nombreux, les plus éclatants d'une vénération en quelque sorte infinie: nulle part la majesté du trône ne brille d'autant d'éclat. Les lieux qu'il habite sont nommés : le Palais de la Cour, la Salle d'or, l'Avenue et la Cour de vermillon, la Salle interdite, le Palais défendu, la Cour céleste. Il jouit de revenus immenses : outre les sommes prodigieuses qui lui sont allouées par les lois, il a encore le monopole absolu des sels, douanes et entrées de certaines villes. Il a le droit de choisir son successeur parmi ses enfants mâles ou parmi ses proches, et même dans une famille étrangère.

Hoang-hoang.

Titre que l'on donne quelquefois à l'Empereur pour représenter l'éclat de ses vertus.

Hoang-chang.

Titre que l'on donne quelquefois à l'Empereur pour représenter sa suprématie.

Hoang-tien.

Titre que l'on donne quelquefois à l'Empereur pour indiquer l'immensité de ses vertus.

Hoang-heou.

Impératrice, regardée en Chine comme mère de la grande famille dont l'Empereur est le père. On lui rend de grands honneurs; c'est elle qui fait la cérémonie des vers à soie et qui offre le cocon de l'année. La chambre de l'Impératrice est appelée tsiao-fang. L'Impératrice ne doit point être vue et ne paraît dans aucune cérémonie publique. Son couronnement consiste : 1° dans l'enregistrement et la promulgation solennelle du Tchi-y, ou édit de l'Empereur qui la déclare Impératrice et lui en confère tous les droits; 2° dans la cérémonie de lui présenter les sceaux d'or et de pierre d'yu, dont elle doit se servir pour rendre authentiques et exécutoires le peu d'ordres juridiques qu'elle est dans le cas de donner; 3° dans les hommages solennels que viennent lui rendre les princesses du sang et les princesses étrangères, les femmes de la cour et toutes celles qui résident dans l'intérieur du palais. L'édit de l'Empereur, scellé du grand sceau, est adressé par le tribunal des ministres aux grands tribunaux, qui l'enregistrent, l'envoient ensuite aux tribunaux subalternes et le font promulguer dans tout l'empire.

L'Impératrice est la première femme de l'empire, la première et la légitime épouse, celle dont les enfants sont, avant tous les autres, désignés par les lois pour succéder au trône. Elle ne doit son respect et ses hommages qu'à l'Impératrice mère; toutes les autres femmes qui habitent le palais lui doivent les leurs. Elle est, ainsi que l'Impératrice mère, distinguée des reines, des princesses du sang et de la foule des concubines, par la magnificence de ses habits et certains ornements qui lui sont propres, tels que le diadème ou bandeau, les pendants d'oreille, le collier, la ceinture. La richesse de ses ameublements, son train, ses nombreux domestiques, la distinguent encore et répondent à l'élévation du rang qu'elle occupe.

L'Impératrice est assujettie à des devoirs d'étiquette envers l'Empereur; elle doit, tous les jours, envoyer une des femmes attachées à son service saluer son époux et s'informer de l'état de sa santé; elle l'instruit aussi, par de fréquents messages, de tout ce qui se passe dans l'intérieur du palais, et lui fait part de ce qu'elle a ordonné ou veut ordonner. Elle est ordinairement fille de roi.

Hoang-tai.

Impératrice mère : jouit sans cesse de tous les honneurs de la maternité du trône; elle a son palais, sa maison, sa garde, sa chancellerie; l'Empereur doit être toujours plein de déférence pour elle. Les princesses et les dames de la cour vont lui rendre toutes les visites de cérémonial que les princes et les grands rendent à l'Empereur. Le souverain lui-même va la visiter tous les cinq jours dans son palais, et ne l'aborde qu'en fléchissant un genou. A la nouvelle année et le jour de sa naissance, il va en grande cérémonie lui faire toutes les prosternations et lui rendre tous les honneurs qu'elle reçoit ensuite de toute la cour et de tous les tribunaux.

Ho-kouan.

Employés des douanes maritimes.

Hong-lo-sse-hing.

Président de la cour des cérémonies.

Hong-lo-tssé-siao-tsing.

Vice-président de la cour des cérémonies.

Ho-po-so.

Inspecteurs des bateaux de rivière sur lesquels habite continuellement une nombreuse population. Ils sont au nombre de quatre : l'un réside près de Canton et les autres dans les provinces de l'est.

Ho-tao-kouan.

Ingénieurs des ponts et chaussées.

Ho-tao-tsong-tou.

Directeur général des fleuves, rivières, etc. (2ᵉ rang, 1ʳᵉ classe).

Ho-tching-ting.

Magistrats chargés de la police des habitants des rivières.

Hou.

Caporal de la garde municipale.

Houi-tong-kouan.

Titre que porte un des vice-présidents du ministère de la guerre. Il est chargé de la transmission des lettres publiques et de l'établissement des passeports pour les provinces (2ᵉ rang).

Hou-pou-chang-chou.

Présidents du ministère des finances. Sont chargés de tout ce qui concerne les règlements pour la levée des impôts et taxes de toute nature; les soins qu'il faut donner à l'agriculture pour l'encourager, la faciliter, la diriger, la maintenir, l'étendre; les énumérations des familles et des personnes de chaque district et les résultats généraux pour chaque province; les dispositions à prendre pour le payement des salaires en argent, redevances en nature, allouées aux fonctionnaires publics; la détermination de la quantité d'argent et de denrées qui entrent dans le trésor ainsi que dans les greniers de l'État et en sortent; les ordres pour les transports de fonds et de denrées, soit par terre, soit par eau; la fonte des monnaies, le sel, les douanes et les entrées; la manière de tenir les comptes et d'en rendre raison, et enfin les règlements à suivre en cas de malversation, de vol, d'inexactitude, etc. Les décisions en tout ce qui concerne les attributions du ministère sont prises en conseil, formé des sept principaux membres. Si les affaires sont graves et importantes, il en est référé à l'Empereur; si elles ne le sont pas, elles sont expédiées par le ministère. C'est encore au ministère des finances qu'appartient la faculté de répartir le territoire de l'empire en diverses circonscriptions. Les présidents de ce ministère sont du 1er rang, 2e classe. Ils sont au nombre de trois (*Almanach impérial* de 1858), un premier président chinois et les deux autres tartares.

Hou-pou-chi-lang.

Vice-présidents du ministère des finances (2e rang, 1re classe); ils sont au nombre de quatre, dont deux Chinois et deux Mantchoux.

I-chi-thing-li-sse.

Directeurs de l'étiquette ou du cérémonial: dirigent tout ce qui concerne le cérémonial observé à la cour dans les circonstances ordinaires et extraordinaires; les rapports des membres de la famille impériale

entre eux et avec les ministres, ainsi qu'avec les
autres fonctionnaires publics; la matière, la forme
et la coupe des vêtements; les formules de saluta-
tion dans les réceptions, etc.; ils ont aussi dans leurs
attributions la surveillance de tous les établissements
d'éducation publique et le règlement des examens et
des promotions des lettrés (3ᵉ rang, 1ʳᵉ classe).

I-seng.

Bachelier en médecine; dernier grade des membres
du collége impérial de médecine; sont au nombre de
vingt.

I-sse.

Licenciés en médecine, chargés du service médical des palais impériaux; deux licenciés accompagnent l'Empereur chaque fois qu'il va en voyage.
Trois licenciés du collége, portant le bonnet et la
ceinture des mandarins du 9ᵉ rang, sont attachés
au hing-pou (ministère de la justice), et chargés
comme messagers de l'Empereur de visiter les prisonniers dont l'état réclame des soins médicaux. Le
i-sse peut être promu aux fonctions de li-mou; c'est
le professeur du collége qui choisit parmi les licenciés
de sa classe celui qui a montré le plus grand zèle,
qui a le plus travaillé. Ils sont au nombre de quarante (9ᵉ rang).

Iu-i.

Médecins de la Cour. Professeurs titulaires des

cours du collége médical ou impérial de médecine, chargés en outre du service médical des palais impériaux. Les médecins de la cour et les professeurs agrégés sont de service à tour de rôle. Quand l'Empereur voyage, il est toujours accompagné d'un professeur du collége, qui reçoit alors une indemnité de 2 fr. 25 c. par jour. Quand un membre de la famille impériale ou un mandarin de première classe est malade, il est chargé par l'Empereur d'examiner son état et de lui remettre un rapport fidèle et circonstancié sur sa maladie (7e rang). Sont au nombre de dix.

Kao-kong-ssé.

Chefs du bureau des informations. Sont chargés de tenir des notes exactes et détaillées des méfaits commis par les mandarins civils dans l'exercice de leurs fonctions, en même temps que de signaler leurs mérites ou leurs bonnes actions. Tous les trois ans, un examen approfondi de la conduite de tous les mandarins a lieu à Pé-king, en même temps que se tiennent les grandes assises triennales concernant les mandarins, et que l'on nomme la grande instruction générale. C'est dans ce moment que les chefs du bureau des informations rédigent les notes qu'ils soumettent ensuite aux directeurs du personnel.

Khi-kin-tchou-kouan.

Historiographes de la cour, chargés d'écrire jour par jour tout ce que l'Empereur dit, fait ou ordonne.

Le compte rendu de chacun d'eux est mis chaque
soir dans un tronc ou coffre en fer. Tous les mois ce
coffre est ouvert; les rapports sont recueillis et forment deux registres. A la fin de l'année ces registres,
au nombre de vingt-quatre, sont vérifiés, arrêtés et
timbrés par les chanceliers présidents de l'académie
impériale, puis transmis au cabinet et enfin déposés
aux archives. Les historiographes de la cour sont au
nombre de vingt-deux : dix Tartares et douze Chinois.

Khin-thien-kien-kien-tchong.

Présidents directeurs de l'observatoire impérial :
sont chargés de tout ce qui a quelque rapport à l'as-
tronomie ou à l'observation des phénomènes célestes.
Leurs principales fonctions consistent à régler annuellement le calendrier, à prédire les éclipses et à
savoir rendre raison des phénomènes célestes dont
l'apparition inattendue pourrait effrayer la multitude
et troubler l'ordre public. Tous les quarante-cinq
jours ils sont obligés de présenter à l'Empereur une
carte de l'état du ciel avec tous les changements qui
doivent causer de l'altération dans l'air. C'est une
espèce d'almanach qui a cours dans tout l'empire.
Les présidents directeurs de l'observatoire impérial
doivent apporter les plus grands soins dans l'observation et le calcul des éclipses. Plusieurs mois aupa-
ravant ils doivent informer l'Empereur, par une re-
quête, du jour, de l'heure et de la partie du ciel où
l'éclipse aura lieu, et lui annoncer en même temps sa

23.

grandeur et sa durée. Ce phénomène doit être calculé sur la latitude et la longitude de chaque province. Ces observations, ainsi que le type qui représente l'éclipse, sont gardées par le ministère des rites, qui a soin de les faire passer dans les provinces et dans toutes les villes de l'empire, afin que l'observation puisse être faite avec les formes prescrites. Les présidents de l'observatoire sont subordonnés au ministère des rites, qui est chargé d'examiner si l'on ne présente rien de contraire aux usages, aux cérémonies accoutumées, et qui puisse troubler l'ordre établi parmi le peuple pour chaque saison (5e rang, 1re classe). Ils sont au nombre de deux, un Tartare et un Chinois.

Khong-mou.

Archivistes de l'académie préposés à la garde des archives (8e rang, 2e classe). Ils sont au nombre de deux, un Tartare et un Chinois.

Kia-cheou.

Officiers auxiliaires des li-tchang : sont nommés par les conseils municipaux. Ils font, sous la direction du li-tchang, la police rurale des communes. Ils sont chargés de veiller, comme nos gardes champêtres, à la conservation des récoltes, des fruits de la terre, à l'entretien des haies, etc. Ils arrêtent et conduisent devant le li-tchang les individus qu'ils surprennent en flagrant délit.

Kiai-tao-oua-men-sse.

Chefs du bureau des agents voyers, chargés de l'entretien des routes et des grands chemins.

Kiai-youen.

Lettrés du 2ᵉ rang.

Kiao-cheou.

Recteurs du département à Pé-king. Il y en a deux, un Mantchou et un Chinois. Toutes les écoles de Péking sont placées sous leur surveillance immédiate (7ᵉ rang, 2ᵉ classe). Les kiao-cheou sont aussi directeurs des études dans les départements; ils sont au nombre de cent quatre-vingt-neuf.

Kiao-yu.

Recteur du district. Magistrat préposé à l'éducation publique du district et chargé de la surveillance immédiate de toutes les écoles. Il vérifie les certificats des étudiants qui veulent être admis à subir le premier examen. Il arrête la liste des candidats et maintient par ses règlements l'ordre, la discipline, l'équité; il est à la fois le précepteur et le tuteur de tous les bacheliers du district; il corrige tous les mois leurs compositions. Ministre du culte particulier que les Chinois rendent à Confucius, il est chargé de rassembler, à des époques fixes, les bacheliers du district, et leur explique le Ching-yu-kouang-hiun (8ᵉ rang, 1ʳᵉ classe).

Kia-tchang.

Chef de famille. Le kia-tchang peut compter dans sa famille 1° sa femme; 2° ses enfants; 3° ses parents ou alliés s'ils vivent chez lui; 4° ses domestiques (kia-jin), c'est-à-dire les individus, sans distinction de sexe, qu'il peut acheter; 5° enfin tous ceux dont il a loué pour un temps le travail et les services. La femme, les enfants et les parents du kia-tchang sont d'une condition honorable (leang-jin). Tous les serviteurs du kia-tchang, achetés ou gagés, sont d'une basse condition (tsien-jin). Tout kia-tchang ou chef de famille est tenu d'avoir un men-pai ou une tablette sur laquelle il inscrit ou fait inscrire les noms de tous les individus qui habitent avec lui sous le même toit. Chaque men-pai doit indiquer 1° le nom et le surnom du kia-tchang, son âge, sa profession, et, s'il est commerçant, le nom et le surnom du régisseur, la nature du commerce, le nombre des commis, les noms, les surnoms et l'âge des commis; 2° le nom et l'âge de sa femme; 3° les surnoms et l'âge de ses fils; 4° les surnoms et l'âge de ses filles; 5° les noms, les surnoms, l'âge et le domicile primitif de ses domestiques ou des personnes dont il a loué les services; et 6° le nombre total des individus qui habitent avec lui. Les men-pai servent à former les hou-tsi, ou registres des familles, qui sont tenus par le greffier du hou-fang, ou bureau des finances. Tous les documents réunis des hou-tsi concourent à composer le hoang-thse, ou

le registre impérial sur lequel figure l'état exact de
la population de l'empire. Chaque communauté a un
conseil municipal composé des kia-tchang, chaque
kia-tchang est de droit membre de ce conseil. Les
attributions des conseils municipaux de la Chine sont
1° de nommer les magistrats et les officiers municipaux
chargés de veiller aux intérêts de la communauté;
2° de s'occuper des besoins locaux et des intérêts de
la communauté; 3° de régler et de fixer, sous la présidence du pao-tching, toutes les dépenses municipales; de voter les contributions qu'on nomme hoei-
tsien, et qui ont pour objet de subvenir aux besoins
ordinaires des municipalités; de pourvoir à l'entretien des temples; de délibérer sur l'établissement des
écoles; de faire face aux dépenses extraordinaires
et imprévues. Un certain nombre de kia-tchang sont
désignés par les conseils municipaux pour concourir,
sous les ordres du pao-tching, au maintien de l'ordre, des mœurs et des rites. Ils sont les officiers auxiliaires du pao-tching. Ces fonctions sont gratuites
(Bazin).

Kien-men.

Portiers des palais impériaux.

Kien-tcha-yu-sse.

Commissaires impériaux des salines.

Kien-thao.

Académiciens chargés de la correction et de la

révision des ouvrages (7ᵉ rang, 2ᵉ classe). Leur nombre est illimité.

Kieou-men-thi-tou.

Gouverneur militaire de Pé-king. Il est à la fois le protecteur du palais impérial et le grand constable de la ville de Pé-king. Il répartit dans l'intérieur de la capitale, qu'il organise militairement, les troupes des huit bannières; il désigne lui-même les quartiers qu'elles doivent occuper. Il a dans sa juridiction la grande police, c'est-à-dire la police du palais impérial. Il exclut ou doit exclure du palais tous les militaires qui ont subi une condamnation; il forme des compagnies et des subdivisions de compagnies spéciales, c'est-à-dire composées de militaires réunissant autant que possible les qualités exigées par les règlements. Il transmet aux officiers de la garde intérieure et de la garde extérieure les ordres nécessaires pour assurer les jours du souverain; il fait prendre le signalement des ouvriers qui travaillent dans le palais impérial; il délivre lui-même les cartes d'entrée; il est, aux termes des règlements, le directeur général de la police métropolitaine. Chargé de toutes les mesures qui intéressent le maintien de l'ordre dans la capitale, il correspond tantôt avec les premiers présidents du ministère de la guerre, tantôt avec le conseil privé. Instruit d'une calamité publique ou de faits importants, il en informe directement l'Empereur. Il nomme et révoque les commissaires de po-

lice, qui sont tous d'origine tartare. Il a les clefs de
la ville impériale. Il doit vérifier, tant par lui-même
que par ses inspecteurs, si les agents de police s'acquittent de leurs devoirs avec soin et avec exactitude.
Il fait des rondes de nuit. Les maisons de jeu et les
maisons de débauche sont particulièrement l'objet
de sa surveillance. Si, chose infiniment rare à
Pé-king, des rassemblements prennent le caractère
d'une sédition, il doit employer tous les moyens de
persuasion pour apaiser l'émeute; il peut arrêter ou
faire arrêter les chefs ou les provocateurs des attroupements. C'est au gouverneur militaire que la loi
confie la surveillance et la garde des hou-tse ou des
registres contenant les noms, la profession et l'âge
de tous les individus de l'un et de l'autre sexe qui
résident à Pé-king. Ces registres sont déposés à la
préfecture de police (thi-tou-ya-men). Il opère conjointement avec les commissaires de police le recensement de la population; dans la capitale, ce recensement a lieu deux fois par an; il autorise les
inhumations; toute inhumation non autorisée donne
lieu à une amende considérable. S'il existe dans la
capitale une maladie contagieuse ou une épidémie, il
en informe le tai-y-youen ou l'académie de médecine
par un rapport, le public par des affiches. Il fait distribuer des substances médicales aux pauvres. Il publie des règlements de police et prescrit des mesures
sanitaires pour maintenir l'ordre de la classe inférieure et arrêter les progrès de l'épidémie. Il doit

chercher à prévenir les incendies; l'autorité dont il est revêtu impose à tous ses agents une surveillance active. Enfin, il est chargé de l'entretien de la préfecture de police (thi-tou-ya-men) et des kouan-ting ou des bureaux des commissaires. (Bazin.)

Ki-kiun-sse.

Chefs du bureau du personnel : sont chargés de la surveillance de la conduite privée des mandarins; ils s'occupent aussi de leur succession dans le cas où ceux-ci n'ont pas d'héritiers directs. Les changements de nom ou la prise d'un surnom doivent leur être communiqués. L'entrée en fonctions des mandarins ou leur sortie sont du ressort de ce bureau, qui publie quatre fois par an la liste de tous les fonctionnaires de l'empire, en indiquant tous les mouvements du personnel. Ils doivent recevoir toutes les demandes de congé qu'ils soumettent aux directeurs du personnel.

Ki-kiun-che-jin.

Adjoints aux ki-kiun-sse.

King-li.

Secrétaire général de la mairie de Pé-king (7e rang, 2e classe).

King-kiao.

Secrétaires des préfets.

King-iu-kouan.

Professeurs de belles-lettres.

King-yu-po-sse.

Professeurs de littérature.

Kin-thia-kien.

Vice-présidents du bureau de l'observatoire impérial (5ᵉ rang, 2ᵉ classe) : sont au nombre de quatre, dont deux Chinois et deux Tartares.

Kin-tse.

Geôlier chargé de garder la prison qu'on appelle kien.

Ki-sse-tchong.

Messagers de l'Empereur (5ᵉ rang, 1ʳᵉ classe).

Kiun-ki-kiun.

Inspecteurs des armes et effets militaires.

Kiun-ki-ta-kouan.

Ministres d'État, membres du conseil privé, préposés à la direction *de la machine gouvernementale* (texte chinois). Ils président à la confection des édits impériaux, des ordonnances de l'autorité souveraine, en même temps qu'ils veillent aux besoins généraux de la nation et de l'armée, afin d'aider l'Empereur dans le gouvernement de l'empire. Tous les jours ils se rendent dans l'enceinte du palais impérial interdit au public, pour y être à la disposition de l'Empereur. Lorsque les affaires ont été expédiées et que les eunuques ont fait connaître les intentions de l'Empe-

reur, chaque membre se retire. Il n'y a point d'heure
fixe pour l'audience de l'Empereur. Quelquefois
l'Empereur ne convoque ce conseil qu'une fois par
jour, quelquefois plusieurs. Quand ces ministres
d'État arrivent en présence de Sa Majesté, ils étendent une natte par terre sur laquelle il leur est permis de s'asseoir. Les matières sont ensuite soumises
à chaque membre, qui reçoit en même temps les différentes cédules sur lesquelles on a exprimé une décision différente ; chacun donne son avis, en indiquant
la décision qui lui paraît préférable ; et avant que
l'Empereur ait fait connaître sa volonté par l'empreinte du pinceau de vermillon, tous les membres
du conseil lui présentent respectueusement, avec les
deux mains, la cédule qu'ils ont adoptée et se reti-
rent à leur place pour y attendre la décision souveraine. Dès que les décisions sont reçues, la séance est
levée. Les membres du conseil privé accompagnent
l'Empereur lorsqu'il se rend à sa résidence de Yuen-
ming-yuen, ou lorsqu'il voyage. Chaque fois que des
édits qui découlent de l'initiative du souverain, ou
des manifestes de la volonté impériale (tchï), ou décisions prononcées sur une demande, une pétition, etc., doivent être promulgués, après avoir été
rédigés dans les formes voulues par le conseil des
ministres d'État ; ils sont ensuite transmis au cabinet
(neï-ko). Lorsqu'un acte public sorti du sein du conseil privé est destiné à être mis à exécution promptement, il doit être tenu secret ; il ne passe pas,

comme les autres, par le cabinet (nei-ko); il est scellé
et remis ensuite au bureau spécial du ministère de
la guerre chargé des dépêches (que portent des cavaliers tartares), pour être expédié à sa destination. En
cas d'urgence et dans les circonstances graves, ces
courriers font jusqu'à soixante lieues par jour. Toutes
les fois qu'un ordre impérial doit être réservé pour
des circonstances déterminées, il est inscrit sur un
registre spécial et conservé soigneusement; l'époque
de son exécution arrivée, il est extrait du registre et
présenté de nouveau à l'Empereur, qui agit suivant
son bon plaisir (texte). Si l'affaire est d'une nature
qui demande le secret, alors le document est scellé
du sceau de l'État, et quand le moment est arrivé le
sceau est brisé et l'édit reçoit alors son exécution.
Les membres du conseil privé sont encore appelés à
délibérer sur les affaires les plus importantes du gouvernement; à éclairer en temps de guerre les opérations militaires, après s'être procuré les renseignements les plus exacts possibles sur les montagnes,
les fleuves, les routes, les distances des pays qui doivent être le théâtre de la guerre; de faire fournir à
l'armée en campagne les armes, les chevaux, les
provisions dont elle pourrait avoir besoin; de présenter à l'Empereur les noms des mandarins civils
ou militaires portés sur les listes de promotion ou
mentionnés pour des actes méritoires. Ils sont aussi
chargés de distribuer les présents accordés annuellement aux résidents politiques envoyés dans les États

dépendant de la Mongolie intérieure, comprenant
quarante-neuf bannières, et de la Mongolie extérieure,
y compris le Turkestan chinois et le Thibet. La distribution des présents aux envoyés des princes mongols et autres leur est aussi dévolue, à l'exception
de certains dons fixes et déterminés réservés au département des rites. Les membres du conseil privé
sont en nombre illimité. Mais ceux qui résident dans
la capitale sont au nombre de trente-deux, seize Chinois et seize Tartares. Ils sont choisis parmi les ta-hio-
sse mantchoux et chinois, les présidents des divers
ministères, les vice-présidents et autres grands fonctionnaires résidant à Pé-king. (PAUTHIER.)

Kong-pou-chang-chou.

Présidents du ministère des travaux publics. Sont
chargés de tout ce qui concerne les palais, jardins,
maisons de plaisance, sépultures de l'Empereur; les
palais des princes, les murs des villes, les greniers
publics, les tribunaux, les maisons que le gouvernement donne aux différents mandarins, etc.; les car-
rières, les briqueteries, les fours à chaux, les forges,
les forêts et le transport des bois; les manufactures
impériales des étoffes, de la faïence, et leur police
et administration; la forme légale à donner aux choses et objets, comme les vases, les instruments de
diverses sortes; les étoffes de toute nature à l'usage
du gouvernement ou pour l'accomplissement des cérémonies religieuses officielles; les rivières, canaux,

digues, écluses, réservoirs, ponts, barques de transport, voitures, etc.; les mines de charbon de terre,
les coupes de bois de chauffage, et en général toutes
les provisions pour l'Empereur, sa maison, les officiers et les mandarins à qui la cour en donne; les
ateliers où l'on travaille pour l'Empereur et les magasins où l'on met tout ce qui est fait pour lui; ce
qui concerne les desséchements des marais, l'entretien des levées, des digues et des autres ouvrages
pour faciliter l'arrosement du riz et la culture des
terres; toutes les dépenses et les provisions ordinaires et extraordinaires pour les autres ministères;
les armes et les munitions que demande le ping-pou
en temps de guerre; tous les ouvrages publics, etc.,
les rues, les chemins publics, etc. Les affaires importantes de ce ministère sont transmises par les
présidents au cabinet (nei-ko). Les autres affaires
sont expédiées directement. Les présidents du kong-
pou sont du 1er rang, 2e classe. Ils sont au nombre
de deux, l'un Mantchou, l'autre Chinois.

Kong-pou-che-leang.

Vice-présidents du kong-pou ou ministère des travaux publics (2e rang, 1re classe); sont au nombre
de quatre, dont deux Chinois et deux Mantchoux.

Kong-pou-sse-tsiang.

Agents du ministère des travaux publics (9e rang,
2e classe).

Kong-tchou.

Officier présidant à la cérémonie du mariage de la fille de l'Empereur.

Kong-tso-tsan-kiun.

Officier chargé de l'enregistrement des actes privés.

Ko-tao-tcha-yuen-yu-che.

Censeurs des provinces.

Kouei-kien-tou.

Surintendant des douanes.

Kouang-lou-sse-king.

Directeurs de l'intendance des provisions de bouche pour la maison impériale, et de celles qui sont nécessaires dans les cérémonies publiques. En dehors de ces fonctions spéciales, ces intendants sont chargés de l'entretien des ambassadeurs étrangers lorsqu'ils viennent en Chine (3ᵉ rang, 2ᵉ classe). Ils sont au nombre de deux, dont un Mantchou et un Chinois.

Kouang-lou-sse-cha-king.

Sous-intendants des provisions de bouche pour la maison impériale, et de celles qui sont nécessaires dans les cérémonies publiques (5ᵉ rang, 2ᵉ classe). Ils sont au nombre de quatre, dont deux Mantchoux et deux Chinois.

Kouang-lou-sse-chu-tching.

Employés principaux de l'intendance des provi-

sions de bouche pour la maison impériale (6ᵉ rang,
1ʳᵉ classe).

Kouang-lou-sse-chu-tchin.

Employés secondaires de l'intendance des provisions de bouche pour la maison impériale (6ᵉ rang,
2ᵉ classe).

Kouan-tsang.

Inspecteur du grenier du district.

Kouan-yin.

Gardien du sceau du district. Agent subalterne du
chef du district. La boîte dans laquelle on conserve
le sceau du district est recouverte d'une toile jaune.

Koue-tsée-kien-tsi-tsieou.

Proviseurs du collége impérial. Sont chargés de
l'éducation des fils des grands de l'Empire et des
princes étrangers. Les élèves restent six ans dans ce
collége et payent 100 leang par an (800 fr. de notre
monnaie). On y enseigne les langues chinoise, mantchoue, mongole et russe. Il y a aussi des cours de
mathématiques. L'Empereur visite ce collége une
fois par an. Les proviseurs de ce collége sont du
4ᵉ rang, 2ᵉ classe. Ils sont au nombre de deux; l'un
Chinois, l'autre Tartare.

Koue-tsée-kien-sse-nie.

Professeurs du collége impérial (8ᵉ rang, 1ʳᵉ classe).
Sont chargés de l'enseignement des cours qui sont
suivis dans le collége.

24

Koue-sse-kouan.

Historiographes de l'Empire, chargés de recueillir les pièces authentiques d'après lesquelles la commission nommée par le fondateur d'une dynastie nouvelle entreprend de rédiger l'histoire générale de la dynastie éteinte. Leur nombre n'est pas limité.

Kou-ta-sse.

Trésoriers des receveurs généraux de province. Sont chargés, en outre, de l'administration des magasins publics (8ᵉ rang, 1ʳᵉ classe).

Lang-tchong.

Huissier introducteur près les divers ministères (5ᵉ rang, 1ʳᵉ classe).

Leang-tao.

Collecteurs des grains.

Leang-tchou-tao.

Commissaire inspecteur des grains.

Li-mou.

Professeurs agrégés du collége impérial de médecine, chargés du service médical des palais impériaux, et spécialement de l'enseignement des cours de médecine, qui sont au nombre de six, savoir : la séméiotique, la pathologie, la thérapeutique, l'histoire naturelle des médicaments, la médecine chirurgicale et l'anatomie (8ᵉ rang). Sont au nombre de trente.

Li-mou.

Secrétaire des magistrats.

Li-fan-youen-chang-chou.

Présidents du bureau des colonies étrangères. Ils sont chargés de l'administration des populations de races diverses dépendant de l'Empire chinois et situées au delà de ses anciennes frontières; ils règlent les honneurs et les émoluments attribués aux chefs de ces États; les rapports de ces chefs avec l'Empire, les tributs qu'ils doivent payer, les troupes qu'ils doivent avoir sous leur commandement, les postes militaires qu'ils peuvent occuper; ils fixent leurs visites à la cour de l'Empereur, ainsi que les peines qu'ils encourent en manquant à leurs devoirs de vassaux de l'Empire. Les présidents et vice-présidents délibèrent ensemble sur toutes les affaires de cette espèce de département. Si ces affaires sont importantes, elles sont renvoyées au conseil privé; si elles ne le sont pas, elles sont expédiées directement. Ces présidents sont au nombre de deux, un Chinois et un Mantchou.

Li-pou-chang-chou.

Présidents du ministère des offices ou des fonctionnaires civils. Sont chargés de tout ce qui concerne la distribution des emplois civils, l'ordre ou le rang des fonctionnaires ou mandarins, leurs honneurs, leurs droits, leurs préséances respectives. Ils doi-

24.

vent faire observer strictement les lois qui fixent le
partage des emplois entre les Chinois, les Tartares et
les Mongols, et qui indiquent la manière dont les uns
doivent succéder aux autres ou les remplacer selon
l'exigence des cas. Ils ne doivent négliger aucune
précaution, aucune information quand il s'agit de la
promotion d'un mandarin, de la distribution d'une
récompense, ou bien d'un abaissement de grade,
d'un retranchement de revenus ou d'une cassation.
Tout ce qui regarde les absences, les congés, les
maladies, les suppléances, les voyages en cour, res-
sortit à leurs attributions. La confession des fautes,
les accusations, le temps qu'on reste dans chaque
emploi, les raisons de se retirer, comme maladie,
vieillesse, etc.; celles d'interrompre ses fonctions,
comme deuil, funérailles, etc., sont fixées par des
règlements spéciaux que les présidents du li-pou sont
chargés de faire exécuter. Les présidents du li-pou,
assistés des vice-présidents, dirigent eux-mêmes
l'administration de ce département. Cependant, si
les affaires sont très-importantes, elles sont soumises
à l'Empereur (1er rang, 2e classe). Ils sont au nombre
de trois, dont un Mantchou et deux Chinois; l'un
d'eux est premier président. Cette création est nouvelle; autrefois il y avait deux présidents.

Li-pou-chang-chou.

Présidents du ministère des rites; sont chargés de
tout ce qui regarde 1° le cérémonial en général, l'éti-

quette, les usages pour tout ce qui a trait à l'Empereur, à l'Impératrice, aux Princes et à tous leurs
enfants; 2° les honneurs dont jouissent les princes,
les grands, les mandarins; les divers ornements de
leurs habits; de ceux de leurs épouses, le nombre de
personnes qu'ils ont à leur suite, etc.; 3° les cérémonies annuelles et particulières du palais, les fêtes
extraordinaires, les mariages, etc.; la manière de
recevoir les édits, déclarations, ordonnances, ordres
de l'Empereur, de les publier, afficher, etc., de présenter des mémoires, requêtes, remercîments, accusations; d'aller au-devant des envoyés de Sa Majesté; 4° les sceaux, patentes, etc.; 5° les repas des
villes donnés quand les lettrés sont admis aux grades
ou à la réception des nouveaux mandarins, etc.; 6° la
manière de fournir à la subsistance des vieillards,
de secourir les veuves et les orphelins, de pourvoir
à la sépulture des pauvres; 7° le cérémonial des princes, des ministres, des grands officiers de la couronne,
des députés des tribunaux, des mandarins, des nouveaux *han-lin* lorsqu'ils sont admis en présence de
l'Empereur, et les égards réciproques qu'ils se doivent; 8° la police, l'administration, les examens des
différents collèges et écoles de l'Empire; 9° les cérémonies religieuses de l'Empire, les sacrifices au
Chang-ty; les prières pour les biens de la terre, la
cérémonie du labourage, les vœux pour la pluie; les
actions de grâces pour la moisson; 10° les cérémonies
dans les salles des empereurs de toutes les dynasties,

dans celle de Confucius et aux sépultures de la famille
régnante; 11°: le rite du deuil et de la sépulture pour
l'Empereur, l'Impératrice, les princes, les grands et
toutes les personnes qui doivent y prendre part;
12° la musique des cérémonies religieuses, des fêtes
de la cour, des réjouissances du palais, etc.; 13° la
réception et les audiences accordées aux ambassadeurs des princes étrangers qui viennent rendre
hommage ou porter les tributs, le festin qu'on leur
donne à la cour et ce qu'elle leur assigne pour les
frais de leur voyage, etc.; 14° le cérémonial observé
dans les fêtes publiques à l'occasion d'un événement
considéré comme heureux, tel que l'avénement au
trône d'un nouvel empereur, etc.; 15° le cérémonial
observé dans les préparatifs de guerre, les revues de
troupes, etc.; lors de la cérémonie du labourage,
après que l'Empereur a labouré trois sillons, le président du li-pou l'invite à monter sur le kouan-ken-
tai (cabinet élevé et ouvert), et l'y conduit par l'escalier du milieu. Quand le labourage est terminé, le
président du li-pou vient informer Sa Majesté que la
cérémonie est finie. Les présidents de ce ministère
sont au nombre de deux, dont un Mantchou et un
Chinois (1er rang, 2e classe).

Li-pou-chi-lang.

Vice-présidents du ministère des rites (2e rang,
1re classe), sont au nombre de quatre, dont deux Chinois et deux Mantchoux.

Li-pou-chi-lang.

Vice-présidents du ministère des offices; dirigent
avec les chang-chou ou présidents les affaires de ce
département (2ᵉ rang, 1ʳᵉ classe); sont au nombre de
quatre, dont deux de la droite, l'un Mantchou et l'autre Chinois et deux de la gauche, l'un Chinois et l'autre Mantchou.

Li-pou-sse-yi-hoei-thong-kouan-ta-sse.

Principaux traducteurs du bureau de traduction,
attachés au ministère des rites (9ᵉ rang, 1ʳᵉ classe).

Li-tchang.

Officier municipal chargé particulièrement de la
police rurale du district; ses fonctions sont de fournir
au greffier du li-fang (bureau des rites) ou à son commis les documents et les indications nécessaires pour
la tenue des registres nommés youen-tsi, c'est-à-dire
des registres contenant les noms, la profession et
l'âge de tous les habitants qui ont acquis leur domicile dans une commune; de convoquer et de présider
les conseils municipaux ou les assemblées des kia-tchang (chefs de famille), toutes les fois que ces conseils ont à délibérer sur des objets ou à s'occuper des
matières qui rentrent dans les attributions des li-tchang; de protéger les intérêts et de stimuler le
zèle des cultivateurs; de signaler au tchi-hien ceux
qui négligent les travaux agricoles ou adoptent un
mauvais système de culture; de signaler particulière-

ment à ce magistrat les propriétaires dont les domaines resteraient improductifs; de veiller au maintien des chemins vicinaux; d'encourager dans l'intérêt de l'agriculture et de la prospérité générale le défrichement des terres incultes et la plantation des mûriers; de statuer à l'amiable, et quand ils en sont requis, sur les contestations qui peuvent s'élever entre les propriétaires; d'opérer conformément aux lois fiscales la répartition de l'impôt territorial, c'est-à-dire des impôts, soit en nature, soit en argent, que le gouvernement exige des propriétaires fonciers; de prendre toutes les mesures et de faire toutes les diligences pour parvenir à une équitable répartition; de vérifier, comme nos commissaires répartiteurs, et de rectifier, quand elles sont inexactes, les déclarations des contribuables; de se transporter sur les lieux; d'opérer le classement des fonds ou des propriétés de chaque nature à raison de la fertilité du sol et de la valeur des produits; de fournir au tien-sse, ou chef de la police administrative, les renseignements nécessaires pour l'arpentage des terres et l'évaluation des revenus imposables; de signaler au chef du district les propriétaires qui se dispensent frauduleusement de payer l'impôt territorial; d'avertir le tchi-hien ou le préfet du district lorsqu'un propriétaire élève un tombeau sans autorisation, lorsqu'il met en culture un terrain dans lequel le corps d'un parent ou d'un individu étranger à sa famille a été déposé; de faire la visite des terres lorsque des événements de force

majeure, tels que le débordement des eaux, une trop
grande sécheresse, un incendie, une invasion de sau-
terelles, une gelée hors de saison, ou la grêle, ont
frappé sur la commune qu'ils administrent; de dresser l'état des contribuables qui ont éprouvé des per-
tes, de recevoir comme percepteurs des contributions,
et d'après le mode réglé par la loi, les impôts en argent auxquels les habitants des communes peuvent
être assujettis; de transmettre aux contribuables les
avertissements et les quittances du hou-fang (bureau
des finances); de recevoir et de signer les contrats
de vente ou d'échange, lorsque la vente ou l'échange
a pour objet un fonds de terre, une maison, un bâtiment quelconque; de remplir les formalités prescrites
par la loi; de maintenir l'exécution des règlements
concernant les ventes à réméré et les prêts sur hypothèque; d'assurer et de faciliter la perception de l'impôt du timbre, impôt qui frappe rigoureusement tout
acte translatif de la propriété immobilière; d'assurer
dans toutes les provinces où les taxes se perçoivent
en nature (dans le Chan-tong, le Ho-nan, le Hou-pe,
le Kian-si, le Tche-kiang, le Kian-nan, le Fou-kien)
et de faciliter le recouvrement des impôts auxquels
les habitants des communes peuvent être soumis; de
rechercher, comme officier de police judiciaire, toutes
les contraventions qui portent atteinte aux propriétés
rurales; de veiller à la conservation des récoltes et
des fruits, d'arrêter ou de faire arrêter tous ceux qui
commettraient des vols. Les li-tchang sont nommés

par les kia-tchang ou chefs de famille. Ces fonctions
sont conférées à vie, les li-tchang appartiennent presque tous à la classe des cultivateurs; cependant ils
peuvent être choisis dans les autres classes; car en
Chine le droit d'élire et d'être élu est la prérogative
du plus pauvre comme du plus riche, et ne sont exclus
des fonctions municipales que ceux qui ont subi une
condamnation, ou les gens d'une inconduite notoire
(BAZIN).

Li-wen.

Secrétaire des inspecteurs des finances.

Lou-ko.

Sous-censeurs.

Ma-khouai.

Courrier; on l'appelle aussi tsien-li-ma. Il est chargé
de transmettre au préfet du département les dépêches
du district.

Ma-kouan-tien-tou.

Chef du ma-kouan ou bureau des chevaux; est
sous les ordres directs du han-tong-kouan.

Men-chang.

Huissiers de district. Ils gardent les portes du tribunal et sont chargés de la police intérieure; il y en
a trois ou quatre dans une préfecture.

Nan-ho-tsong-tou.

Surintendant des rivières du sud. (Voir page 184.)

Nei-ko-tchong-chou.

Secrétaires du cabinet (nei-ko).

Ngan-tcha-sse.

Grands juges ou juges criminels. Ont quatorze assesseurs pour les affaires générales, dix-huit pour visiter les prisons et vingt-sept pour faire les informations juridiques. Sont au nombre de dix-huit, dont un par province (3ᵉ rang, 2ᵉ classe).

Pao-tching.

Chef de la police municipale du district. Les fonctions ordinaires des pao-tching sont : de fournir au greffier du hou-fang (bureau des finances), ou à son commis, les documents et les indications nécessaires pour le recensement des communes, la vérification des men-pai et la tenue des registres nommés hou-tsi, c'est-à-dire des registres qui contiennent les noms, la profession et l'âge de tous les habitants d'une ville, d'un bourg ou d'un village; d'inscrire d'office ou plutôt de faire inscrire sur les registres de la population les personnes de l'un ou de l'autre sexe qui omettent ou négligent de se faire enregistrer; de convoquer et de présider les conseils municipaux ou les assemblées des kia-tchang (chefs de famille), toutes les fois que ces conseils ont à délibérer sur des objets ou à s'occuper de matières qui rentrent dans les attributions des pao-tching; d'informer les tchi-hien ou le préfet du district du résultat des élections munici-

pâles; d'imposer, après le consentement ou le vote
des kia-tchang ou des chefs de famille, les contributions nommées hoei-tsien (impôt municipal), afin de
pourvoir aux besoins et aux dépenses des municipalités, comme aussi d'ouvrir et de provoquer les sou-
scriptions volontaires (kiouen-tse) pour faire face aux
dépenses extraordinaires ou imprévues; de prescrire,
comme ministres du culte officiel, toutes les mesures
nécessaires pour la célébration des fêtes religieuses;
d'offrir dans les temples tous les sacrifices qu'ils
jugent à propos d'y faire; de maintenir dans les
réunions publiques et dans les fêtes de village (chan-
hou) l'exécution des règlements concernant la préséance, les prérogatives de l'âge et le rang des personnes; de signaler au chef du district les habitants
que l'on doit exempter du service personnel; de
maintenir, comme officiers de police, le bon ordre
dans les communes et de garantir la tranquillité des
habitants; d'interdire les réunions illicites; de rechercher et de traduire devant le gouverneur du district les membres des sociétés secrètes; de surveiller
les mendiants, les vagabonds et les gens sans aveu;
d'expulser de leurs communes : les individus étrangers au district lorsque ces individus leur deviennent
suspects ou tiennent une conduite équivoque; 2° les
magiciens qui évoquent les esprits et font du mal aux
hommes; 3° les charlatans qui, sans avoir fait une
étude particulière de la sorcellerie, tirent néanmoins
l'horoscope des individus et annoncent mensongère-

ment les événements heureux ou malheureux; de ré-
primer les atteintes portées aux bonnes mœurs; d'interdire tout ce qui pourrait favoriser la débauche, et
si des femmes de mauvaise vie (tchang-fou) s'établissent malgré eux dans les communes qu'ils administrent, d'en donner avis au tchi-hien ou au siun-
kien; de surveiller l'exécution des règlements qui
prohibent les maisons de jeu; l'exécution des règlements sur la police de nuit; l'exécution des règlements sur la police des cimetières; l'exécution des
règlements sur la police des tavernes; d'apaiser les
querelles, d'arrêter et de traduire devant les autorités compétentes (le tchi-hien ou le siun-kien) tous
ceux qui exercent des voies de fait ou des violences
contre les personnes; de rechercher tous les atten-
tats contre les particuliers; de rassembler les preuves
des crimes, des délits et des contraventions; de recevoir à ce sujet les rapports, les dénonciations et
les plaintes; d'avertir sur-le-champ le tchi-hien ou
préfet du district lorsqu'un individu a péri d'une
mort violente; d'interdire la vente des poisons et des
substances vénéneuses, la vente des breuvages qui
procurent l'avortement des femmes; de se présenter,
s'il y a lieu, dans l'officine des médecins à l'effet d'y
constater les contraventions; de signaler au préfet
du district les individus qui élèvent des animaux venimeux ou vendent, sans autorisation, des médicaments ou des drogues composées; d'arrêter ou de
faire arrêter les déserteurs, tous les individus qui

abandonnent le service militaire sans autorisation, et de les traduire devant le préfet du district; de signaler à ce magistrat les habitants chez lesquels ces déserteurs ont trouvé un asile; d'organiser dans leurs communes les y-kiun ou les corps de volontaires si le pays se trouve menacé d'une invasion. Les paotching sont au nombre de deux dans les bourgs, dans les villes il y en a un par rue de soixante à soixante-dix boutiques; il n'y en a qu'un dans les villages et hameaux. Les pao-tching sont élus par les kia-tchang ou chefs de famille; toutefois, chaque élection doit être validée par le préfet du district. Ces fonctions, essentiellement gratuites, ne peuvent donner lieu à aucune indemnité. Le pao-tching a le droit de faire des ordonnances et de publier des règlements qui ne peuvent être exécutés qu'avec l'autorisation du conseil municipal. (Bazin.)

Pe-ho-tao-tsong-tou.

Surintendant des rivières du nord. Voir page 180.

Pien-seou.

Académiciens chargés de recueillir et de rassembler les matériaux des ouvrages (6e rang, 2e classe). Le nombre des pien-seou est illimité.

Ping-pi.

Commissaire de la marine à Formose; il a le pouvoir de mettre les troupes en mouvement, et remplit les fonctions de ngan-tcha-sse.

Ping-pou-chang-chou.

Présidents du ministère de la guerre. Sont chargés de tout ce qui concerne les différents grades militaires; le degré de puissance de chaque officier, la police, les lois des huit bannières tartares et leurs promotions, etc.; les règles de la garde de jour et de nuit pour le palais intérieur et extérieur, les hôtels de ville, les tribunaux, les forts, citadelles, gorges, passages, murs et portes de ville; les tribunaux subalternes de la guerre, les habits militaires, les exercices à pied et à cheval, etc.; les examens militaires des officiers, des soldats, des candidats, etc.; les casernes tartares; la police des milices et troupes répandues dans l'Empire ou fixées dans les forteresses, dans les gorges des montagnes, sur les côtes; les règlements et ordonnances pour maintenir les gens de guerre dans le devoir en temps de paix, remplacer les morts, faire suppléer pour les malades et élever ceux dont la probité garantit le courage et décore les talents; les étapes, les voitures des troupes lorsqu'elles voyagent; les arsenaux, les magasins d'armes, toutes les munitions de guerre et de bouche, la fabrique de toutes les armes, tant offensives que défensives, la construction et l'entretien des barques et vaisseaux pour la guerre; les exercices, les manœuvres, etc., pour l'attaque et la défense; les mesures à prendre pour le transport des dépêches de l'État par des relais de postes militaires; le code mi-

litaire ou les lois en temps de guerre; les campements, etc.; enfin, la confection et la vérification des
contrôles de l'armée. Les affaires importantes de ce
département sont transmises par le président au cabinet (nei-ko), les autres affaires sont expédiées directement. Les présidents de ce ministère, comme
d'ailleurs les présidents des autres ministères pour
leurs fonctions respectives, sont chargés des présen-
tations à la cour des officiers de leur département.
Ces officiers doivent être en costume militaire, l'arc à
la main et le carquois sur l'épaule. Ce sont eux aussi
qui préparent les listes d'avancement et qui répar-
tissent l'armée chinoise dans tout l'Empire, par garnisons stables ou cantonnements. Le ministère de la
guerre est divisé en quatre grandes directions. Les
présidents du hou-pou ne sont pas des mandarins
militaires (1er rang, 2e classe). Ils sont au nombre de
deux, l'un Mantchou et l'autre Chinois.

Ping-pou-chi-leang.

Vice-présidents du ministère de la guerre (2e rang,
1re classe). Ils sont au nombre de quatre, dont deux
Chinois et deux Tartares.

Ping-pou-tchou-sse.

Greffiers du ministère de la guerre (6e rang,
1re classe), sont au nombre de cinq, dont quatre Mantchoux et un han-kiun. Il y a quarante Tartares et un
Chinois. On donne aussi ce titre aux dix écrivains
rédacteurs du cabinet (nei-ko).

Pou-kia.

Agents de police (à Pé-king). Ils sont établis sur tous les points de la capitale pour y maintenir le bon ordre, garantir la tranquillité des habitants, prévenir les délits, rechercher les contraventions. Nommés par les commissaires, ils exercent une surveillance continue. Ils vérifient les faits dont les commissaires trouvent la vérification utile. Ils doivent se prêter main-forte dans l'exercice de leurs fonctions. Ils fournissent aux étrangers (ouai-sin-ti-jin) les renseignements dont ceux-ci peuvent avoir besoin. Ils arrêtent et conduisent au corps de garde les voleurs et les malfaiteurs; ils arrêtent, conduisent ou font conduire à la préfecture, c'est-à-dire à la maison d'arrêt, tout individu qu'ils ont surpris en flagrant délit ou qui est dénoncé par la clameur publique, lorsque le délit emporte une peine très-grave. Ils surveillent spécialement les mendiants (tao-tsien-li-jin), les aventuriers (kouan-kouan-han), les escrocs, les orateurs ambulants (choué-chou-ty), les colporteurs d'écrits ou de gravures, ceux qui disent la bonne aventure, les jongleurs. Ils surveillent les maisons de débauche et les maisons de jeu. Ils ont le droit d'arrêter et de conduire au corps de garde tout étudiant pourvu d'un grade, tout fonctionnaire public, tout officier du gouvernement qui pénétrerait ou chercherait à pénétrer dans une maison de débauche ou dans une maison de jeu. Comme officiers de police judiciaire, ils doivent rechercher les délits et les contraventions.

25

Ils sont chargés de l'ouverture et de la fermeture des rues; ils arrêtent et conduisent au corps de garde toutes les personnes, sans distinction de rang, qui sortent de chez elles pendant la nuit, c'est-à-dire après neuf heures douze minutes du soir et avant cinq heures douze minutes du matin. Ils annoncent les veilles ou les heures de la nuit au moyen d'un instrument de percussion nommé *tchang-pou*. Ils sont spécialement chargés de prévenir et d'éteindre les incendies. Comme agents des commissaires, ils doivent vérifier avec une attention scrupuleuse les men-pai ou tablettes des kia-tchang; ils transmettent aux commissaires de police les déclarations de mariages et les déclarations de décès qui sont faites par les kia-tchang sur papier libre, et reçoivent à titre de salaire une somme de 90 centimes environ. Enfin, ils sont chargés d'apposer les affiches du gouvernement.

Pou-tching-sse.

Trésoriers généraux ou receveurs généraux des finances. Sont au nombre de quatorze. Le premier trésorier général du Kiang-nan est chargé de tout ce qui concerne les recettes et les dépenses en argent et en nature de la trésorerie générale de cette province, ainsi que les manufactures impériales de Soutcheou. Il est aussi chargé de vérifier les comptes financiers de toutes les provinces de l'Empire. Le second trésorier général du Tché-kiang a dans ses

attributions les recettes et les dépenses en argent et
en nature de la trésorerie générale de cette province,
ainsi que des manufactures impériales ; il est en même
temps chargé du recensement général de la population et de la comptabilité des greniers publics ; 3° le
trésorier général du Kiang-si est chargé de la trésorerie générale de cette province, ainsi que de la solde
en argent et en nature de l'armée dans toutes les provinces ; 4° le trésorier général du Fo-kien a dans ses
attributions les deux trésoreries générales du Fo-kien
et du Tchi-li, ainsi que la douane maritime de
Thien-tsin sur le Pe-ho ; 5° le trésorier général du
Hou-kouang est chargé des trésoreries du Hou-pé et
du Hou-nan, ainsi que du règlement des excédants
des impôts pour toutes les provinces ; 6° le trésorier
général du Chan-tong a dans ses attributions la trésorerie du Chan-tong, avec la comptabilité des trois
provinces orientales, celle du traitement en argent
et en nature des mandarins des huit bannières tartares et celle du produit des salines ; 7° le trésorier
général du Chan-si est chargé de la trésorerie de cette
province, et de l'apurement des comptes de recettes
et de dépenses annuelles de chaque province ; 8° le
trésorier général du Ho-nan a dans ses attributions
la trésorerie du Ho-nan, avec les subsides en nature
et en argent à la tribu mongole des Tchakhar ; 9° le
trésorier général du Chen-si a dans ses attributions
les trésoreries du Chen-si et du Kan-sou, avec les dépenses occasionnées par les nouvelles limites de la

25.

dernière de ces provinces, la culture et le commerce du thé, ainsi que les finances de la capitale, Pé-king; 10° le trésorier général du Sse-tchouan est chargé de la trésorerie générale de cette province, ainsi que des revenus des douanes; 11° le trésorier général du Kouang-tong a dans ses attributions la trésorerie de cette province et l'administration des huit bannières tartares; 12° le trésorier général du Kouang-si est chargé de la trésorerie du Kouang-si et de l'adminis- tration des mines de cuivre, d'étain, d'argent et de fer; 13° le trésorier général du Yun-nan a dans ses attributions la trésorerie du Yun-nan et le produit des mines, les transports des grains par eau, etc.; 14° le trésorier général du Kouei-tcheou est chargé de la trésorerie de cette province, des produits des taxes au passage des frontières pour l'importation et l'exportation des objets de commerce, et les tri- buts en nature payés par les provinces de l'Empire. Les trésoriers généraux sont aidés dans leurs fonc- tions par les tchi-fou, les tchi-hien, les li-tchang et les greffiers du hou-fang, ou bureau des finances. Les trésoriers généraux peuvent correspondre directe- ment avec le ministère des finances. Ils sont du 2° rang, 2° classe.

Pou-tching-tchi-sse.

Employés principaux des receveurs généraux.

Seng-lou-sse-tso-yeou-chen-chi.

Chefs supérieurs des bouddhistes (6° rang, 1re classe).

Seng-lou-sse-tching-yu-fou-yu.

Gardes du sceau attachés au monastère des prêtres de Bouddha.

Seng-lou-sse-tchu-keou.

Prédicateurs et commentateurs bouddhistes.

Seng-lou-sse-kong-king.

Prêtres bouddhistes.

Seng-lou-sse-fou-tou-kong.

Directeurs en chef des monastères.

Seng-kong-sse-seng-tching.

Directeurs des monastères.

Sieou-tchouen.

Académiciens titulaires. Ils sont chargés de la rédaction habituelle des actes du gouvernement, ou de la composition des ouvrages d'érudition et de haute littérature publiés par l'Académie. Les actes du gouvernement sont ou des ordonnances (*tchi*), ou des décrets (*tchao*), ou des proclamations (*kao*), ou des lettres patentes (*tchi*). Les académiciens titulaires sont aussi chargés de la rédaction 1° des prières (*chou-wen*) que l'on récite dans les sacrifices, tant du premier ordre que du deuxième et du troisième; 2° des morceaux d'éloquence (*wen-tchang*) et des pièces de poésie (*fou-chi*) que l'on récite dans les fêtes; 3° des compliments de félicitation ou de condoléance que l'académie adresse à l'Empereur; 4° des épithalames à l'occasion du mariage des princes et des princesses du sang ; 5° des oraisons funèbres des empereurs, des impératrices et des membres de la famille impériale ; 6° des épitaphes ou des inscriptions (*pi-wen*) que l'on met sur les tablettes des mandarins décédés auxquels on accorde un titre honorifique posthume (chi) ; 7° des inscriptions particulières que l'on met sur les tablettes des patrons institués canoniquement par l'Empereur. On nomme ces inscriptions *yu-tsi-wen*. Le nombre des sieou-tchouen est illimité (6° rang, 2° classe).

Sieou-tsaï.

Bachelier.

Siun-kien.

Commissaire du district ; est le chef de la police judiciaire. Il fait arrêter et conduire à la préfecture les voleurs, les malfaiteurs, les vagabonds, les individus poursuivis par la clameur publique. Il parcourt les villages du district, à l'effet de rechercher les crimes et les délits ; il se fait escorter dans ses excursions par douze, quinze ou vingt gardes municipaux. Il a des bureaux qu'on appelle bureaux du commissaire. Il en a partout. Ces bureaux sont établis aux frais du gouvernement ; ici, dans un *tchin-tien*, bourgade où il n'y a que des marchands : là, dans un *ta-tsun-tchouang*, bourgade où il n'y a que des cultivateurs. Le commissaire du district reçoit les dénonciations ; quand il est dans son siége, il écoute les plaintes, interroge les prévenus, puis les parents, puis les voisins des prévenus; il rassemble les preuves des crimes et des délits. Il peut s'introduire dans les maisons pour y opérer des visites domiciliaires. Il connaît de toutes les contraventions de police, des rixes, des tapages nocturnes, des outrages à la pudeur. Il a le droit d'infliger la bastonnade; il juge et prononce la peine encourue par chaque coupable, seul, sans forme ni procédure. Les maisons de débauche et les maisons de jeu sont particulièrement l'objet de sa surveillance (9e rang, 2e classe).

Sse-chin-po-sse.

Astronome de l'observatoire impérial (9e rang, 2e classe).

Sse-chi-hio-lou.

Chefs d'institution littéraire (8e rang, 1re classe).

Sse-fou.

Surintendant de la manufacture de draps.

Sse-kouan.

Historiographe de l'empire.

Sse-mou-ling.

Employés du ministère de la guerre, contrôleurs des clercs et des messagers. Sont chargés des règlements concernant les ti-tang ou courriers de la couronne, qui portent les présents une fois par mois. Ces sse-mou étiquettent les dépêches reçues du dehors et les soumettent au conseil (nei-ko).

Sse-vou.

Directeurs du bureau chargé de l'arrivée et du départ des dépêches (8ᵉ rang, 1ʳᵉ classe).

Sse-yo.

Intendant des prisons de Pé-king.

Sse-yo.

Employés de l'intendance des sacrifices (9ᵉ rang, 2ᵉ classe).

Ta-hio-sse.

Grands chanceliers de l'Empire, membres du cabinet (nei-ko). Président à l'exécution des lois de l'État, délibèrent sur l'administration et le gouvernement de l'Empire; promulguent les décrets de l'Empereur, déterminent et arrêtent la forme des ordonnances, des décrets, des proclamations et des lettres patentes qui émanent de l'autorité souveraine; prennent connaissance de tous les documents officiels qui arrivent soit de la province, soit par l'entremise d'un des six ministères, et en font faire des duplicata avant de les présenter à l'Empereur. Quand l'Empereur se présente dans la salle d'audience du conseil pour s'occuper des affaires du gouvernement, le plus ancien des ta-hio-sse lui présente ces documents décachetés et ouverts. L'Empereur prend connaissance du contenu, ou plutôt s'en fait donner connaissance par un chi-tou-hio-sse, et en délibère avec son conseil. Dès qu'il a adopté une décision, elle est marquée par un ta-hio-sse du signe exécutoire. Chaque décision, inscrite à part sur une cédule, est annexée aux documents ou pétitions présentés. Toute décision qui doit être rendue publique est scellée d'un des vingt-cinq sceaux de l'Empereur. Un chancelier est chargé de cette fonction (1er rang, 1re classe). Ils sont au nombre de quatre, dont deux Mantchoux et deux Chinois. Deux grands chanceliers sont maintenant présidents de l'académie impériale des han-lin (voir pour ces fonctions l'article Han-lin-youen-tchang-youen-hio-sse). Les ta-hio-sse sont les premiers fonctionnaires de l'Empire.

Taï-chouï-sse.

Directeur des ponts et chaussées. A dans ses attributions l'administration des bacs, des digues et des jetées; il est chargé de la surveillance des eaux, du creusement et de l'entretien des canaux. Le grand canal impérial qui alimente la capitale en y transportant les denrées des provinces les plus éloignées, est aussi dans ses attributions, ainsi que les postes civils et militaires qui stationnent sur tous les points importants des routes et des canaux de l'Empire, pour maintenir la sûreté publique et veiller à la conservation des ouvrages d'art (3e rang).

Taï-kin.

Eunuques; jouissaient autrefois d'un grand pouvoir à la cour; mais depuis les derniers empereurs,

ils ne sont employés que pour les services domestiques, la garde des femmes, des jardins, des maisons
de plaisance et des sépultures.

Tai-tsee-tai-tsee.

Précepteur de l'héritier présomptif (1er rang,
2e classe).

Tai-tchao.

Greffiers de l'académie, chargés de l'examen et
du classement des pièces officielles; ils expédient et
gardent certains actes (9e rang, 2e classe); ils sont
au nombre de quatre, deux Tartares et deux Chinois.

Tai-tchang-sse-king.

Présidents de la cour des sacrifices. Sont chargés
de la direction des sacrifices et autres cérémonies
publiques et religieuses qui ont lieu à Pé-king
(3e rang, 1re classe). Sont au nombre de deux.

Tai-tchang-sse-chao-king.

Vice-présidents des sacrifices (4e rang, 1re classe);
sont au nombre de quatre; sont chargés de la direction des sacrifices et autres cérémonies publiques et
religieuses à Pé-king.

Tai-tsé-tai-fou.

Gouverneur de l'héritier présomptif (1er rang,
2e classe).

Tai-tsé-tai-pao.

Gardien de l'héritier présomptif (1er rang, 2e classe).

Tai-tsé-chao-fou.

Vice-gouverneur de l'héritier présomptif (2ᵉ rang, 1ʳᵉ classe).

Tai-tsé-chao-sse.

Vice-précepteur de l'héritier présomptif (2ᵉ rang, 1ʳᵉ classe).

Tai-tsée-chao-pao.

Vice-gardien de l'héritier présomptif (2ᵉ rang, 1ʳᵉ classe).

Tai-pou-sse-king.

Intendants des écuries impériales.

Tai-pou-sse-tchou-po.

Administrateurs des écuries impériales.

Tai-po-sse-chao-king.

Grand écuyer de l'Empereur (4ᵉ rang, 1ʳᵉ classe).

Tai-tse-lou-fou.

Les six gardiens de l'héritier présomptif de la couronne.

Tang-fang.

Employés du ministère de la guerre chargés de la tenue des registres de l'avancement et de l'emploi des militaires des bannières ou des lou-yng. Ils sont deux, un Mantchou et un Chinois.

Tang-yue-tchou.

Chef d'un bureau établi au ministère de la guerre

pour classer chaque mois, dater et expédier la correspondance pour l'extérieur ou pour tout grand ya-men de la métropole.

Tao-kou-ta-sse.

Inspecteurs des finances et des magasins publics.

Tao-sse.

Inspecteurs des provinces chargés de veiller sur la conduite particulière des mandarins.

Tao-lou-sse-tso-yeou-tching-i.

Chefs supérieurs des tao-sse (6ᵉ rang, 1ʳᵉ classe).

Tao-tai.

Intendants des circuits de rivière (voir page 180 et suivantes).

Ta-tsuen-hing.

Ministre du département des offices.

Ta-sse-ly.

Contrôleur des rangs officiels.

Ta-sse-tchu.

Directeur de la cour de l'étiquette et des honneurs.

Ta-sse-fong.

Directeur de la cour des investitures.

Ta-sse-fan.

Directeur des honneurs impériaux.

Ta-sse-tou.

Directeurs de la cour des hôtes.

Ta-sse-nong.

Directeurs de l'agriculture.

Ta-sse-to.

Directeurs des poids et mesures.

Ta-sse-tchou.

Directeurs des greniers.

Ta-sse-yu.

Directeurs des magasins.

Ta-sse-kin.

Directeur de la Banque.

Ta-sse-wen.

Directeur de l'hôtel des monnaies.

Ta-sse-tsin.

Directeur des monnaies.

Ta-ti-hing.

Directeurs de la cour des offices.

Ta-ti-tsong.

Grand régulateur des cérémonies.

Ta-tchou-yen.

Grand maître des sacrifices.

Ta-tin-pan.

Grand maître des cérémonies.

Ta-li-sse-ping-sse.

Membres de la haute cour de justice.

Tao-lou-sse-hing-fa.

Professeurs tao-sse.

Tao-lou-sse-tchi-ling.

Docteurs tao-sse.

Tai-tsée.

Fils aîné de l'Empereur. Le palais qu'il habite est appelé Tsin-kong.

Ta-li-sse-king.

Premiers présidents de la haute cour de justice. Cette cour est chargée de la révision des cas graves qui peuvent se présenter dans l'administration de la justice. Réunie à la cour des censeurs impériaux et au ministère de la justice, elle forme la cour des trois pouvoirs judiciaires, dont les attributions sont d'examiner les procès qui ont présenté quelques difficultés et soulevé quelque question de droit. Elle peut révoquer la sentence; mais, dans ce cas, elle prononce elle-même le jugement. Aux grandes assises d'automne, la haute cour de justice forme avec la cour des censeurs et la cour des référendaires, près du conseil privé, une sorte de tribunal ou cour suprême appelée à délibérer sur les sentences capitales prononcées pendant l'année. Cette cour suprême juge en dernier ressort; cependant, s'il n'y avait point unanimité dans la décision, la cause serait portée devant l'Empereur et soumise à son jugement. Aucune sentence capitale n'est exécutée sans avoir été examinée par ce tribunal suprême. Les présidents de la haute cour de justice sont du 3ᵉ rang, 1ʳᵉ classe; ils sont au nombre de deux, ils siégent toujours à Pé-king.

Ta-li-sse-chao-king.

Vice-présidents de la haute cour de justice (4ᵉ rang, 1ʳᵉ classe). Sont au nombre de quatre, dont deux Chinois et deux Tartares.

Ta-li-sse-ping-sse.

Conseillers de la haute cour de justice (7ᵉ rang, 1ʳᵉ classe).

Tchai-kouan.

Messagers des départements; transmettent les dépêches aux vice-rois des provinces et communiquent la correspondance entre les bureaux du centre, celui de l'annonce des victoires et les postes établies dans le voisinage de Pé-king (21).

Tcha-kouan.

Inspecteurs des écluses.

Tchang-ngan-ty.

Greffier ou principal commis des bureaux de la préfecture.

Tchang-youen.

Premier rang des lettrés.

Tchao-mo.

Garde du sceau à Pé-king. Il est dans le département ce que le kouan-yin est dans le district. (Mandarin du 7ᵉ rang, 2ᵉ classe.)

Tchen-sse-fou-tchen-sse.

Inspecteurs ou directeurs généraux des travaux académiques (3ᵉ rang, 1ʳᵉ classe). Ils sont au nombre de deux, un Tartare et un Chinois.

Tché-kia-sse.

Directeur des chars et des chevaux; a dans ses attributions la cavalerie de l'Empire, les chars et autres équipages militaires; le service des postes fait par la cavalerie, celui des remontes, etc. C'est cette direction qui répartit dans chaque province les garnisons et les postes de cavalerie, et qui fixe le nombre des hommes et des chevaux.

Tcheou-li-mou.

Employés des préfets d'arrondissement (9ᵉ rang, 1ʳᵉ classe).

Tchhaï-yi.

Officiers de paix du district. Leurs fonctions ordinaires sont d'arrêter et de conduire à la préfecture tous les perturbateurs du repos public. Ils assurent partout le maintien de l'ordre et l'exécution des règlements. Dans la ville, la police des théâtres et des femmes publiques appartient aux officiers de paix.

Tchi-hien.

Préfet du district. C'est le premier magistrat, le chef, le gouverneur du district. Il est le délégué du pouvoir exécutif et communique avec le tchi-fou ou préfet du département. Il est, dans la circonscription territoriale qui lui est assignée, le dépositaire unique de l'autorité administrative ; il y est aussi le principal ministre du culte officiel ou de la religion de l'État ; il y exerce l'office de sacrificateur ; il a le pouvoir judiciaire. En matière civile comme en matière correctionnelle, quand il est dans son tribunal, il juge par lui-même. En matière criminelle, il fait à peu près l'office d'un juge d'instruction. Il interroge les prévenus qu'on amène directement à l'audience ou qu'on extrait du pou-fang (maison d'arrêt); il fait signer, il signe lui-même un procès-verbal qu'il transmet avec les pièces de la procédure au juge criminel de la province (7e rang, 1re classe).

Tchi-fou.

Préfet du département. Les fonctions du tchi-fou pour l'administration de son département sont analogues à celles du tchi-hien pour son district (4e rang, 2e classe).

Tchi-tcheou.

Préfets d'arrondissement (5e rang, 2e classe).

26

Tchi-tchong.

Archivistes des ministères (5ᵉ rang, 1ʳᵉ classe).

Tcheou-fong.

Assesseur ou adjoint du préfet d'arrondissement (6ᵉ rang, 2ᵉ classe).

Tchi-fang-sse-lang-tchong.

Directeurs des positions militaires. S'occupent de se pourvoir de tous les documents qui peuvent con-courir à bien faire connaître les contrées où l'on doit placer des garnisons et établir des campements. Ils sont chargés de s'enquérir de la position des officiers dans tels corps, de leur rang, de leurs droits aux faveurs qu'ils demandent, en même temps que de la manière dont ils observent et font observer la disci-pline, de leur instruction militaire et de leurs talents dans l'attaque et dans la défense. Ils doivent aussi constater les actions d'éclat sur terre et sur mer et statuer sur les récompenses à accorder; les postes qui surveillent les passages des frontières, les ports de mer, ou qui sont préposés à la défense de cer-taines places, dépendent aussi de cette direction (5ᵉ rang, 1ʳᵉ classe); cinq Mantchoux, deux Chinois.

Tchi-fang-sse-yuen-ouai-lang.

Secrétaires des lang-tchong (5ᵉ rang, 2ᵉ classe); quatre Mantchoux, un Mongol.

Tchi-fang-sse-tchou-ssé.

Greffiers des lang-tchong (6° rang) : un Mantchou, un Mongol, deux han-kiun.

Tchin-sse-fou-lou-sse.

Employé ou clerc du bureau des réviseurs.

Tchin-sse-fou-tchou-po.

Garde du sceau du bureau des réviseurs.

Tchin-sse-fou-tchin-sse.

Directeur du bureau des réviseurs attaché au collége national; chargé de la préparation des documents destinés à la publicité, sous la présidence des membres de l'académie impériale (3° rang, 1° classe).

Tchi-tchong.

Contrôleur des impôts à Pé-king; surveille la répartition des taxes. On peut le regarder en même temps comme l'inspecteur des domaines particuliers (7° rang, 2° classe).

Tchong-chou.

Secrétaires particuliers du cabinet (nei-ko); ils sont au nombre de cent vingt-quatre, dont quatre-vingt-quatorze Tartares et trente Chinois.

Tchong-chou-fo.

Gardiens des archives du cabinet (nei-ko); ils sont au nombre de cinq, dont deux chefs et trois sous-chefs, parmi lesquels deux sont Mantchoux.

26.

Tchong-chou-ko-tchong-chou.

Secrétaires particuliers du cabinet de l'Empereur (9ᵉ rang, 2ᵉ classe).

Tchong-po-fou-tsan-I.

Conseiller à la Cour des référendaires.

Tchong-chou-fo.

Bibliothécaires de Sa Majesté, chargés en même temps de la garde des papiers.

Tchouen-yu-sé.

Intendant chargé de la direction des transports.

Tchou-hao.

Premier examinateur des candidats des provinces.

Tchou-khè-sse.

Chefs de la direction ou directeurs des hôtes; règlent tout ce qui a rapport aux relations avec les États étrangers, leurs envoyés ordinaires et extraordinaires, la présentation des tributs et l'investiture des princes tributaires. Ils règlent aussi l'époque des payements des tributs de toute nature supportés par quelques provinces; l'itinéraire que doivent suivre les missions ou ambassades étrangères et les présents qui leur sont donnés en échange par l'Empereur. Les directeurs des hôtes sont au nombre de trois, dont un Mantchou, un Mongol et un Chinois.

Tchin-sse-fou-siao-tchin-sse.

Sous-directeurs du bureau des réviseurs.

Thang-kouan.

Professeurs du collége médical de Pé-king. Les lu-i ou les li-mou remplissent ces fonctions.

Thien-tsée.

Titre que l'on donne quelquefois à l'Empereur.

Thie-siei.

Commis-greffier au service des greffiers des bureaux de la préfecture.

Thi-thio.

Économes de l'académie; ils sont choisis parmi les académiciens de la deuxième classe ou de la troisième. Ils sont chargés de distribuer aux élèves de l'école, c'est-à-dire aux académiciens stagiaires, les provisions que le gouvernement leur accorde.

Thong-tching-sse.

Grand référendaire près du conseil privé (kiun-ki-tchou); reçoit les requêtes, pétitions, formules d'appel, etc., du public, non cachetées; les mémoires des mandarins de province, et les place sous les yeux du conseil privé ou des membres du cabinet (nei-ko), après les avoir corrigés s'il y a lieu (3ᵉ rang, 1ʳᵉ classe).

Thou-tchi-fou.

Préfet aborigène (4e rang, 2e classe).

Thou-tong-tchi.

Préfet aborigène d'arrondissement (5e rang , 2e classe).

Thou-thong-tchi.

Adjoint du préfet aborigène.

Thong-pan.

Juge de paix à Pé-king. Il juge les procès dont la connaissance lui est attribuée, spécialement les contraventions aux rites. Il signe et paraphe les jugements qu'il transmet au maire de Pé-king; celui-ci, après avoir reconnu l'exactitude des faits, confirme les jugements du thong-pan (7e rang , 2e classe).

Thsing-chen-sse.

Chef de la direction ou directeur des repas et festins; est chargé de l'approvisionnement de la maison des ambassadeurs étrangers, de celui des festins publics donnés à l'occasion des fêtes solennelles du premier jour de l'an, de l'anniversaire de la naissance de l'Empereur, de certains mariages, etc. C'est lui aussi qui est chargé de pourvoir à l'approvisionnement de bouche des princes et des grands officiers de service auprès de l'Empereur, ainsi qu'à celui qu'exigent les sacrifices périodiques célébrés dans le cours de l'année.

Tien-pou.

Conservateurs de la bibliothèque de l'académie. Ils sont chargés de la garde des livres et règlent le service des employés (8ᵉ rang, 2ᵉ classe); ils sont au nombre de quatre, deux Tartares et deux Chinois.

Tien-ssée.

Chef de la police administrative. Il est le messager officiel du préfet du district. Il maintient l'exécution des lois et règlements qui concernent l'impôt. Il est chargé des enquêtes; il recherche la preuve des faits dont le tchi-hien trouve la vérification utile; il constate l'état des lieux et parcourt les villages comme le siun-kien. Il a l'inspection des cimetières. Il fournit au préfet les renseignements nécessaires pour l'évaluation des revenus imposables. Il préside lui-même à l'arpentage des propriétés. Il veille à l'entretien des routes et des ponts. Il juge les petits procès (9ᵉ rang, 2ᵉ classe).

Ti-mien-tchen-ye.

Commissaires de police de Pé-king. Ils sont les chefs de la police sous l'autorité du gouvernement militaire (kieou-men-thi-tou); ils recherchent ou font rechercher par leurs agents (pou-kia) les contraven-

tions de police dont la connaissance leur est attribuée. Ils peuvent opérer des visites domiciliaires.
Ils interrogent les prévenus qu'on amène dans leurs
bureaux, qu'on appelle kouan-thing. Ils ont le droit
d'infliger la bastonnade. Ils jugent militairement
comme les siun-kien (commissaires des districts), et
prononcent la peine encourue pour chaque contravention sans forme ni procédure. Comme officiers de
police judiciaire, ils ont les attributions les plus
étendues. Ils doivent requérir les pou-kia sous leurs
ordres de faire tous les actes nécessaires à l'effet de
constater les crimes, les délits et les contraventions
dont ils ne sont pas juges. Ils partagent avec les
gouverneurs des districts de Ta-hing et de Wan-ping
le droit de recevoir les plaintes et les dénonciations.
Ils tiennent eux-mêmes ou font tenir par leurs employés les registres des familles nommés hou-tsi. Ils
reçoivent comme les greffiers des hou-fang, dans les
provinces, les déclarations de mariage et les déclarations de décès. Ils sont chargés de la transcription
des men-pai ou des tablettes des kia-tchang. Ils sont
tenus de faire tous les six mois le relevé des décès
survenus dans les six mois précédents, et d'envoyer
ces relevés à la préfecture de police. S'ils apprennent
qu'un individu a péri de mort violente, ils doivent
avertir sur-le-champ le tchi-hien ou chef du district intérieur. Ce magistrat, assisté du greffier en
chef, du hou-fang ou du hing-fang, se transporte sur
le lieu, puis fait son rapport sur les causes de la

mort et sur l'état du cadavre. Au printemps et au
commencement de l'automne, ils font les diligences
nécessaires pour obtenir le chiffre exact de la population. Ils indiquent les lieux destinés à recevoir
l'affiche des lois et des actes de l'autorité publique,
des instructions et des proclamations qu'on adresse
au peuple.

Ti-pao.

Gardiens des rues dans les villes. Sont nommés par
les préfets et partagent les fonctions d'officiers de
police avec les kia-tchang. Ils sont sous les ordres
directs du pao-tching.

Tong-tchin-sse-tsan-y.

Conseillers de la cour des référendaires près du
conseil privé. Sont chargés de recevoir les requêtes,
pétitions, formules d'appel, etc., du public, non cachetées; les mémoires de tous les mandarins civils et
militaires de l'Empire, et de les placer sous les yeux
du conseil privé ou des membres du cabinet (nei-ko),
après les avoir corrigés, s'il y a lieu. Toutefois les
mandarins de Pé-king peuvent s'adresser directement
à l'Empereur. Ils reçoivent aussi les appels que le
peuple fait près de l'Empereur, des jugements prononcés par les tribunaux de province. Des conseillers sont spécialement chargés de se tenir à la porte du
palais impérial pour recevoir les placets de ceux qui,
selon une très-ancienne coutume, vont frapper sur

le tambour qui s'y trouve placé pour obtenir audience ou justice. Aux assises d'automne, la cour des référendaires près du conseil privé forme avec la cour des censeurs et la haute cour de justice un tribunal suprême appelé à délibérer sur les sentences capitales qui ont été prononcées pendant l'année. (5e rang, 1re classe.)

Tou-tcha-yiuen-yu-sse.

Censeurs impériaux ou grands informateurs de la droite et de la gauche, ne relevant que de l'Empereur; ont pour fonctions de contrôler, de surveiller, de corriger les mœurs, d'examiner la conduite de tous les fonctionnaires publics de quelque rang qu'ils soient, dans la capitale et hors de la capitale, c'est-à-dire dans les provinces; de distinguer dans cette conduite administrative ce qui est bon et ce qui est mauvais, ce qui peut tenir à la droiture ou à la perversité de l'homme; ils doivent émettre leur opinion et prononcer une censure sur tout ce qui leur paraît l'exiger, et en informer immédiatement l'Empereur; les remontrances des censeurs sont inattaquables; leur droit de censure est souverain, même à l'égard de l'Empereur; ils doivent dire à l'Empereur la vérité avec respect, force et énergie; mais ils doivent éviter tout ce qui la pourrait rendre offensante ou odieuse; il leur est défendu sous peine de la vie de révéler même à leur collègue ce qu'ils ont représenté à l'Empereur; leur attention embrasse tous les services publics de tout l'Empire. Deux fois chaque mois ils font avec les censeurs adjoints l'examen attentif de tous les documents qui ont été adressés aux différents ministères ou établissements publics; ils peuvent demander des éclaircissements, et nul n'a le droit de les leur refuser. Lorsque des affaires importantes du gouvernemeut sont soumises à l'examen des neuf ordres de grands dignitaires de l'Empire ou corps de l'État, celui des censeurs est du nombre. Les neuf corps de l'État sont : les six ministères, le tribunal des censeurs, la cour des référendaires près du conseil privé et la haute cour de justice. Quand une grande cause criminelle est appelée devant les trois cours de justice réunies, le tribunal des censeurs, avec le ministère de la justice et la haute cour criminelle, constituent le tribunal des trois cours; aux grandes assises d'automne, à celles de la cour (tcha-tchin); aux cérémonies des grands sacrifices, les censeurs impériaux sont appelés au premier rang de même qu'aux grandes réunions et aux festins de la cour où ils siégent à côté de l'Empereur. Les censeurs sont en relations permanentes avec le cabinet (nei-ko); ils en reçoivent les documents, qu'ils transmettent ensuite avec leur censure aux départements qu'ils concernent. A la fin de chaque année ils établissent l'état de tous les documents qu'ils ont reçus du nei-ko, avec l'indication des résultats (1er rang, 2e classe). Il y a deux censeurs impériaux de gauche, l'un Mantchou et l'autre Chinois; les gouverneurs des provinces sont de droit officiers censeurs de droite.

Tsao-ly.

Officiers de justice; appliquent les accusés à la question, quelquefois à la torture. Rien n'est plus lugubre que le costume de ces agents; ils sont vêtus de noir depuis la tête jusqu'aux pieds. Les villageois tremblent de peur dès qu'ils les aperçoivent.

Tsao-yun-tsong-tou.

Surintendant général du transport des grains par le canal (voir page 184).

Tse-pao-tchou-ssée.

Chef du bureau des annonces de victoires. Il est chargé de remettre au bureau de la garde tous les rapports des provinces adressés à Sa Majesté, et de faire parvenir à leur destination les sceaux et les dépêches du souverain, ainsi que les lettres du grand conseil d'État.

Tse-tsi-sse.

Chef ou directeur de la direction des sacrifices; a dans ses attributions tout ce qui concerne la célébration des sacrifices. Les plus imposants, ceux que l'on nomme les grands sacrifices, sont : celui du solstice d'hiver, célébré en l'honneur du Ciel, auguste empereur suprême (hoang-thien-chang-ti), sur la Colline ronde; et celui du solstice d'été, célébré en l'honneur de la Terre auguste (houang-ti) sur le Lac quadrangulaire. Les plus importants après ces sacrifices de premier ordre, sont ceux de second ordre, que l'on célèbre en l'honneur des premiers empereurs de la Chine, du premier laboureur et du premier éleveur de vers à soie; du premier instituteur des hommes (Khong-tsee ou Confucius). Tous les autres sont rangés dans une même classe de troisième ordre, au nombre desquels on remarque les cérémonies pratiquées lors des éclipses de soleil et de lune. Cette direction a aussi dans ses attributions les rites funéraires et les règlements concernant le deuil, depuis ceux qui doivent être pratiqués à la mort des empereurs jusqu'à ceux qui concernent le dernier des sujets.

Tsie-tsao-i-seng.

Bachelier en médecine (d'un ordre subalterne). Tout individu a le droit de concourir pour le thai-y-youen, ou le collége impérial de médecine. On examine d'abord si le candidat est un homme d'une conduite irréprochable; s'il connaît à fond les vrais principes de l'art; puis, sur un certificat qui lui est délivré par un professeur du collége ou par un licencié, le candidat est admis dans le collége médical à titre de surnuméraire ou d'élève postulant. Quand une place de i-seng devient vacante, on la donne au plus ancien des surnuméraires, s'ils sont au nombre de vingt.

Tso-yng-tsong-tou.

Surintendant des transports des grains par les fleuves, rivières et canaux.

Tsong-ling-y-jin.

Président du ministère de la maison impériale. Ses fonctions consistent à surveiller la tenue des registres exacts des mutations qui s'opèrent dans la famille impériale, c'est-à-dire à faire enregistrer les naissances des enfants nés du sang impérial et des enfants adoptifs qui doivent être proclamés publiquement. Les noms de tous les princes du sang (tsong-chi) qui, descendant en droite ligne du fondateur de la dynastie, ont droit de porter la ceinture jaune et or, sont inscrits sur le grand livre jaune, avec l'année, le mois et le jour de leur naissance; les princes (kioro ou gioro, membres de la Tribu d'or) qui, appartenant aux branches collatérales, portent la ceinture rouge, sont inscrits sur le livre rouge; à la fin de chaque année, dans le douzième mois, les mutations survenues dans la famille impériale sont opérées sur le registre auguste (hoang-tsi); les nouveau-nés sont portés sur le livre du vermillon (tchou-chou), registre des naissances, et les morts sur le livre noir (me-chou), registre des décès; ces différents enregistrements sont faits par les soins du ministère de la maison impériale; tous les dix ans les registres dont nous venons de parler sont gravés sur les tables de marbre. Toutes les affaires criminelles des princes et les affaires civiles qui tiennent à leur naissance, sont réservées au ministère du tsong-jin-fou; cependant si les princes occupent des emplois publics, civils ou

militaires, c'est aux ministères des offices civils et de
la guerre à statuer sur ce qui les concerne; dans le
cas où des contestations s'élèvent entre eux ou bien
qu'ils en aient avec d'autres particuliers, elles sont
déférées au ministère des finances pour ce qui concerne les propriétés foncières, et au ministère de la
justice pour ce qui est relatif aux personnes; ils ne
peuvent être condamnés que par une sentence ap-
prouvée et ratifiée par l'Empereur. Les princes ont
le droit de se rédimer de toutes les peines corpo-
relles, telles que le fouet, le bâton, etc.; ils y sup-
pléent par des amendes déterminées; ces priviléges
cessent d'exister pour ceux qui n'ont pas justifié de
leur mérite réel ou qui, par leur faute, arrivent à
être dégradés et déchus de leur rang. Les princes de
tous les ordres doivent subir dans des temps marqués et à l'âge de vingt ans, des examens qui portent principalement sur l'art militaire, l'équitation,
le tir de l'arc, etc. Selon qu'ils se distinguent ou
qu'ils montrent peu de capacités, ils obtiennent des
rangs, des titres ou en perdent, sont élevés ou
abaissés. Les titres qui leur sont conférés sont au
nombre de douze; ils sont presque tous mantchoux,
et ils leur sont accordés comme récompense de services éminents par faveur spéciale, héréditairement
ou par suite d'examen; la loi est très-explicite à cet
égard; les titres de principautés héréditaires avec
tous les droits, prérogatives, distinctions et revenus
sur l'État sont transmis par ordre de succession; si

l'aîné est coupable, c'est à un des autres enfants ou cousins de la même branche que reviennent les titres, suivant le choix de l'Empereur. Les princes, comme princes, ne font partie d'aucun ministère de l'Empire; leur autorité héréditaire n'est que dans les bannières tartares; il n'y a de charge affectée à leur rang que celles qui regardent les sacrifices, les cérémonies aux ancêtres, la garde des sépultures impériales et la présidence du tsong-tsin-fou et autres emplois de ce ministère. Les princes du sang qui ont perdu leur principauté par suite de condamnation, ou qui ont été dégradés et déchus de leur rang pour une cause quelconque, et par cela même réduits à la condition et au niveau du peuple, reçoivent la haute paye des simples soldats des bannières tartares, c'est-à-dire 24 francs par mois et une quantité de riz suffisante pour leur subsistance. Outre cela, l'Empereur leur fait un présent pour leur mariage et pourvoit aux dépenses de leur enterrement. Le ministère de la maison impériale a sous sa dépendance, en dehors des princes, sept classes de citoyens qu'on appelle privilégiés, et qui ne peuvent être soumis à la juridiction des tribunaux ordinaires que sur un ordre exprès de l'Empereur. La première classe comprend les anciens et fidèles serviteurs de la famille impériale ayant reçu des distinctions honorables dans les hautes charges qu'ils ont remplies sans interruption; la seconde classe comprend ceux qui ont accompli de grandes actions honorables et utiles au pays; ces actions sont

gravées sur les tables de marbre; la troisième classe
comprend ceux qui, par une sagesse non commune
et par de grandes vertus, ont inspiré au gouvernement une meilleure direction et sont devenus d'excellents modèles à imiter et à suivre; la quatrième
classe comprend ceux qui ont manifesté de grands
talents dans l'état militaire ou dans l'administration
civile; la cinquième classe comprend ceux qui dans
l'accomplissement de leurs devoirs publics ont toujours apporté un zèle et une assiduité exemplaires;
la sixième classe comprend ceux qui occupent le premier rang parmi les mandarins et en même temps
ceux qui occupent dans le second rang des emplois
civils ou militaires, et enfin ceux qui n'étant que
du troisième rang ont un commandement civil ou
militaire qui les place au-dessus de ceux du second
rang. La septième classe comprend ceux qui sont
nés d'un père qui a rendu des services éminents à
l'État. Ce dernier privilége ne s'étend qu'à la seconde
et rarement à la troisième génération. Ces sept
classes de privilégiés réunies à celle des membres
de la famille impériale, composent les huit règles
ou priviléges (pa-i). Le président du ministère de
la maison impériale doit être proche parent de l'Empereur et décoré du titre de ho-chi-tsien-wang, ou
bien du second titre qui porte le nom de to-lo-kiun-
wang.

Tsong-li-tché-tsao-fou.

Intendant des arts et manufactures impériales. Est

chargé de tout ce qui concerne la joaillerie, les étoffes précieuses, les objets d'art, les sceaux, les palanquins, etc., à l'usage de la cour, et employés pour l'ornement et l'ameublement des palais, des temples et autres monuments publics.

Tsong-jin-y-jin.

Assesseurs du ministère de la maison impériale, parents de l'Empereur. Sont au nombre de deux.

Tsong-tou.

Vice-roi ou administrateur général d'une province (2e rang, 1re classe).

Le tsong-tou jouit d'un pouvoir presque illimité dans sa province, qu'il parcourt avec une pompe impériale; jamais il ne sort de son palais sans être escorté d'un cortége d'au moins cent personnes. C'est sous ses yeux que se versent les tributs payés par la province qui lui est confiée; c'est lui qui les fait transporter dans la capitale de l'Empire. Tous les procès ressortissent à son tribunal. Il peut condamner à mort un criminel; mais cet arrêt, comme tous ceux des tribunaux de l'Empire, ne peut être exécuté qu'après avoir été ratifié par le monarque. Le tsong-tou envoie tous les trois ans à la cour des notes plus ou moins favorables sur la conduite des mandarins qui lui sont subordonnés, et règle leur sort. Ceux qu'il a notés défavorablement sont punis en proportion de leurs torts et de leurs délits; on récompense, d'après

la même règle, ceux qui ont obtenu des notes honorables.

Tsong-tchin-y-jin.

Vice-présidents du ministère de la maison impériale, parents de l'Empereur. Doivent être revêtus,
pour occuper ces fonctions, du titre de to-lo-pi-le ou
de celui de ko-chan-pei-tsei; ils sont au nombre de
deux.

Tsang-chang-thsong-tou.

Directeur général des greniers impériaux.

Tsang-ta-ssé.

Inspecteurs des greniers publics.

Tsao-yun-tsong-tou.

Administrateur des transports des grains par les
fleuves, rivières et canaux, c'est-à-dire du transport à
la capitale, des impôts en nature levés sur les provinces les plus fertiles.

Tso-youen-pan.

Assesseur de gauche du collége impérial de médecine. Chargé du service médical de l'Empereur, de
l'impératrice, des princes et des princesses de la famille impériale, ainsi que des premiers fonctionnaires
de l'Empire (6ᵉ rang). Quand on compose un médi-
cament pour l'Empereur, par exemple une médecine, l'assesseur doit la goûter avant qu'elle soit
présentée à l'Empereur. L'assesseur de gauche est le

premier fonctionnaire du collége médical après le directeur, auquel il est appelé à succéder.

Tsun-tou-ta.

Inspecteurs des plantations dans les provinces de la Mantchourie. Une part des revenus de ces plantations revient au ministère des revenus à Moukden, et l'autre part à l'intendance de la cour à Pé-king.

Tun-tien-tching-sse.

Directeur des champs militaires; a dans ses attributions tout ce qui concerne la construction et l'entretien des sépultures impériales, qui sont en Chine, comme autrefois dans les anciennes monarchies de l'Orient, d'une grande magnificence. Les sépultures de la dynastie régnante sont à Ching-king ou Moukden.

Ty-ouan.

Titre que l'on donne quelquefois à l'Empereur, pour exprimer son souverain pouvoir.

Ty-ty.

Titre que l'on donne quelquefois à l'Empereur, pour exprimer sa souveraine justice.

Ty-tang.

Employés du ministère de la guerre chargés de la transmission des dépêches entre les cours de la métropole et les provinces (16).

Vou-siuen-sse-lang-tchong.

Directeurs du mouvement du personnel ; sont

chargés du classement en neuf rangs et dix-huit classes de tout le personnel des fonctionnaires civils, soit à l'intérieur, soit à l'extérieur; ils doivent veiller à ce que les droits, les honneurs et les préséances de tous les mandarins soient parfaitement observés. Ils doivent en même temps tenir la main à ce qu'on ne s'écarte jamais des lois qui fixent le partage des emplois entre les Chinois, les Tartares et les Mongols; leur ordre de succession et leur remplacement en cas d'absence. Les promotions et la distribution des récompenses font aussi partie de leurs attributions, de même que l'abaissement de grade, le retranchement de revenus ou la cassation; dans ces deux cas les plus grandes précautions leur sont recommandées pour arriver à la découverte de la vérité. Leurs fonctions s'étendent à tout ce qui regarde les absences, les congés, les maladies, les suppléances, les voyages en cour, etc. Ils sont chargés de la présentation des mandarins à la cour. Ils relèvent du ministère des offices. Ils sont au nombre de cinq, trois Mantchoux, un Mongol et un Chinois (5ᵉ rang, 1ʳᵉ classe).

Vou-siuen-sse-yuen-ouai-lang.

Secrétaires des lang-tchong. Quatre Mantchoux et deux Chinois (5ᵉ rang).

Vou-siuen-sse-tchou-ssé.

Greffiers des lang-tchong. Un Mantchou et un Chinois (6ᵉ rang, 2ᵉ classe).

Vou-khou-sse-lang-tchong.

Directeurs des provisions et fournitures militaires. sont chargés de diriger l'approvisionnement des troupes en vivres, en effets d'armement et d'équipement et en munitions de guerre; les inspections annuelles, les examens pour l'obtention des grades et l'avancement, ainsi que la tenue des contrôles. Deux Mantchoux et un Chinois (5ᵉ rang, 1ʳᵉ classe).

Vou-khou-sse-yuen-ouai-long.

Secrétaires des vou-khou-sse-lang-tchong. Un Mantchou et un Mongol (5ᵉ rang, 2ᵉ classe).

Vou-khou-sse-tchou-sse.

Greffiers des vou-khou-sse-lang-tchong. Un Mantchou et un han-kiuen (6ᵉ rang, 1ʳᵉ classe).

Yaï-yun-sse.

Inspecteurs des salines; même rang que les pou-tching-sse (2ᵉ rang, 2ᵉ classe).

Yen-fóng-sse.

Chefs du bureau du *sceau* et des *titres*. Sont chargés de la collation des titres héréditaires. Il y a cinq espèces de titres héréditaires : la première est celle qui est accordée au mérite éminent; la deuxième est celle qui est accordée pour encourager les actes de fidélité et de dévouement au souverain; la troisième est celle qui est accordée comme marque de faveur allant atteindre

des relations de parenté extérieure (comme les parents d'une impératrice étrangère); la quatrième est
accordée pour rehausser la gloire des hommes d'une
haute sainteté ou d'un savoir éminent; enfin, la cinquième est celle qui est accordée pour inspirer le
respect. Des insignes particuliers, placés sur les vêtements d'apparat, sont affectés aux titres de cette
noblesse, qui se subdivisent en vingt-neuf degrés différents. Les mandarins revêtus d'un titre héréditaire
et qui sont révoqués ou destitués de leurs fonctions
pour cause de crimes ou de délits, conservent leur
noblesse et ils en transmettent les insignes à leurs
descendants, mais s'ils se sont rendus coupables du
crime de rébellion, alors ils entraînent leurs descendants dans leur dégradation. La noblesse de ceux
qui n'ont pas de descendants finit avec eux. Toute
collation de titres a lieu par un édit spécial de l'Empereur, délivré par le bureau des titres. Le livre jaune
ou registre impérial contient tous les titres. Les chefs
du bureau des titres sont aussi chargés de conférer les
magistratures et les titres héréditaires aux mandarins aborigènes qui commandent aux miao-tsse et aux
lo-lo. Tout mandarin aborigène porte les insignes de
chef héréditaire. Le bureau des titres dépend du ministère des offices.

Yeou-youen-pan.

Assesseur de droite du collége médical de Pé-king,
ou collége impérial de médecine, chargé du service
médical des palais impériaux et des premiers fonc-

tionnaires de l'Empire; marche après l'assesseur de gauche (6e rang).

Ying-chen-tchin-sse.

Directeur des bâtiments et édifices publics. A dans ses attributions tout ce qui concerne la fondation des villes, la construction des places fortes, l'érection, la conservation et la réparation des édifices publics. Tous les revenus et les produits des bois de l'État, ainsi que ceux des champs de roseaux, sont sous son contrôle immédiat. Il est chargé aussi de fournir aux ouvriers des manufactures impériales les modèles ou patrons des objets qu'ils doivent exécuter; de veiller à la conservation et à l'aménagement des forêts pour lesquelles il y a deux inspecteurs généraux, l'un Tartare, l'autre Chinois, placés sous ses ordres immédiats. Les manufactures de cristaux (lieou-li), qui ont deux inspecteurs généraux, appartiennent à cette direction. Le directeur des bâtiments et édifices publics est sous les ordres immédiats des présidents du ministère des travaux publics.

Yi-tchin.

Inspecteurs des postes.

Yo-pou-kouan-li-ta-tchin.

Directeur de la musique; dépend du ministère des rites. Ses fonctions sont de diriger et de surveiller tout ce qui concerne le nombre et la mesure des tons et des sons musicaux, de les adapter harmonieusement à des chants composés exprès, de les faire résonner sur des instruments et de les approprier aux fêtes et aux cérémonies publiques, aux réceptions de la cour et aux grands sacrifices, afin d'approfondir le clair et l'obscur et d'unir par l'harmonie le haut et le bas.

Yu-heng-sse.

Directeur des instruments et objets d'art. A dans ses attributions la confection des vases et autres objets d'art, la fabrication des instruments de guerre, armes blanches et armes à feu, auxquelles il doit faire donner les calibres exigés; le choix des perles tirées des pêcheries impériales et leur classement en cinq rangs sont de son ressort. Il est aussi chargé de la surveillance et du règlement des poids et mesures dans tout l'Empire.

Yu-hio-fen-tong.

Prêtres de Confucius.

Yu-hio-tching-tong.

Principaux prêtres de Confucius.

Yu-sse-tchou-pé.

Gardiens des archives des censeurs.

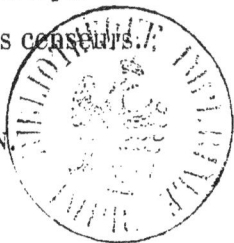

FIN.

TABLE DES MATIÈRES.

FIN DE LA TABLE.

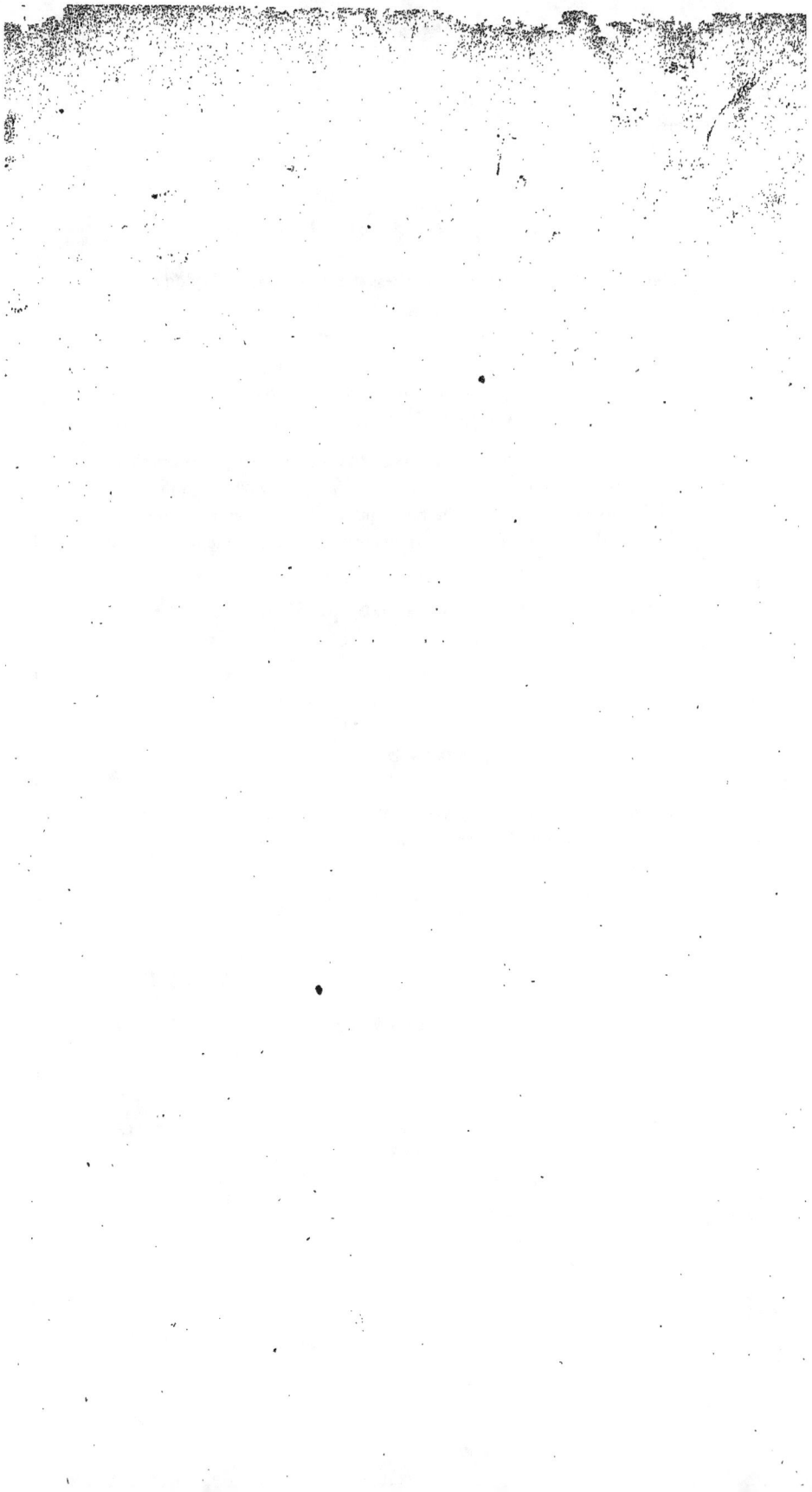

Typographie de HENRI PLON, imprimeur de l'Empereur, rue Garancière, 8.

www.ingramcontent.com/pod-product-compliance
Lightning Source LLC
Chambersburg PA
CBHW050556270326
41926CB00012B/2078